How Big Tech Betrayed Its Founding Principles — and All of Us

DON'T BE EVIL

切莫為惡

科技巨頭
如何背叛創建初衷
和人民

RANA FOROOHAR

拉娜·福洛荷——著　李宛蓉　譯

獻給 Alex 和 Darya

「我努力了快兩年，唯一目標是替死屍注入生命，為此剝奪了自己的休息與健康。我曾經熱烈渴望實現目標，但現在一切結束了，夢想的美好消逝，心房充塞令人透不過氣的恐懼與厭惡。」

——《科學怪人》（*Frankenstein*），瑪麗．雪萊（Mary Shelley）

目錄

作者序

有的書起源於抽象的宏大思想，有的書卻比較貼近生活。我寫的上一本書《大掠奪》（*Makers and Takers*）來自金融業方面的高端政策對話，這一本書則透過廣角鏡頭，深入探討過去二十年來科技業一手釀成的經濟、政治、認知損害。不過本書的誕生，實則出自我相當切身的個人體驗。

起源是二〇一七年四月底的某日下午，我下班後回到家，拆開信用卡帳單，狠狠吃了一驚：帳單上有蘋果應用程式商店（Apple App Store）的消費，總請款金額高達九百多美元，而我對這些開銷一無所知。經過幾番詢問，我才發現是十歲大的兒子幹的好事，他愛上一款線上足球遊戲，這些錢是他用來購買虛擬足球員的花費。

不消說，事後我暫時沒收兒子的遊戲設備，也撤銷了密碼。然而就在那段時間，這件事背後更廣泛的意涵開始占據我的時間和注意力，只不過方式並不相同。當時我剛開始一份新工作，成為世界最大財經報紙《金融時報》（*Financial Times*）的全球財經專欄作家。我的任務是撰寫每週見報的專欄，討論當天最重大的經濟新聞，結果這些新聞多半與這個時代的科技巨頭有關，譬如谷歌（Google）、臉書（Facebook）、亞馬遜（Amazon），當然也包括蘋果在內。

過去二十年來，無數產業內部出現市場勢力集中的現象，已經不是什麼祕密：從所得不平衡、經濟成長變慢，到政治民粹主義興起，莫不與這項趨勢有關。可是就在我慢慢適應《金融時報》的新職，開始挖掘金融數據時，才發現一些令人震驚的事：如今所有公司的財富當中，有八成掌握在區區百分之十的企業手裡。[1] 而且這些企業並不是擁有最多有形資產或大宗商品的公司，不是奇異電器（GE）、豐田汽車（Toyota）、艾克森美孚石油（ExxonMobils）那樣的企業；這些公司找到了方法，善用我們經濟中的新種「石油」——資訊與網路。

這批新的超級巨星之中包含許多科技公司。當前世界這股壟斷勢力的崛起，科技業提供了最鮮明的例證。地球上任何地點的資料搜尋，將近百分之九十是在單一搜尋引擎上執行，也就是谷歌。[2] 全世界不到三十歲的成年人網路使用者之中，百分之九十五使用臉書或Instagram（臉書於二〇一二年將其購併），或兩者兼用。[3] 千禧世代花在YouTube頻道上點播串流視訊的時間，是其他影視串流服務總和的兩倍。[4] 谷歌和臉書相加，接收了世界百分之九十的新廣告支出，而谷歌和蘋果作業系統的全球手機市占率高達百分之九十九。[5] 蘋果和微軟（Microsoft）提供世界上百分之九十五桌上型電腦的作業系統。[6] 光是亞馬遜這一家公司的營收，就占整個美國電子商務總銷售額的一半。[7] 這張清單可以一直寫下去，科技巨頭的一切都是往大規模走，餘者不值一顧——而規模愈大，就會膨脹得更大。

數位巨頭所收割的財富令人咋舌，號稱FAANG（臉書、蘋果、亞馬遜、網飛〔Netflix〕、谷歌）的五大公司，如今股票總市值比法國全國經濟規模還高。如果以數量來衡量，臉書使用者數已超過人口數位居全球第一的中國。[8]然而隨著這些大企業的規模愈來愈龐大，經濟體裡的其他角色都深受其害；二十年來，隨著科技巨頭的成長，已經有超過半數的公開上市公司倒閉。[9]我們的經濟變得更集中，而企業動能和創業數字則雙雙衰退。[10]

我在寫作和報導的過程中，愈發憂心《金融時報》所刊載的這一切消息。我聽到各色各樣的人（勞工、消費者、家長、投資者）表示，他們的生計甚至生活（或他們摯愛者的生活）面臨危險，這份不安愈來愈深。面對沉迷科技產品無法自拔的孩子，為人父母者拚命想要力挽狂瀾；自家公司不敵亞馬遜的競爭而倒閉，員工痛失工作；創業家的創意和智慧財產遭到競爭者竊取，卻沒有錢和對方打官司；不動產保險業者使用演算法推斷屋主的財務風險過高，據此拒絕承保。另外還有一些人，純粹是覺得科技業整體分到的財富大餅太大塊了，並不公平。

真的是好大的一塊餅。科技巨頭現在是地表上最富有、勢力最龐大的公司，他們的各種產品與平臺本身就招消費者青睞，再加上網路效應，使得使用者如滾雪球般愈來愈多；結果這些公司收穫大量數據，使他們得以擴張到無法想像的層面。科技巨頭利用本身的規模輾壓或吸收競爭者，強行徵用使用者的私人資料（谷歌、臉書、亞馬遜都這麼幹），以利他們針對特定對象打廣告，謀求自己的利益。這幾家公司和其他的科技巨頭也將他們高得嚇人的利潤，大量轉移到海外。根據瑞士信貸集團（Credit Suisse）二〇一九年發布的資料，將大部分存款轉移到海外的前十家公司，包括了蘋果、微軟、甲骨文（Oracle）、字母控股（Alphabet，谷歌的母公司）、高通（Qualcomm）。這十家公司有高達六千億美元存在海外帳戶中，[11]一般公民必須遵守法律、接受監管，但這些規模最大的公司居然可以合法規避。矽谷科技業一直賣力遊說，以保留容許此種現象的租稅漏洞。我不禁想起經濟學家歐爾森（Mancur Olson）的話，他警告當資本家接管政治時，文明即將衰敗。[12]

我與多位政府官員交談過，他們確實對我的憂慮感到心有戚戚焉。畢竟，矽谷得以建立起來，主要是依賴政府（亦即納稅人）資金實現創新。從全球衛星定位地圖、觸控螢幕，到網際網路本身，最初莫不來自美國國防部所執行或資助的研究成果，後來才由矽谷接手商業化。然而美國的情況與很多其他國家不同，後者包括為數不少發展蓬勃的自由市場，例如芬蘭和以色列；美國納稅人無法從這些創新技術所衍生的利潤中分得一分一毫。[13]反之，矽谷的公司將勞動力外包給海外，利潤也停駐在國外，與此同時，科技巨頭卻頻頻要求政府提高支出，譬如花更多錢推動教育改革，以確保二十一世紀的勞動人口嫻熟數位技術。這樣的結果不僅影響經濟，更激起民粹主義者對資本主義和自由派民主政治的不滿，還帶來風險很高的政治後果。

我從二〇〇七年開始密切追蹤金融業，發現科技界和金融業的相似程度令人驚異。如今有一個龐大到不能倒閉、複雜到無法管理的新產業，就像雜草一樣在我們眼前一日日瘋狂增長。這個產業所擁有的財富和股票市值超越了歷史上的所有產業，然而和從前的龐大企業相比，這個新產業所創造的工作機會卻一天比一天稀少。它從深層重新塑造經濟與勞動力，蒐集世人的資料，然後將這些資料拿來賺錢，把人變成了商品，可是社會卻無法可管。科技業和二〇〇八年前後的銀行系統很像，發揮相當大的政治和經濟影響力，藉此確保現狀繼續維持下去。

我開始比較注意這些公司的時候，它們已經受到撻伐，二〇一六年美國總統大選結果的內幕消息在當時遭到揭露，真相逐漸浮出檯面。誠如大家現在曉得的，這些世界上規模最大的平臺公司，包括臉書、谷歌、推特（Twitter），都遭俄羅斯有心人拿來操縱美國總統大選的結果，助川普贏得選舉。這些平臺再也不只是搜尋廉價機票、張貼度假相片、聯繫長期失聯親友的去處，而是已經變成操縱地緣政治、左右國家命運的工具，在過程之中，也把公司主管和股東的荷包塞得滿滿當當。早年天真無邪的歲月已經離我們遠去。

這是我們應該記住的重點，因為科技業並不是一向只顧著賺錢。事實上，矽谷深受一九六〇年代反社會運動的影響，許多創業家被一項未來的願景打動：科技掌握權力，把世界變得更美好、更安全、更繁榮，嘉惠所有的世人。「數位烏托邦」理想家所鼓吹的這項遠景秉持嚴格的信條：資訊需要自由，網際網路將成為民主化的推動力，為所有人剷除不公平的競賽規則。當初倡導網際網路最力的人物，並未出現在《富比士雜誌》（*Forbes*）所編纂的全球富豪排行榜上，而是出現在新興的部落格世界裡，他們的身分是Linux作業系統、維基百科（Wikipedia）與其他開放源碼（open-source）平臺的創辦人，這些社群的建立前提是信賴與透明將會戰勝貪婪與利潤。

這一切引發了一連串疑問：我們是怎麼淪落到今天這個地步的？曾經鬥志昂揚、創新力強、樂觀進取的產業，怎麼會在短短幾十年內，搖身變得如此貪婪、偏狹、傲慢？我們是如何從「資訊需要自由」的世界，走到資料為了貨幣化（monetized）而存在的境地？以資訊民主化為宗旨的一場運動，怎樣摧毀了我們民主的基本構造？而它的領導者又如何從窩在自家地下室打造主機板，變為主宰世界政治經濟體制？

我逐漸相信答案在於世界已經來到一個轉捩點：規模最大的科技公司，以及它們理應服務的消費者與公民，雙方的利益不再一致。過去二十年來矽谷帶給我們精采絕倫的好東西，從搜尋、社群媒體，到具有驚人運算能力的可攜式設備，如今人人口袋裡所裝的運算智慧工具，超越區區一個世代以前整家公司的全部家當。此外，為了享受這些現代便利設施，我們付出高昂的代價：沉迷科技產品，掏空大量時間與生產力；假消息和仇恨言論大肆散播；虎視眈眈的演算法專門拿脆弱的人當靶子，使個人隱私無所遁形；社會上為數愈來愈少的一小群人，卻累積且把持全國愈來愈多的財富。

更嚴重的是，儘管上面這些問題經常受到個別討論，但事實上它們全部糾纏在一起。有一個問題無可避免：如今的商業模式大體而言就是想辦法讓使用者盡量保持上網狀態，時間愈長愈好，然後將對方的注意力轉化成企業的金錢利益。很多矽谷人士不肯承認這一點，哥倫比亞大學（Columbia University）的學者吳修銘（Tim Wu）稱這些科技巨頭為「注意力商人」（attention merchant），他們利用行為說服、個人資料蒐集、網路效應來獲取龍斷力量，最終更取得政治力量，進一步幫助他們確保壟斷地位。

過去，臉書、谷歌、亞馬遜就像抽中大富翁遊戲裡的「免罪卡」似的，不受法規監管。照理講，畢竟谷歌是「免費」提供大眾搜尋，臉書讓你「免費」加入，而亞馬遜降低售價，還免費贈送產品，這對消費者不是「好事」嗎？問題是他們的「免費」並不是真的免費，我們雖然並未掏錢購買大部分數位服務，可是付出了高昂的代價，那就是個人資料和注意力。商家拿來謀取利潤的資源，是「人」。我們自認是消費者，但實際上，我們是產品。

當然，許多矽谷的領導者並不太想讓我們發現這些問題，太多有權有勢的人停留在認知同溫層中，不肯以完整、透明的方式正視民眾有理有據的憂慮——如何保障個人資料；人工智慧和自動化是否將會奪走過多工作；成千上萬應用程式分分秒秒追蹤使用者所在地點，洩漏個人隱私；選舉操縱。此外，如今已經滲透到人人生活中每個層面的絢麗設備（如手機），究竟會對我們的大腦產生什麼影響？我向許多科技界人士提出這些憂慮時，他們大多數的反應是替自己辯解，不然就是一派天真，甚至毫無頭緒，最糟的是擺出高高在上的笑容或是一副惱怒的表情，意思是「你又不是科技界圈內人，難怪搞不懂。」

可是真正搞不懂的很可能正是科技界的高層。《連線》（*Wired*）雜誌當年創刊時幫忙出過力的貝特勒（John Battelle）曾這麼對我說：「科技圈對自己的認識並不清楚。我們不是人文主義者，也不是哲學家，我們是工程師。在谷歌和臉書的眼裡，人只是演算對象。」[14]

這一切聽起來太耳熟了。我這把年紀已經見識過一次科技大起大落的週期，一九九九年到二〇〇〇年時，還曾在倫敦一家高科技創業孵化器公司工作過，稍後我會再談一談那段經歷。回想當時和現在並沒什麼兩樣，這個行業主要都在講它自己，科技界如今狂妄自大的程度，只有在網路公司泡沫化之前那幾年可以比擬——只不過這次比上次更加惡形惡狀，因為亞馬遜、蘋果這些公司已經成為美國家家戶戶的支柱。它們就像華爾街的大銀行，握有龐大的現金與權力，以及更為驚人的資料寶庫。然而就算是高盛銀行（Goldman Sachs）的執行長布蘭克費恩（Lloyd Blankfein）也無法望其項背，當這幾家科技巨頭自詡正在幹一番轟轟烈烈的大事時，可不是在開玩笑。只要出席任何一場科技界盛會，你很快就會發現，矽谷有很多人依然認定他們已經把世界變得更自由、更開放，哪怕諸多證據顯示事實恰恰相反。

矽谷顯然已經遠遠脫離當初的嬉皮和創業精神的根基，科技巨頭的執行長和任何金融業者一樣，都是強取豪奪的資本家，只是往往還多了一副自由論者的調調。在他們的世界觀裡，任何事物（包括政府、政治、公民社會、法律）都可以破壞，也應該破壞。常常批評科技巨頭的評論家塔普林（Jonathan Taplin）就對我說過：「普羅大眾——社會本身——往往被視為『絆腳石』。」[15]

既然如此，我們的政治領袖為什麼還不拿出合理的監管辦法，來制止那種掠奪天性？只要追查金錢流向就明白答案了。如今科技巨頭效法華爾街和大藥廠，為了政治遊說所投入的資金在各行業間名列前茅，背後絕對不是沒有原因的。二〇〇八年金融危機爆發之前幾年，世界頂尖銀行業者都派遣代表前去華盛頓、倫敦、布魯塞爾，混在負責監管金融業的立法議員之間，對他們發動遊說。同樣的，過去十年來矽谷一些大眾耳熟能詳的人物，也開始出沒這些首都；谷歌派遣到華盛頓的代表，人數竟然多到需要弄一個像白宮那麼大的辦公空間，才能容納全部的人員。[16]

不過，矽谷儘管派出大批遊說人士和公關隊伍，大眾依然擔心科技會對經濟和社會造成不良影響，而這樣的憂慮並不會淡去。[17]事實上，隨著科技本身的普及，愈來愈深入經濟、政治、文化各個領域，這股擔憂有增無減。科技巨頭現在已經成了新華爾街，因而在經濟和社會分歧日益嚴重的世界中，成為民粹主義者反擊的頭號目標。

科技巨頭一手打造的變革，已經成為這個時代急迫的經濟議題之一。哈佛商學院榮譽退休教授祖博夫（Shoshana Zuboff）與其他學者都描述過「監控資本主義」（surveillance capitalism）的興起，祖博夫給這個詞下了定義：「一種新經濟秩序，宣稱人類經驗是免費的原料，可作為擷取、預測、銷售等隱匿的商業用途」，同時，透過數位監視科技，在這種「寄生性質的經濟邏輯之下，製造產品和提供服務的方式，都得服從新的全球行為修正架構」。[18]祖博夫相信，監控資本主義代表一種對經濟與政治制度的重大威脅，也是一種潛在的社會控制手段，[19]這點我有同感。此外，我也開始相信未來五年，遏止矽谷極其惡劣的副作用「將成為（立法議員）所面對的重要經濟議題，尤其是隨著自動化程度加深，將驅使投資轉進經濟中的其他領域」——這是某位頗具影響力的民主黨籍資深參議員的幕僚對我說的話。

這不僅事關工商財經，事實上，在今天的新聞版面中，科技巨頭幾乎是所有報導的中心，川普只占據第二位。總統任期有時盡，科技巨頭卻亙古長存，每天一點一點地改造我們，因為科技日復一日更加深入我們的經濟、政治與文化。這個像煉丹一樣的過程才剛剛開始，過去二十年來大家都已目睹驚人的改變，但社會需要幾十年的時間才能澈底轉型為數位經濟，現在只是初期階段。就改造世界的力量而論，數位經濟和工業革命堪稱並駕齊驅，等到大勢底定時，數位經濟產生的後果或許比工業革命更加所向披靡，最終將改變自由民主制度和資本主義的本質，甚至改變人類自身。

科技巨頭眼前的所作所為，一言以蔽之，就是「大」。雖然我慣常批判此種數位轉型的方方面面，但不可否認，它也提供極大的好處。矽谷是有史以來最厲害的公司財富創造者，它連結整個世界，幫助點燃反抗暴虐政府的革命運動（儘管它也曾助紂為虐），並且開創發明與創新的全新典範。平臺技術容許很多人遠端工作，保持遠距關係，培養新才能，促銷業務，與全球閱聽大眾分享自己的觀點與表達創意，甚至分享自家產品。科技巨頭給了我們工具，使我們能視需求取得種種產品與服務，從交通、食物到醫療無所不包，整體來說，使我們過上比從前更方便、更有效率的生活。

從上述論點和其他很多層面來看，數位革命是充滿奇蹟、深得人心的發展。然而，為了以更廣泛的方式獲取科技的終極利益，我們需要公平的競賽規則，如此一來，下一代的創新者才有成長茁壯的空間。可惜尚未達到那樣的境界，科技巨頭已重新塑造勞動市場，導致所得不公平的現象惡化，還把大眾推進同溫層，害他們只能吸收與自己意見雷同的訊息。科技巨頭惹出這些問題，卻未提供解決辦法；它們不啟發思想，反而窄化人的視野；它們不促進團結，反而讓我們彼此間撕裂開來。

手機每一次鈴響與提示、影片每一次自動下載、數位網絡每一次彈出新聯絡人，都只是龐大無比的新世界中微不足道的一星半點，說實話，絕大多數人根本無法理解，那是個充斥資訊和假訊息的詭異之地，有流行趨勢也有小道消息，高速運轉的監控科技已然成為見怪不怪的新常態。不妨想一想：俄羅斯的選舉舞弊；煽動仇恨的推特貼文；盜用他人身分；大數據；假新聞；網路詐騙；數位成癮症；自動駕駛汽車出車禍；機器人崛起；令人毛骨悚然的臉部辨識科技；亞馬遜的Alexa聲控助理偷聽使用者的每一句對話；企業和政府控制演算法，監看使用者工作、遊戲、睡覺。科技造成的社會亂象紛紛擾擾，數也數不盡，而這一切都是在過去短短幾年內發生的。如果拆開來看，這些亂象每一則都只是小毛病，可是全部合在一起就變成了冰風暴，白茫茫一片酷寒刺骨，凍得人四肢麻痺，這是現代特有的焦慮迷霧。

問題在於重大科技變革的時期，總是伴隨嚴重的破壞，為了社會整體，需要對科技善加管理，否則將會嘗到類似十六、十七世紀宗教戰爭的惡果。歷史學者弗格森（Niall Ferguson）在著作《廣場與塔樓》（*The Square and the Tower*）中便提到，假如不是印刷術之類重要新科技的發明，宗教戰爭也許不會發生，儘管這些新科技最終促成啟蒙時代的來臨，但是在此之前卻擾亂了舊秩序，與網路和社群媒體顛覆當今社會如出一轍。[20]

沒有人抵擋得了科技的演進，也沒有人應該那麼做，然而相較於過去，現在可以有、也應該有更好的新科技管理之道。我們手中已經有工具，今天的挑戰在於推敲出如何為勢力愈來愈強大的科技產業劃出界線來，畢竟這個行業已經變得比許多國家更加強勢了。假如我們能夠創造出一種架構，不但能夠推動創新、更廣泛地分享繁榮，同時也保障世人不遭受數位科技的負面影響，那麼未來數十年將可能是全球高度成長的黃金年代。

本書試圖彰顯科技巨頭的哪些所作所為值得民眾憂心，我們又能如何化解。我希望本書能敲響警鐘，警示的對象不僅是企業高層和政策制定者，還包括任何秉持如下信念的人：相信未來創新與進步所帶來的好處，將勝過個人與社會因為新科技而付出的代價。人人都熱烈期待我們能創造那樣的未來，因為過去幾年來大家已經澈底明白：人一旦不再相信某項制度對他們有利，那套制度就會分崩離析。

第一章　個案概述

「切莫為惡」這句名言是谷歌公司原始版《行為守則》的第一句話，今天看來像是公司發軔階段帶了點雅趣的遺風，當年用蠟筆著色的谷歌商標仍然傳達活潑歡快、理想主義的創業精神，如今卻感覺恍如隔世。當然，指控谷歌蓄意作惡並不公平，可是世事不應以惡小而為之，谷歌和其他科技巨頭近年來的某些作為，實在令人不敢恭維。

佩吉（Larry Page）與布林（Sergey Brin）還在史丹佛大學念研究所的時候，開始有了創辦谷歌的夢想，那個時候兩人很可能未曾料想到，他們擁有的這個閃閃發光的搜尋引擎簡直是一顆知識蘋果，有朝一日竟然把別人逐出天堂（這幾年谷歌有多位高階主管就是因為身陷各種醜聞，最終遭趕出公司）。他們也預料不到谷歌總部（Googleplex）日後會冒出那麼多讓人尷尬的事情：谷歌精心設計的演算法，會在搜尋結果最關鍵的第一頁剔除谷歌的競爭對手；谷歌旗下的影音分享平臺YouTube，竟然出現土製炸彈的教學影片；谷歌販賣廣告空間給俄羅斯間諜，允許他們利用這個平臺散播假消息，並操縱二〇一六年的美國總統大選；谷歌為中國量身訂做可用的搜尋引擎，以便審查令執政當局不悅的搜尋結果。《紐約時報》揭露谷歌前任執行長史密特（Eric Schmidt）以不當手段影響某智庫的反托拉斯法政策立場，這家智庫同時接受史密特的家族基金會和谷歌公司贊助。《紐約時報》指出他竟然施壓開除智庫的一位政策分析師，因為對方膽敢揣測谷歌公司是否涉及違反競爭的實務（史密特否認此事）。這則報導刊出之後幾個月，史密特辭去他在谷歌母公司字母控股的執行董事長職務；二〇一九年五月，他又宣布將完全退出字母控股公司董事會。[1]

這一切可能算不上惡行，但絕對令人憂心忡忡。

谷歌真正的罪惡，可能單純是狂妄自大，這點也是許多規模龐大的矽谷公司的通病。谷歌的高層一直希望公司規模夠大，這樣才能任由它訂規矩，而這正是谷歌墮落之處，也是那麼多科技巨頭栽跟頭的原因。可是本書不僅要討論谷歌一家公司，而是探討當今最有勢力的一些公司如何分裂我們的經濟、敗壞我們的政治進程、混淆我們的心智。儘管谷歌仍然常常被當作科技業的典型代表，不過本書也將討論FAANG的另外四個成員，也就是臉書、蘋果、亞馬遜、網飛，還有其他的平臺巨人，例如優步（Uber），這些科技公司都已經在各自的領域中攻下領先地位。我也會略為談談一些老牌公司（從ＩＢＭ到通用汽車）如何演變，以因應眼前這些新挑戰。另外我還要探討新一代中國科技巨人的崛起，他們的勢頭之旺，連FAANG也不敢企及。

雖然矽谷和其他地方有很多公司都可以為數位轉型的優缺點現身說法，不過我們正在經歷的這一場波瀾壯闊的數位轉型，最主要的受益者非大型科技平臺公司莫屬。這些公司以資訊作基礎的經濟，取代了十九、二十世紀的工業主義，成為二十一世紀的特色。

這當中有無數意涵，我會探索其中的大部分，而且泰半是透過谷歌的故事來闡述；這家公司已經成為整個科技業更廣泛變遷的標竿，畢竟它在大數據、目標式廣告（target advertising）都是先驅者，而它所代表的監控資本主義類型，也會納入本書探討的對象。谷歌在臉書之前就已遵從「大破壞」（move fast and break things）的精神，而且時間比臉書早多了（譯按：「大破壞」是塔普林同名著作的中譯書名）。[2]

我追蹤谷歌這家公司已經二十幾年，認識後來大名鼎鼎的公司創辦人佩吉和布林時，地點並不是矽谷，而是在瑞士達沃斯（Davos）舉辦的全球權力菁英集會上（譯按：指「世界經濟論壇」），當時他們兩人在一棟小木屋裡會見精挑細選出來的一群媒體記者。[3]那是二〇〇七年的事了，幾個月之前谷歌才剛買下YouTube，似乎急於說服心存疑慮的新聞記者，希望對方相信這不是另一招針對著作權和付費創作內容的殺手鐧，谷歌也無意掐斷我們這些記者所效力的新聞媒體的生機。

達沃斯步道上常可見到兩種人晃來晃去：如麥肯錫（McKinsey）和波士頓（BCG）此類公司一絲不苟的企管顧問，以及跨國企業那類西裝筆挺的老派高層主管。可是佩吉和布林截然不同，這兩個谷歌人腳踩綴流蘇的休閒鞋，在結冰的小徑上安步當車，樣子很酷。那天他們穿著時尚的帆布球鞋，小木屋裝潢得很時髦，採用冷硬的白色調，屋裡擺著充當椅子的巨大立方塊，看起來彷彿當天早上才由一批剛從矽谷飛來的設計師改造過。我的揣測可能八九不離十，假如是真的，谷歌也不是唯一揮霍無度的公司。我記得有一次在達沃斯參加派對，主人是線上音樂網站納普斯特（Napster）公司創辦人，也是臉書的前總裁派克（Sean Parker），現場有巨大的熊標本，還有藝人約翰．傳奇（John Legend）演唱助興。

再說回谷歌的小木屋。布林和佩吉表露年輕人特有的一派誠摯，解釋公司如何和威權體制中國牽扯在一起，堅持他們絕對不會像微軟一樣，當時外界都覺得微軟有霸凌和壟斷之實。我們想知道新聞界的未來會如何，佩吉承認他只閱讀免費的網路新聞，而布林則常常購買星期日出刊的《紐約時報》實體報紙（他開心地說：「很棒！」），接著兩個人斬釘截鐵地說出我們新聞記者最想聽到的話：他們保證谷歌永遠不會威脅到我們的生計。沒錯，廣告主確實集體從我們印刷媒體轉移到網路，因為可以更精確瞄準目標消費者，其程度是印刷媒體想都不敢想的。可是別擔心，谷歌會大方地重新組織商業模式，以便新聞界也能在新的數位世界裡蒸蒸日上。

那時我年紀還輕，還沒變成後來那種（我承認是）憤世嫉俗的工商新聞記者。即便如此，當時聆聽他們那一席喜洋洋的「新聞界未來」的演說，我心裡還是有點狐疑。不管谷歌實際上有沒有打算開發某種厲害的新利潤模式，有一點令我警覺：當時在場的記者都未進一步提出更重要的問題。我坐在房間靠後面的位置，因為自己比較資淺而感到有點不自在，所以遲疑許久，等到會議即將結束才舉手提問。

我說：「抱歉，我們討論了這麼多，彷彿新聞是唯一重要的事，可是難道問題的本質不是應該關於……民主嗎？」我問道：假如報紙雜誌都被谷歌或類似的公司搞到關門倒閉，那麼我們如何知道世界發生了什麼事呢？

佩吉表情怪異地看著我，彷彿很驚訝有人竟然會提出這麼天真的問題。他說：「噢，對，我們有很多人在思考那個問題。」

他的語氣好像在說：別擔心，谷歌已經有工程師在處理「民主」的問題了。下一題？

呃，結果是我們真的必須擔心民主的問題，而且打從二〇一六年十一月以來，擔心的程度更甚以往。我們根本無法忽略那麼顯而易見的事實：隨著科技公司的勢力變得愈來愈堅不可摧，民主制度也變得愈來愈不牢靠。報紙雜誌已經被谷歌和臉書掏空了，二〇一八年這兩家公司奪走了百分之六十的網路廣告市場，[4]而二〇〇四年到二〇一八年間，大概倒了一千八百家報社，這正是導致美國兩百多郡連一份地方報紙都沒有的罪魁禍首。[5]少了報紙，就限制可靠消息的供給，無異抽走了民主賴以生存的氧氣。再看看二〇一七年，數位廣告超越了電視廣告，顯然電視新聞會是下一個遭淘汰的犧牲品。[6]近年來有線新聞固然因為「川普收益」（Trump bump）而受惠，可是長遠趨勢很清楚，電視終將遭科技巨頭消滅，重蹈印刷媒體的覆轍。

不過，科技巨頭的問題還不止於經濟與商業議題，他們對政治與認知也產生影響。這些趨勢往往在單獨的文章中分別論及，但實際上它們互相糾結甚深。我寫這本書的目標，在於連結那些看似分離的點，藉此呈現問題完整的面貌，其範疇遠大於個別議題的加總。

土崩瓦解：科技巨頭的政治衝擊

俄羅斯出動國家機器和民間代理人，利用世界最大的科技平臺，扭轉二〇一六年美國總統大選結果。這則消息揭露之後，輿論交相指責，砲火主要對準了臉書，而不是谷歌。臉書執行長祖克柏（Mark Zuckerberg）一再否認，堅持兇惡的外國佬不可能駭進他們的平臺，結果當然證明事實正是祖克柏所否認的那樣。《紐約時報》後來報導，祖克柏和公司營運長桑德柏格（Sheryl Sandberg）都找過一家隱密的右翼公關公司幫忙，要對方利用不正當的手法，抹黑向來愛批評科技巨頭的資本家索羅斯（George Soros）。

然而二〇一六年剛結束，操縱選舉的事情開始露出端倪時，谷歌的反應只比臉書多了一點點，後來大家才知道，原來這件事情谷歌也扮演吃重的角色。在選舉之前，谷歌的子公司YouTube充塞大量仇恨內容，都是由國外（包括在臉書上活躍的同一批俄國間諜）和國內分子刻意挑起的。[7]

二〇一六年大選、英國脫歐，以及俄羅斯不斷散播網路假消息的角色，在在凸顯這場新的數位革命已經危害社會凝聚。美國人正在經歷一場信任危機，對國家機構、領導人和社會治理制度失去信心。我們雖然忍不住想把癥結直接指向白宮，但是這一切又不能全怪當前的政府，譬如研究顯示世人對自由民主政治的信任下滑，恰好與社群媒體的崛起不謀而合。[8]這有一部分與假新聞的問題相關——學術研究發現，假新聞的分享機率比真新聞高出百分之七十。[9]然而信任下降也和感覺有人作弊有關，如今有產階級和無產階級之間的社會與經濟鴻溝比從前更巨大，這樣的分歧不僅是由華爾街造成的，矽谷也同樣助紂為虐[10]。二〇〇八年，華府為規模最大、最有權勢的銀行紓困，坐視普通家庭承受損失。我們可以辯護這麼做背後的經濟理論基礎，可是導致的政治後果，卻是民間出現一種聲音：政治制度已經遭到一小群有錢有勢的人把持，使得原本不是支持共和黨就是支持民主黨的選民，不再對政黨死心塌地。

二〇〇八年金融危機之後，民眾對華爾街的憤怒間接造成民粹主義強烈反彈，最後幫助川普登上總統大位。如今，大家感覺矽谷忙著打造機器人，不願意蓋工廠；只想創造股市億萬富翁，不願增加就業機會，這股感受正在激化政治光譜的兩極：共和黨州白種男性的法西斯主義抬頭，民主黨州憤怒的年輕千禧世代憧憬社會主義（當然，這些情緒透過科技平臺散播出去，更是火上加油）。仔細想想，難怪有愈來愈多專家相信，以科技為基礎的破壞，加上國際貿易，正是促使美國鐵鏽地帶（Rust Belt，譯按：指過去工業強盛，如今已衰落的地區，主要在美國五大湖區和中西部區）支持川普的因素。[11]

科技產業衍生驚人的經濟分歧現象，是無庸置疑的事實。美國智囊機構「經濟創新集團」（Economic Innovation Group）二〇一六年公布一份報告，揭露美國的三千多個郡當中，有一半以上的新工作機會來自區區七十五個郡，而這些地區正是科技巨頭的大本營：舊金山、奧斯汀、帕洛阿爾托（Palo Alto）等等。大型科技公司所在的城市財源廣進，但往往變成高牆環繞的庭院。[12]舊金山民眾抗議房價膨脹似泡沫，搞得連中產階級都買不起房子。

另外，透過平臺技術操縱選舉，持續在全世界形成嚴重的問題，從緬甸到喀麥隆等國家都利用谷歌和臉書來鎮壓全體國民，甚至支援種族滅絕和謀殺。[13]有些人相信科技會使我們更難抵抗法西斯主義，[14]資本家索羅斯創辦開放社會（Open Society）基金會，將該慈善事業的研究重心擺在科技巨頭上，這正是其中一個原因。

索羅斯生於匈牙利，對這波科技革命的政治意涵極為敏感，認為威權國家有可能把科技拿來收割人民的個人資料，同時用這些知識為非作歹，就像作家歐威爾（George Orwell）在小說《一九八四》當中預言的那樣。二〇一八年一月，索羅斯在達沃斯發表演講，指出科技巨頭正在剝奪人的自主權，他解釋道：「我們需要真正努力堅持與捍衛彌爾（John Stuart Mill）所謂的『心靈自由』。」索羅斯說：「一旦失去（自由），在數位時代成長的人或許很難重新將其找回來。」索羅斯害怕可能出現一項風險：「威權國家和這些掌握豐富數據的大型資訊科技壟斷企業聯手，屆時新誕生的公司監視系統，將會與早已發展經年、由國家支持的監視系統狼狽為奸。」[15]

他感到害怕是對的。中國也有自己的科技巨頭，也就是簡稱蝙蝠（BATs）的百度、阿里巴巴、騰訊三家網路公司，它們固定監視「智慧城市」裡的中國人民。所謂的「智慧城市」其實是騙人的幌子，其實就是時時刻刻遭到電子偵測器監視的區域（事實上二〇一九年索羅斯在達沃斯的演講，主旨就是中國這個監視國家所構成的危險）。[16]值得注意的是，賦予這些城市力量的科技，負責製造與安裝的不僅是像華為一類的中國公司，美國公司如思科（Cisco）也有份。當然，監視所得的資料有一部分是中國政府自己賣力掙來的，目的是在人工智慧等領域拔得頭籌，因為人工智慧就是仰賴規模龐大的數據；中國使用令人膽寒的「社會信用」系統，監督公民的行為並且打分數，影響民眾從貸款能力到居住地方等種種層面。中國公司拿不到手的資料，就透過合夥方式，從臉書之類的外國公司下手（二〇一八年臉書遭到揭發，允許華為和其他中國企業獲取臉書使用者不公開的資料）。[17]

對於公眾日益關切隱私和反競爭經商實務，有些科技巨頭的反應是打美國人長久以來的恐懼牌：我們要對抗中國，就必須這麼做；這讓一切看來格外荒唐。像谷歌、臉書這樣的公司，益發企圖在政府監管單位和政客面前，把自己塑造成國家隊，在一場猶如電玩戰爭的成王敗寇遊戲中，為了保持美國第一的排名和未來而奮戰，打敗邪惡中國。二〇一八年春天，美國參議院為了臉書牽涉選舉操縱一事，將祖克柏召來嚴詞拷問。當時有一位美聯社的記者設法拍到祖克柏的小抄，洩露他準備好的應付說詞——假如問及臉書的壟斷勢力時，就要這樣回答：萬一公司被拆解，美國在對抗中國的科技巨頭時，將會落入競爭劣勢。

誠如國會幕僚和華府政客告訴我的，谷歌也打國家安全牌，悄悄利用「美國對抗中國」的論點，把針對反壟斷行動的提案擋回去。不過谷歌在北京也設了研究單位，還考慮弄個審查版的搜尋引擎，以順應當地的規矩（該公司一位公關代表對我說這項計畫「暫停」了，原因是公司內部的工程師反對，同時白宮和國會也對他們施加政治壓力）。[18]

蘋果公司對中國「當地的規矩」似乎也不覺得有什麼不對。二〇一五年加州聖貝納迪諾市（San Bernadino）發生恐怖攻擊事件，聯邦調查局介入調查時，蘋果公司拒絕協助破解上鎖的iPhone手機，聲稱要保護使用者資料；這是在美國境內發生的事，然而到了中國，情況丕變。北京強迫蘋果公司將提供中國消費者使用的iCloud數據中心整個遷移到中國大陸，交由一家本地公司經營，如此一來就不需要服從美國的資料保護法令。對此要求，蘋果公司很快就默許了，顯示當他們在主要市場的商業模式受到真正的威脅時，保障公民自由的企業哲學就變成有限制了。[19]

網飛是FAANG當中比較少惹爭議的公司，因為採用訂閱的商業模式，而且側重比較不敏感的娛樂偏好資料，所以向來少受批評。然而即使是網飛，也對外國審查當局低頭。二〇一九年元月初，網飛在沙烏地阿拉伯撤掉一集熱門喜劇《愛國者法案》（*Patriot Act*），原來是當地政府官員投訴節目裡的一個演員批評沙國王儲薩爾曼（Mohammed bin Salman），指責他涉嫌謀殺國內異議分子卡舒吉（Jamal Khashoggi），並在對葉門的戰爭中犯下兇殘暴行。[20]

在此同時，科技巨頭在美國境內正在扮演「老大哥」（譯按：小說《一九八四》中無所不在的監視者）的角色，和地方政府、州政府、國家級政府單位聯手，打造出來的東西愈來愈像監視國度。亞馬遜將臉部辨識技術賣給警方；帕蘭提爾公司（Palantir）專營大數據業務，共同創辦人是第方三支付公司PayPal的創業家提爾（Peter Thiel），他們和洛杉磯警局合作，將公民當作目標，方式相當令人提心吊膽，簡直是抄襲反烏托邦驚悚電影《關鍵報告》（*Minority Report*）的劇情。[21,22]人人都在猜想，那些資料還能拿來做什麼用？因為網路資訊的本質就是隱密的，幾乎沒有辦法追蹤，但結果卻是美國民主的基礎一點一滴落入科技巨頭的手中。

立法議員終於開始注意這些問題。二〇一九年夏天，就在本書付梓之際，美國司法部和聯邦貿易委員會都在調查谷歌、臉書、亞馬遜、蘋果，眾議院的反托拉斯小組委員會也正在採取行動，打算花幾個月時間舉辦相關聽證會。[23]可是我很懷疑這些問題在二〇二〇年總統大選以前能夠解決——或者說根本不可能解決。谷歌和臉書遭指控利用演算法偏袒自由派政客，共和黨因此義正詞嚴（並政治化）地表達憤怒，可是大多數共和黨員並不願意認真碰觸這個問題，因為這樣做將扯出川普當選總統的合法性，畢竟俄羅斯就是透過相同平臺，幫川普在競選中上下其手。

至於自由黨派對科技巨頭的態度也有分歧。民主黨的公司派（corporate wing）代表人物如紐約參議員舒默（Chuck Schumer），就堅信矽谷該「自我約束」，他對自己州內的大銀行也持同樣立場。舒默的說法其來有自，臉書牽涉選舉操縱案時，設法拉攏了一些政客以挽救劣勢，而舒默就是其中之一。對此舒默心花怒放地大力配合，建議同僚收斂對臉書的抨擊，譬如以批評臉書聞名的參議員華爾納（Mark Warner），而說巧不巧，舒默的女兒就在臉書上班。[24] 至於民主黨的進步派比較傾向反對矽谷（我應該說明，有些支持自由市場、不贊成川普的保守派也持相同理念）。某些打算投入二〇二〇年總統大選的民主黨候選人，已經把反矽谷塑造成重要平臺議題。可是想要改變科技業何其複雜，需要重新調整很多不同的規定和監管，而這些又有各式各樣的利益團體在背後支持（或反對）。

在此同時，科技巨頭的大佬（經常被指責太過偏重自由主義〔liberal〕，其實他們更偏向放任自由主義〔libertarian〕）正忙著捐輸，不管哪個政黨，只要最能袒護科技業利益，他們就給予支持。舉例來說，谷歌公司前執行長史密特就同時金援民主黨和共和黨人士，他和川普政府十分友好，在歐巴馬和川普擔任總統任內，都身兼國防部國防創新委員會的成員。史密特也是歐巴馬和希拉蕊（Hillary Clinton）競選總統時的數位議題主要顧問，他運用谷歌的力量協助歐巴馬獲勝，之後碰到麻煩的事，就祭出政策影響力去解決——這麼說一點都不誇張。[25]

二〇一六年總統大選期間，川普陣營散播意在言外的種族主義論調和假新聞，相較之下，科技界拉攏政客的問題顯然沒那麼嚴重，然而這些公司對整個政治體系的影響過當，以致損害公眾的信任，這方面卻未能得到相應的重視。[26] 史密特這種政治牆頭草的作風絕非特例。二〇一七年矽谷科技巨頭與川普第一次聚會時，到場的桑德柏格、庫克（Tim Cook，譯按：蘋果公司現任執行長）和許多公認的民主黨人士，卻「挺身而進」向川普總統示好（譯按：《挺身而進》是桑德柏格的同名暢銷書，作者一語雙關）。儘管亞馬遜執行長貝佐斯（Jeff Bezos）擁有的《華盛頓郵報》（*The Washington Post*）經常批評川普總統，可是該公司仍然使勁把亞馬遜的臉部辨識技術推銷給美國國土安全部底下的移民和海關執法局（Immigration and Customs Enforcement，簡稱ICE），也就是在美墨邊界將兒童關進牢籠裡的那個單位。[27]

大部分民主黨員和愈來愈多共和黨員已經被科技巨頭無孔不入的遊說收買，矽谷如今形勢大好，自然想要長長久久維持下去，這正是他們在華府悄悄增強遊說力道的原因；有些遊說是公然作為，有些則隱密不為人知。如果把資訊業、電子業和平臺科技業者加在一起，現在科技巨頭已經成為美國首都排名第二的遊說團體，僅次於大型製藥廠商，至於谷歌的母公司字母控股，更經常高踞華府最大遊說企業的寶座。[28]

谷歌逐漸變成影響力最大的遊說公司，與白宮面對面溝通的時間也比其他公司更多，但是在歐巴馬總統的第二屆任期內，科技巨頭卻也逐漸變成刑事偵查員所謂「感興趣的對象」。谷歌、臉書和其他科技巨頭就是從那個時候開始用錢收買許多背景各異的利益團體，譬如美國圖書館協會（American Library Association）、美國殘疾人協會（American Association of People with Disabilities）、全國西班牙裔媒體聯盟（National Hispanic Media Coalition）、美國進步中心

（Center for American Progress）。這些組織乍看之下並不像科技革命的天然盟友，可是他們都支持科技巨頭享受某些法規漏洞，包括規定科技業者不必為使用者的網路言行負責。[29]

這些團體本來或許有理由在各種政策議題上反對科技巨頭，然而矽谷金主的大量捐輸，往往贏得這些團體暗中支持，有時甚至是公開背書。舉例來說，美國圖書館協會的立場與代表作家或出版社的其他團體迥異，[30]選擇支持谷歌爭取掃瞄全世界所有書籍的權利。[31]儘管圖書館員一般來說確實支持言論自由，希望書籍能廣泛供人閱讀，但是谷歌也確實捐贈美國圖書館協會金錢，並與他們合作進行各種資料庫索引與編碼計畫。谷歌甚至緩緩滲入學術界，資助無數關於高科技議題的研究計畫，本來或許對該公司抱持懷疑態度的學術界人士，便因此被拉攏過去，幫谷歌講好話。[32]我在報導這些議題時，發現很難找到完全獨立的聲音，因為絕大多數專家或多或少都得到科技巨頭的資助，這點正好說明金錢利害關係在美國如何澈底把持了公民論辯。科技界想要按照自己的條件來談經濟、政治、社會議題，不然就乾脆拒絕對話。

歸根究柢，這些公司就是要操縱制度以確保繼續自由經營，而不必忍受討厭的政府干預的負擔。其結果是他們太常活在自己的宇宙中，不僅超越了國家疆界，甚且凌駕一切邊界。帕蘭提爾公司的提爾和其他強勢科技創業家、投資人就是秉持這股精神，建議加州脫離美國聯邦；提爾還曾資助一項計畫，打算串連一個漂浮島嶼網絡，在美國政府司法管轄之外營運，至於他本人和其他科技億萬富翁，則躲到紐西蘭去隱居。

在此同時，科技巨頭本身（就像以前的金融巨頭一樣）控制了發言權，利用複雜性把大家搞糊塗。我數不清有多少次和花言巧語的科技人士講話時，對方企圖抛出大量術語，看看我會不會吃鱉。可是最簡單的問題，卻往往最讓他們答不上來；像下面這個最簡單不過的問題，我還在等待有哪個聰明的答案現身：「你們和大家遵守相同的規矩嗎？如果不是，為什麼會這樣？」

在嬉皮的外表之下，矽谷的核心向來是哲學家蘭德（Ayn Rand）的放任自由主義：企業的產品和服務一旦產生不良效應，矽谷業者就豎起放任自由主義的大旗，理所當然替自己擺脫任何代價高昂的社會責任。誠如塔普林、藍尼爾（Jaron Lanier）和其他經常批評矽谷的評論家所寫的，科技巨頭投票時固然傾向支持左派，可是數位文化中強烈的放任自由主義傾向，卻屬於右派思維。科技巨頭緊抱八〇年代的「貪婪是好事」思潮，加上年輕世代的企業執行長從未見識過政府有所作為，頂多就是減稅。這一切所造成的結果，是自私自利和急功近利的「打破一切」心態，當然，破壞要比修復容易多了。

新壟斷者：科技巨頭及其經濟意涵

在報導財經新聞將近三十年的經歷中，我學會了一條調查準則：追查金錢的流向。如今科技巨頭比任何別的行業都坐擁更多金錢，雖然無微不至的設計、衝勁十足的行銷、龐大的經濟規模確實是聚積大量財富的主要動力，可是矽谷富人的錢財還來自另一種更基本的經濟改變：從以裝置（和修理裝置）為基礎的經濟，轉變成以電腦位元為基礎的經濟。科技巨頭正在重新定義什麼是真實的，經濟體中有價值的又是什麼。對這些公司而言最寶貴的是個人資訊，我們上網時敲擊鍵盤傳送無形的虛擬資料，在實體世界中也發出愈來愈多訊息（安卓〔Android〕手機知道主人現在的具體位置；裝有偵測器的家用產品也能夠追蹤許多東西）。[33]

強勢的科技公司把使用者牢牢綁在他們的裝置上時，這些公司真正想要掌握的並不是使用者的思想，而是構成其消費行為的資料——年齡、地點、婚姻狀況、興趣、背景、教育程度、政治傾向、購買歷史等等變數的組合。這些公司取得資料之後，便轉手賣給第三方行銷業者，這些人再轉手給其他買家，最終流散到數目不詳的人士手中，目標都是接觸原始使用者，而購買資料的從零售商到俄羅斯的選舉操盤手都有。買到資料的人，可以用它們來製作超目標式廣告（hyper-target advertising），或是整合起來提供超級詳細的預測——預測各種社會趨勢和商業趨勢；對獲得這些資料的人來說，價值無法估算。

在資訊時代，上述資料等同原油，為因而獲益的公司添加成長的柴薪——以今天來說，幾乎所有產業的所有公司都需要這種燃料。這一點極其重要，雖然我在本書中探討的問題（喪失隱私、公司壟斷力量、自由民主式微等等），以FAANG這幾家科技巨頭最具代表性，但是牽連的絕不止這幾家公司。最明顯的就是二〇一六年川普在競選總統期間，雇用英國的政治顧問公司劍橋分析（Cambridge Analytica），從網路弄到個人資料，製作選民檔案。該公司取得資料的來源不僅臉書，還有其他數十個單位，包括教育機構和教會團體。[34]事實上，你大可認為科技公司只是對未知危險提出預警，預告社會終將轉變成監控資本主義制度，各行各業與組織都將參與其中。工業時代的企業若想鴻圖大展，就必須搞懂如何使用機器設備，同理，在我們這個時代想要業務蒸蒸日上的企業，也必須能夠使用這些資料。谷歌和臉書已經想出怎樣運用這些資料點（data points），以製作目標精準的廣告，其精確程度堪比如下設定：下午三點十三分敘利亞某處，恐怖組織伊斯蘭國（ISIS）的一個指揮官從掩體中走出來抽菸，遭到無人飛機趨前襲擊。

截至目前，這些資料是透過電腦和行動裝置取得，可是隨著個人數位助理的興起（例如亞馬遜的Alexa、谷歌的Home Mini、蘋果的Siri，如今美國有三分之一家庭都擁有這類產品，每年銷售成長率達三位數），人的聲音成了新金礦。儘管有關Alexa和Siri「聽取」你我交談與電話內容的報導遭到製造商駁斥，可是有一點無庸置疑，那就是這些數位助理可以聽見你說的每一個字，接下來只要再加一小把勁，就能利用那些資訊引導你購買東西。同樣的資訊也很容易拿來遂行政治目的──有些研究人員已經開始憂慮，在操弄選舉方面，數位助理的威力甚至超越社群媒體。

在這種情況下，每個人當然都將受到或多或少的影響。遭保險業者拒絕承保的屋主絕非特例，從一開始，保險業就是倚仗風險共擔的原則而建立：將承保一組特定房屋、汽車、壽險的成本加總起來，再平均分攤到各項財產上頭。數據時代的保險集團將有能力取得相關資訊，方法是追蹤汽車或偵測器，例如裝在你家裏的「智慧」恆溫器、煙霧偵測器、保全攝影機（或許都是谷歌旗下Nest Labs的產品，該公司是首屈一指的居家設備業者），取得資料之後，根據你的習慣和個人風格，制定專門為你量身打造的保單價格。你若是幫自家老房子安裝新的衛生管線系統（偵測器將評估該系統的運作情況），或是開車時遇到閃黃燈便謹慎地停下來，就會得到保險公司獎勵。太好了，對吧？

我告訴你為什麼並不好。假如偵測器察覺你家十六歲的兒子在臥室吸大麻（煙霧偵測器會即時將訊息傳給保險公司），或是你家沒有趕在結冰之前把前廊的積雪剷掉（偵測器會記錄你什麼時候剷雪，或根本沒有剷雪，然後把資訊傳給保險公司。萬一有路人在冰上滑倒，就能限制保險公司自己的責任風險），你的保費就得大幅提高了。或許你有機會選擇不接受監視，可是保險公司一定會加以刁難，就像你採用臉書或谷歌的平臺時，除非自願全數喪失對方所提供的多種服務的使用權，否則也不可能拒絕接受監視。

我們很容易就能看出，如此程度的微型瞄準可以怎樣影響最弱勢、最容易受傷害的族群。舉例來說，谷歌過去一直允許發薪日貸款業者（payday lenders）在他們的平臺上打廣告，貸款業者擁有個人資料這種利器，瞄準弱勢借款人的作為簡直無往不利，[35]過了好些年，谷歌總算停止這項業務。同樣的，上述保險業者的例子破壞由較多人口分攤風險的實務，逼使個人必須自己承擔風險，最後的結果可能是低下階層沒辦法參加保險，任由次級信貸業者或國家為所欲為。這又引出數位時代另一個齷齪的祕密——政府可能變成人民最終仰仗的保險提供者，把民營公司本來應該挑起的高風險承保負擔轉嫁給納稅人。[36]

這只是開始。蒐集每個使用者資料，並且利用這些資料的力量去幫助最強勢者獲益，這麼做的不僅是臉書和谷歌。科技巨頭已經示範給其他科技業者看，如今各行各業都在開發自己的資料探勘（data mining）技術，以便分一杯羹，觸角廣泛伸入經濟的每一個角落。資料仲介商，例如徵信業者、醫療保健資料公司、信用卡公司，全都在蒐集和販售各種敏感的個人資料，販售對象是規模不夠大、無法自己蒐集資料的企業和組織，包括零售商、銀行、房貸業者、大專院校、慈善機構，還有，別忘了政治活動業者（怎麼忘得了呢？）。[37]

打開手機，你就開啟了應用軟體的世界，任由它們每分每秒追蹤你的位置、探查你在做些什麼。這些應用程式本身代表了產值達兩百一十億美元的窺探產業，從中獲利的不只是規模最大的科技公司，儘管他們絕對有份。拿谷歌的安卓系統來說，就收納了一千兩百種從事這種追蹤工作的應用程式，還有很多公司你可能想都沒想到，從高盛金融集團到天氣頻道（Weather Channel）電視聯播網都有。[38]老式商業網路正在轉型成產業「物聯網」（Internet of Things），未來將會把蒐集資料的舉動拓展到實體世界——進入設計公司、製造工廠、保險公司、金融機構、醫院、學校，甚至是你我的家中。

舉凡成功的企業，諸如星巴克（Starbucks）、嬌生（Johnson & Johnson）、高盛等等，背後大概都有成功的資料探勘扮演著吃重的角色。不動產公司利用五花八門的人工智慧應用程式，去挖掘潛在買家和賣家的資料，甚至將炒作房屋買賣的過程自動化。[39]其他公司透過電子監視器獲取資料，用來評估員工績效，替上司統計最新排名。現在體育用品公司在球鞋裡安裝全球定位系統，追蹤消費者慢跑的路線和距離。固特異（Goodyear）公司在輪胎裡加裝感應器，將輪胎的效能資訊傳回給工程師。

這些公司並非像谷歌和臉書那種「注意力商人」，也不是整個商業模式都建立在轉售資料和資料貨幣化上，可是他們還是利用資料增加自己的投資報酬。只消看看企業如何最快速擠進掌握百分之八十財富的前百分之十公司，就能明白這一點：最快的捷徑不是利用有形資產，甚至也不是資本，而是利用「無形資產」的價值，包括數據、智慧財產、網路。每一個產業的公司都指望藉這類電子資料的力量，刺激未來數年的成長。由數據推動的人工智慧能夠替善用此技術的公司創造將近六兆美元的營收（如今成長最快的領域是銷售和供應鏈管理）。[40]大部分與我交談過的企業執行長都極為看好這個題材，宣稱投資人工智慧的報酬率介於百分之十到百分之三十之間。然而數據和人工智慧用得愈多，效果愈好，這對於公司來說是好事，然而對隱私遭侵犯的民眾，以及對工作遭自動化剝奪的勞工而言，將會造成十分慘烈的破壞。

科技巨頭究竟是如何在短短二十年內，將我們的經濟重新塑造成今天這個模樣？想要了解緣由，關鍵在此：許多平臺科技公司的經營，簡直就是天然壟斷行業，也就是說這些公司光憑自身的網路力量，就足以支配市場；在很多人眼中，谷歌、臉書、亞馬遜，甚或網飛和蘋果都屬於此類（蘋果公司大概會反駁，因為他們在手機市場中有很多競爭者，其中最大的就是谷歌。如果以安卓系統的使用者比例來計算，谷歌在整體手機市場裡確實占據較高比率）。天然壟斷往往是網路效應的產物，也就是說平臺擁有愈多使用者，就能吸引更多新使用者加入。不論是資金成本或是先占先贏（包括實體和虛擬領域），進入障礙都非常高，因此能有效阻止其他人進入市場。以前鐵路、電報、電話公司，還有晚近的某些媒體巨擘都搶到這種獨大地位，對於這些靠網絡吃飯的企業，壟斷比不壟斷的情況更尋常，除非是遭到政府出面干預禁止（譬如政府干預鐵路和電訊事業，或是二十年前對微軟提起反托拉斯訴訟，谷歌得以趁勢而起。）

雖然當今的科技浪潮令人瞠目結舌，可是我所描述的轉型才剛剛起步。理論上來說，規模最大的科技巨頭各自占據獨立的市場，然而在適者生存的市場占有率競爭中，他們吃下來的空間太大了，不僅占有「一個」市場，而是攫獲「整體」市場。接下來又利用那樣強大的力量進軍新市場，創造廣袤的網路聚合體（meta-networks），不論是力量或幅員都令人嘆為觀止。網飛、亞馬遜，以及某種程度的蘋果公司，都算是娛樂業的新手，卻也都不滿足自己在影音串流市場的無敵領袖地位，現在他們成為左右市場的內容製造商，逐漸晉身為實實在在的電視、電影製片公司，斥資數十億美元（網飛和亞馬遜都如此）製作原創電視節目，[42]此舉逼得以前的娛樂業巨擘倉促在後面追趕（所以才促成最近AT&T和時代華納〔Time Warner〕公司的龐大合併案）。谷歌已經開始打造自動駕駛汽車，涉足交通業；臉書創造加密貨幣Libra，想要推出自己的金融系統，蘋果公司也早就和高盛合作發行信用卡。

換句話說，科技巨頭要的不僅是做單一行業的龍頭，還想做每一樣東西的平臺，做你一生的作業系統。就目前來看，這部分亞馬遜可以說是最傑出的。新聞記者史東（Brad Stone）寫過一本關於亞馬遜的著作，題為《什麼都能賣！》（*The Everything Store*，編按：中譯本新版書名為《貝佐斯傳》），時至今日，亞馬遜早就不止於此。這家公司現在更是巨大的伺服器農場，代管無法估計的雲端儲存空間，同時還提供運送服務，想要幹掉所有同業。具體來說，亞馬遜本來只運送自家產品（書籍、襪子、電器），現在幾乎一切想像得到的東西，都在他們的運送清單上，包括網飛的DVD、康卡斯特（Comcast）的有線電視機上盒、康泰納仕出版集團（Condé Nast）的雜誌。基本上亞馬遜的野心就是打垮聯邦快遞（FedEx）、優比速（United Parcel Service）和美國郵政，成為全國首屈一指的郵件包裹運送業者。

亞馬遜公司透過收購其他配銷通路，企圖成為「一切」商務的平臺。在這個過程中，亞馬遜可以替自己挑選包裹運送業務中頂級利潤的單子，其他樣樣都分一杯羹，至於寄送到鄉下地區那些成本高、利潤低的運送服務，就留給美國郵政去辦吧。[43]亞馬遜已經強勢占據全球雲端儲存容量的三分之一，以追蹤自己龐大的營運作業，甚至替美國中央情報局（CIA）傳送非機密的情資報告。

最近亞馬遜進軍醫療保健這個產值高達三兆五千億的行業。該公司利用自家供應鏈和個人背景資料的寶庫，佐以從住家、醫院、醫生診間的健康監視器所取得的即時報告，正在一步步破壞我們原本購買處方藥、選購健康保險計畫的方式。[44] 正是此類野心，使得亞馬遜的市場力量已堪稱最致命的殺手級應用程式。難怪亞馬遜的老闆貝佐斯榮登科技寡占業者中頭號巨富，身價高達一千一百二十億美元——事實上，他大概是有史以來最有錢的人了。[45]

網路效應是大者變愈大的一種方法，另一種方法只要嚇退規模小的競爭者，再把他們的智慧財產偷走就行了。我常常想起一個故事：波士頓有個陸續創辦許多企業的風險資本家告訴我，某家知名科技巨頭考慮聘請他的公司，幫忙處理一件數據分析投資案。對方要求他設計開放原始碼程式，說是要先試用，然後就剽竊他的創意，拿去自己公司使用。這位資本家和科技業的很多人士一樣，接受訪問的條件是不公開身分，唯恐在市場上遭受排擠。

他說：「我有電子郵件可以證明他們拿走了程式。我根本沒錢和他們打官司，不過我還是去他們公司，問那裡的熟人：『嘿，你們想怎樣？』他說：『你要明白，我們每秒鐘處理的資料是大銀行的六倍，可是利潤只有銀行的十萬分之一。假如我們每樣東西都得花錢買，還怎麼做生意？』」

隨著科技公司規模愈來愈大，而且不停增大，他們變本加厲動用市場力量輾壓對手，手段不外乎盡快買下競爭者，或是剽竊對方的才華。現在有一整個風險資本產業專門代表科技巨頭，注資所謂「人才農場」的新創事業，而不是自己投資成功的事業。谷歌、蘋果和其他科技巨頭都與對手公司簽過聯合壟斷式的「禁止盜獵」員工協議，[46]有效限制員工為了更好的工作跳槽。

對於個別新創事業和員工而言，這一切聽起來固然可怕，對於倚仗他們的經濟而言，何嘗不是破壞力強大。過去一個世紀以來，每二十年就有一波新創事業興起，美國頂尖企業的排名跟著重新洗牌，而美國的全球競爭地位也同時跟著提升。然而此景不再。隨著科技巨頭崛起，初期風險資金和它們挹注的新創事業數量遽減。根據考夫曼基金會（Kauffman Foundation）的資料，從一九七八年到二〇一二年，成立未滿一年的公司家數減少了百分之四十四，降幅令人震驚，而這段時間恰好就是現代矽谷起飛的時期。[47]還有很多其他的學術報告也呈現類似趨勢，不僅單一產業如此，竟然全數產業無一幸免。[48]布魯金斯研究院（Brookings Institution）的經濟學者李騰（Robert Litan）研究進入和離開市場的新公司，他指出：「美國的企業動能和創業精神正在逐漸衰弱，令人煩惱。」他的研究顯示，雖然過去幾十年來趨勢一直緩緩下降，但是又以二〇〇〇年代中期的遽跌最嚴重，那恰是科技巨頭真正大爆發的時期。[49]

這項趨勢確實有眾多成因——從人口結構到可移動性到移民都有，可是很多經濟學家覺得，科技推動了這個超級巨星經濟的崛起，長期下來少數幾家大公司吞食愈來愈大塊的經濟大餅，才是主要的原因。羅斯福研究院（Roosevelt Institute）指出：「打從鍍金時代（Gilded Age，譯按：指美國從一八七〇年到一九〇〇年的快速繁榮時期）以來，市場從來不曾這麼集中、這麼缺少競爭過。」[50]儘管矽谷素有善於打造「新新事物」（New New Thing）的美名，這十年來規模最大的科技公司並未創造出真正脫胎換骨的產品，即使是品牌與創新畫上等號的蘋果公司，自從二〇一〇年推出iPad平板電腦以來，也未能再開發出什麼具突破性的新產品，只是在既有產品線上添加一些無關緊要的功能。[51]這麼說來，當今新的創新者在哪裡？答案是有太多創新者出師未捷身先死了。

講了這麼多，讀者可能會問：為什麼科技巨頭還沒有被聯邦政府判定為壟斷企業，拿出從前對付貝爾電話（Bell Telephone）公司和標準石油（Standard Oil）公司的手段來予以拆解？至少也要像二十年前對付微軟公司那樣，搬出法規恫嚇，使其轉型並加以束縛。答案是我們對於反托拉斯政策的經濟思維，在過去四十年來發生了改變。[52]或者說得再精確一點，是因為一個人的關係，他叫做柏爾克（Robert Bork）。柏爾克由於角逐最高法院大法官職位時遭到參議院投票否決而聲名狼藉（他在水門案醜聞那幾年審理「週末夜麻州屠殺事件」時，開除特別檢察官考克斯〔Archibald Cox〕，也引起軒然大波）。儘管如此，柏爾克一九七八年出版的著作《反托拉斯悖論》（*The Antitrust Paradox*），重要性遠超過前述事件，他的論點提供了法律方面的理論基礎，讓科技巨頭能夠順風順水地主宰全球市場。這本書也是一九七九年最高法院的判決基礎，沿用至今。柏爾克主張不應該繼續使用《謝爾曼法》（Sherman Act）多年前為壟斷所下的定義，該法案指出享有市場不公平優勢地位的公司會扼殺競爭，這樣的公司就是壟斷企業。柏爾克認為，只有對消費者不公平漲價的公司，才稱得上是壟斷；根據他的說法，假如強勢公司不調高售價，就不算是壟斷行為。

然而科技巨頭根本不需要提高售價，因為他們的商業模式並不是由使用者付錢，而是透過以物易物的系統交付個人資料。在這套系統底下，資本主義本身的許多規則似乎不再適用。現代資本主義之父亞當・斯密（Adam Smith）相信，市場運作要靠透明度、公平接觸資訊、共同的道德架構；然而到了數位時代，這三樣東西鮮少有效，甚至已完全無效。

除了「免費」或廉價的產品之外，今天的壟斷企業也常常因為提供便利（壟斷的好處之一）而獲得盛讚。不過世人經常忽略一件事：儘管享有這些利益，但消費者的選擇性也減少了，更嚴重的是經濟競爭跟著下滑。對擁有者來說，資料不具有金錢價值，因為不能直接賣給任何人（至少目前還不能），公司就算靠資料致富，也不能記在資產負債表上（雖然很多監管單位相信應該要這麼做）。問題是龐大的資料累加起來，成了科技巨頭的寶貴資產，轉手拿來賣給廣告主，可以賺取驚人的利潤。

一則個人資料究竟值多少錢？答案眾說紛紜。谷歌和其他科技巨頭都雇用世界頂尖數據經濟學家，這意謂坊間很少有中立或透明的研究揭露個人資料究竟價值多少。不過最近民主黨戰略小組「未來多數黨」（Future Majority）委託索內康（Sonecon）分析集團進行研究，試圖粗略估計挖掘個人資料會帶來多少財富。[53]他們發現個人資料每年創造的營收高達七百六十億美元，挖掘者不但有經常受到懷疑的科技巨頭，也包含其他機構（例如徵信公司、醫療保健業者和金融公司）。這項研究發現，過去兩年間，源自資料收割的營收成長了百分之四十四點九；再比對根據美國經濟分析局（U.S. Bureau of Economic Analysis）的數字，這個速度超越了線上印刷、資料處理，以及整個資訊服務業本身的成長。假如目前的趨勢不變，那麼到二〇二二年時，我們的資料將價值一千九百七十七億美元，比美國農業生產總值還高。這絕對是大規模抽取資源；如果資料是新原油，那麼美國就是數位時代的沙烏地阿拉伯，而網路平臺龍頭企業則是新的沙烏地阿拉伯國家石油公司（Aramco）和埃克森美孚石油公司。[54]

對很多產業來說，資料是成長的新燃料，從製造業到零售業到金融服務業，無一例外。然而資料和其他資產不同，不見得能增加工作機會，主要是促進利潤成長，而且利潤往往直接流進公司高階主管和股東的荷包。二〇一八年摩根大通銀行（J.P. Morgan）的一份研究發現，川普總統減稅之後，從海外銀行帳戶回流美國的金錢，大部分直接用來買回公司股票，使得本來就最富有的人和公司更加有錢。[55]二〇一八年，光是美國十大科技公司就花了一千六百九十億美元以上買回自家股票，而整個科技業的這一項支出大約是三千八百七十億美元。[56]

科技巨頭買回這麼多股票，比史上其他任何公司類別創造更巨大的財富，可是相對於市值，他們所創造的就業機會卻遠少於以往世代的企業巨人。二〇〇九年，美國市值最高的二十家公司，每十億美元市值就雇用一千七百九十名員工，如今卻只剩下六百五十六名。[57]也許近來最明顯反應此趨勢的例子如下：二〇一四年臉書買下社群媒體公司WhatsApp，這家公司市值一百九十億美元，高於《財星》五百大企業（Fortune 500）的任何一家公司，然而從上到下總共只有三十五個員工。[58]谷歌的員工比蘋果少了很多，而蘋果的員工又比微軟少，微軟創造的工作機會也少於通用汽車。至於被這些公司破壞的工作則尚未計算進去；舉例來說，二〇一九年三月美國零售業宣布裁員四萬一千人，比前一年多了一倍以上，主要肇因是亞馬遜效應。[59]

問題癥結是大部分科技業者根本不需要很多員工（想想看亞馬遜公司的倉庫裡那些跑來跑去的機器人），而且隨著時間演進，情況會愈來愈糟糕。據估計，未來幾年全球有六成職業的性質將會大幅改變，原因就是新的破壞性科技。[60]

未來不僅有低階工作或勞力工作會進入自動化——所有的工作都難逃厄運。事實上，「知識工作」（包括放射線、法律、業務、金融）恐怕會比醫療照護和製造業那種體力工作**更快**自動化。此外，即使在自動化無法完全取代人類的領域中，零工經濟和「共享」經濟——始作俑者當然就是科技公司——已經造成無法享有福利的臨時員工人數大幅增加。[61]

在這些相對容易追蹤的數字之外，可能是更深刻、更值得憂心的問題，那就是數據驅動的資本主義如何將人轉變成數位時代的工廠原料。以往公司依靠員工，不只把他們當作勞工，也把他們當作顧客，因為員工也有購買自家產品的需求（繼而刺激新的勞動力需求）。反觀在科技巨頭的時代，購買數據分析和瀏覽人數的廣告主和企業是顧客，使用者則是產品。就這點而言，谷歌和「大數據」代表與過去的資本主義澈底決裂。[62]

這種改變幾乎是無形的，我們從有形物質為基礎的經濟，轉變到無形物質為基礎；當新時代演進到數據驅動的超資本主義（hyper-capitalism），這種改變也許逃不掉了。數十年前史學家博蘭尼（Karl Polanyi）在著作《鉅變》（*The Great Transformation*）中指出，工業革命的市場經濟若要蓬勃發展，就需要維持三項「假定」（fictions），[63]首先是人生可以重新塑造成勞動，其次是大自然可以重新塑造成不動產，第三是產品與服務的自由交易可以重新塑造為金錢。

二〇一五年，跨學術和科技領域的學者祖博夫為科技巨頭的時代添加第四項假定，也就是現實本身也在經歷相同的變形。「關於身體行為、心靈、物品的資料，在全世界的即時智慧型物件動態索引中產生，而這一切都囊括在全球範疇下無窮無盡的連網事物之中。為了爭取利潤和控制之便，這種新現象激發了修改人類行為與事物的可能性。」[64]今天大家所生活的世界，是由科技巨頭太上皇統治的世界。

餵養人的癮頭：科技巨頭的認知影響力

我們至今找不到遏阻科技巨頭勢力的辦法，原因之一純粹是被他們亮晶晶、明豔豔的產品與服務沖昏了頭，哪怕所有證據都顯示這些公司的力量正在撕裂我們的社會，也無暇理睬。我們都太過沉迷手中的裝置、應用程式、臉書網頁，以至於忘了正視科技所造成的問題。這樣的結果，使科技巨頭慢慢發展出最具侵略性的力量：操縱人的思想、行動甚至大腦的力量。我兒子每一樣都著了道，話又說回來，我們大部分人不也是一樣？根據二〇一六年的一項研究，一般人平均每天碰觸自己的手機達兩千六百一十七次；[65]手機主人睡覺醒來，百分之七十九會在十五分鐘之內檢查手機；三分之一的美國人說他們寧可不要性愛，也不肯沒有手機。[66]

記得好幾年前的一個聖誕夜，我把公司發的手機掉在地上一灘冰水裡，摔壞了。我打電話去公司的資訊部門，可是大家都已經放假了，要等到一月二日才拿得到新手機。接下來我體驗了難熬的戒斷症候，戒的是數位時代每分每秒讓人分心的事。搭地鐵的時候，我發現自己漫不經心地在口袋裡翻找手機；在雜貨店排隊結帳時，整整五分鐘沒辦法滑手機、點閱、回應或「按讚」，感覺好漫長。我企圖在通勤時利用迷你冥想轉移注意力，可惜再多的深呼吸、再怎麼想像石頭掉進水裡的畫面，也阻止不了我很快就開始煩惱：不知道這次會累積多少封等候回覆的電子郵件。於是憂愁漫了上來。少了手裡、腦袋裡那個一直存在的東西，我還是我嗎？

毫無疑問，我們對擁有手機、使用手機的癮頭，和對尼古丁、食品、藥物、酒精一樣強烈，這點已經有一大堆研究證明過了。根據高盛銀行針對手機效應的研究報告，一般使用者每天花五十分鐘使用臉書，三十分鐘使用圖片分享軟體Snapchat，二十一分鐘使用Instagram。全部加一加，再想想看它對生產力和人際關係有何影響。

當然，對臉書（和在這個平臺上落戶的那些應用軟體）來說，這可不是什麼意外的驚喜，而是他們精心策畫和執行的結果。注意力商人想要牢牢鎖住我們，這樣才能蒐集更多關於使用者本身及其上網習慣的資料。換句話說，琳瑯滿目的平臺網站的「設計」宗旨就是延長消費，讓使用者從一個媒體無縫轉移到另一個媒體——誠如高盛報告所說：「Spotify沒完沒了的播放清單、Quartz連續不斷奉上新聞、網飛播放影集時自動播出下一集、臉書的影片自動播放設計……在在消弭摩擦，促進消費的提升。」[67]

當然，這麼一來人清明的理智就模糊了。美國心理學會（American Psychological Association）最近一篇報告的結論是，「不斷檢查的人」（時時檢查電子郵件、簡訊、社群媒體）比其他人更容易有壓力。去年匹茲堡大學（University of Pittsburgh）有一份報告指出，年紀輕的成人使用愈多社群媒體，就愈容易得憂鬱症。我請教過一些神經科學家，他們憂慮使用手機軟體和遊戲可能導致廣泛的認知下降，甚至大量早發性失智症。[68]中國最近出現許多因為沉迷網路遊戲而引發的意外，包括青少年連續玩了四十個小時手機遊戲之後暴斃的個案（此事件發生之後，該遊戲製造商騰訊為螢幕加裝使用時間限制，沒想到立刻遭到市場抵制，庫存量攀升）。更令人煩惱的是，使用者因自家產品而遭受心理痛苦，科技巨頭竟然毫不愧疚地加以利用。以臉書為例，居然在澳洲光明正大地利用說服技術，瞄準罹患憂鬱症的青少年，打出各種產品和服務的廣告。[69]

基於這一切，難怪很多人開始反彈，愈來愈多人選擇斷開。英國主管廣播與電訊的通訊管理局（Ofcom）最近一項調查報告指出，百分之三十四的受訪者刻意進行數位排毒（digital detox），百分之十六的人刻意選擇去無網路可用的地方度假，百分之十二的人出門度假時選擇把手機留在家裡。[70]在美國，關於「數位極簡主義」和如何工作不分心的書籍，充塞工商管理類和自助類的書架，有趣的是，想方設法幫助世人抗拒亮閃閃手機誘惑的新創公司，如雨後春筍般冒了出來。很多活動人士甚至投資人跑去遊說政府，希望設立類似食品藥物管理局的監管機關，以管制操縱性強、容易上癮的科技。老實說，包括蘋果和最近的谷歌在內，有些公司確實正在朝這方面努力，他們調整自家設備與系統，讓使用者更容易追蹤和限制自己的科技使用量。

二〇一八年，蘋果公司執行長庫克在對歐盟官員的演說中承認，科技巨頭革命的確存在嚴重缺點。他說：「我們不應該為後果加上糖衣，這就是監視。這麼多的個人資料只是用來讓蒐集資料的公司賺大錢。」同年稍早，庫克承認他自己（和蘋果公司的眾多使用者一樣）花太多時間使用手機，還說那是個問題。二〇一八年在舊金山舉辦的這場活動中，庫克指出：「我認為對所有的人來說，情況很清楚，有人些在手機上花太多時間了。我們已經設法深入思考該怎麼協助解決，說實話，我們從來不想讓人過度使用我們的產品。」[71]

科技對大腦會造成什麼效應？如今整個矽谷的反對聲音愈來愈響亮，許多知名科技界圈內人士終於開始喊停。參與創辦臉書的三十九歲前總裁派克最近承認，社群網路主動操控使用者的大腦化學，目的是讓他們持續回來，一次又一次，就像一九五〇年代心理學家史金納（B. F. Skinner）那些知名的狗——牠們受過訓練，只要鈴鐺響起，就期待有飯吃。派克承認臉書打從一開始的「思路就是：『我們怎樣盡可能消耗你的時間和有意識注意（conscious attention）？』」

為了達到這個目標，臉書的設計師利用「人類心理弱點」，創造讓使用者上癮的內容。派克說，每次有人對臉書上的貼文或照片按讚、留言，「我們……就給了你一點多巴胺。」他像大多數科技巨人一樣，宣稱自己並不真的懂這一切的意涵，並指出臉書從一個網站成長到如今擁有二十幾億使用者，實在是「無心插柳柳成蔭」。派克說：「它實質上改變了你與社會、與其他人的關係，它大概也以詭異的方式干擾生產力。只有老天爺知道，它正在對我們下一代的大腦產生什麼作用。」[72]

哈里斯（Tristan Harris）也一樣，花很多時間憂心當今科技對認知的影響，尤其是兒童的大腦尚未發展成熟。哈里斯以前在谷歌任職，畢業自史丹佛大學說服科技實驗室（Stanford Persuasive Technology Lab），在學期間曾學習如何操作這類修改行為的軟體，讓使用者不停地滑手機，從早期的《糖果傳奇》（Candy Crush）遊戲，之後的 Tinder 約會軟體，以至假新聞。哈里斯畢業後開了三家公司，也在谷歌工作過，體驗過科技巨頭勢力益發雄厚所導致的生存危機，又創辦一個非營利組織，目的是遏阻科技巨頭罪大惡極的影響力。有一次哈里斯對我說：「這些公司內部都建制一整支工程師大軍，他們戮力促使人在網路上花費更多時間、更多金錢。他們的目標和你的目標並不一致。」

科技巨頭的故事仍在慢慢演變，每個星期所帶來的問題和他們提供的解答一樣多。可是在我的心裡，更關鍵的問題依然是最簡單的那一個：我們怎麼辦？

去向何方？

規模最大的科技公司釀成了壟斷勢力、上癮科技、政治民粹主義等問題，而解決這些問題的挑戰至為艱鉅。如今由資料驅動的經濟已經是生活現實，所有的公司都指望它為自己未來的成長添點柴火。在此同時，科技巨頭已經在設法因應未來可能出現的監管措施，盡一切力量確保繼續掌控唯一重中之重的產品牟利——那個產品正是我們大家。

其實我們可能正面臨轉捩點。就在我寫這本書的時候，有不少科技巨頭公司正在接受美國聯邦政府和歐洲的調查，這部分將會在後文仔細闡述。我不認為科技公司的高層是罪犯，但覺得他們是反英雄，勃勃野心沾染了愚蠢、貪婪、天真。

我們厭惡科技巨頭所持的理由，人人都不應該感到意外才對，何況是他們自己的創辦人。大家覺得引人入勝的科技，其實隱含許多危險；谷歌曾提醒員工切莫為惡，因為他們很清楚一點：邪惡不僅是強大的誘惑，而且已經烙進公司的營運計畫書裡了。

第二章　國王谷

我曾經奉派駐在歐洲擔任外國記者多年，不料返回美國時卻碰上了次貸金融風暴，那時候我曾認真考慮要不要去谷歌工作。二〇〇八年的金融危機和後來的演變，讓很多產業苦不堪言，不過最慘的就是我們這些出版與媒體從業人員。廣告業跌落萬丈深淵，因為傳統的廣告收益來源如汽車業、製藥公司甚至奢侈品牌，全都緊縮行銷預算。我的大半職業生涯都為新聞雜誌業效力，此時忽然感到危機四伏。儘管如此，我對新創事業的態度還是很謹慎，因為在第一次網路泡沫化爆發之前的幾個月，我曾有過不好的經驗。話又說回來，當時谷歌已經不能算是「新創事業」（譯按：谷歌公司創於一九九八年），所以在一位任職該公司的朋友指點下，我就去了谷歌的紐約辦公室面談，談的是一個高階公關職位。

我一到谷歌公司的接待櫃檯，就感到這裡恐怕不適合我。在自動登錄過程中，對方要求我簽一份NDA，也就是「保密協議」，目的只是換一個徽章，好進入辦公室裡面洽談。身為新聞記者，這一招立刻就惹惱了我。協議書上寫得密密麻麻，大意就是要我同意，不得將稍後在樓上的所見所聞說出來或寫出來；我根本就不曉得這份工作需要做什麼，更別提什麼所見所聞——其實他們大可放心，萬一不巧瞥見某個粗心工程師的電腦螢幕洩露了最高機密程式，我也只看得懂0和1兩個數字。即便如此，我還是決定不簽保密協議，意思就是此行我最遠只進到谷歌公司的自助餐廳。[1]

著名的谷歌自助餐廳果真是感受公司文化的好地方。那裏一如預料，擠滿了興高采烈的千禧世代年輕人，他們全都衣履光鮮，一副荷包飽滿的樣子。自助餐廳供應新鮮的美味餐點，樣式繁多，一概免費；負責打菜的供膳人員精準盛裝事先定好的分量，不多也不少，以達到浪費最少、健康最好的目標（當然你還可以再回頭去拿，不過谷歌那種事事講究標準化的精神竟然也應用到午餐上，確實令我震撼）。谷歌紐約辦公室的格局不像加州總部那樣驚人。加州總部在海灘排球場和露天室內樂演奏場之間，設有一處處精緻冰沙臺和果汁吧，鮮果臺上有堆積如山的新鮮藍莓，彷彿幾分鐘前才剛剛摘下來。所有食物都比我在其他公司自助餐廳所見過的任何食物更高級。頂級咖啡當然不可少，餐後來上一杯，公司大軍得靠它補充能量。此外，不進餐的時候，公司還提供按摩服務，免費幫員工去乾洗店取洗好的衣服，夜裡還有演講、雞尾酒會等娛樂。要不是必須回家睡覺，員工根本沒有理由下班。

我對於這類公司福利一向心存疑慮，它們似乎故意要模糊工作與生活之間的界線，最後公司得到的利益永遠比員工多。可是有很多人，大部分是在科技巨頭公司上班的人，一定不同意我的看法。在點心吧排隊時，我和旁邊的人聊了一會兒，得知在許多谷歌員工心裡，來谷歌上班的意義不僅是一份全職工作，而且是一份使命，而這樣的使命似乎在時間和工作內容方面都沒有太多界線。我攀談的對象對於谷歌的超強成長與勢力理所當然感到自豪，不過看在我的眼裡，他們也有那種類似小說《環網》（*The Circle*，小說家艾格斯〔Dave Eggers〕寫的矽谷黑暗諷刺作品）裡所描寫的，心甘情願吃下公司糖衣毒藥的特質。公司很棒，很仁慈，想為員工和社會謀求最佳福祉。事實上谷歌公司當時已經占有百分之九十二的搜尋引擎市場，根本是手段凶狠的賺錢機器，而且在華府的遊說活動愈來愈囂張，但是與我交談的谷歌員工似乎都未曾注意過。[2]

我去應徵的那份工作的本質，顯示這家公司的文化已經有些混亂。原來谷歌想要指派一些有經驗的媒體或公關人員，到谷歌的幾個高階主管底下辦事，角色大概就是高層的貼身助理：跟進跟出整理上司的想法，再向其他高層主管和公司傳達這些想法。這完全是內部公關的工作，我若是擔任這個職務，不會是協助谷歌對外界傳播訊息，而是在谷歌內部這麼做。

我忽然發現一件怪事，也是值得憂心的事：經營這家公司的高層居然沒辦法和自己的軍隊溝通，矽谷精神的一部分難道不是開放和無階級嗎？可是我愈想就愈明白，這種現象正好說明這個組織在文化上很難改變：從開始時散漫的新創事業，轉變到現在這個樣子——龐大、蔓生的巨獸公司，基本上仍然由頂層的五個人管理。谷歌認為想要成功度過這項轉型，只需要祈願這五個人在公司內部表達得更清楚一點就行了。事實上，谷歌需要截然不同的管理方針，真正納入多元思想，並且對批評秉持開放的態度。儘管谷歌的領導階層喜歡把公司想成無階級組織，但是我看得很清楚，其實這家公司的權力是極度集中的。更令人憂心的是，谷歌員工完全不自覺，也不曉得外面的世界怎麼看待他們，真是悲哀。

這種情況很典型，不僅谷歌如此，矽谷許多公司茁壯勢強之後，依然想要像公司規模還小的時候那樣行動。這是科技業最大的問題，最成功的新創事業都是那些飛速成長的公司，而這樣的公司有個症狀，那就是權力經常過於集中在高層。舉例來說，臉書創辦人、執行長兼董事長祖克柏至今依然控制公司百分之六十的投票權。最近有報告指出，祖克柏和營運長桑德柏格兩人代表非常狹窄的權力管道，所有決策都必須通過這條管道才行：這種管理結構實在不像是全世界獲利數一數二的公開上市公司，反而更像是新創公司的特色。電動車和太陽能板業者特斯拉（Tesla）的老闆馬斯克（Elon Musk），在公司也擁有類似的權力控制，直到美國證券交易委員會（U.S. Securities and Exchange Commission）逼他讓出董事長職位，作為平息一樁詐欺案的部分條件。谷歌也有同樣的問題；佩吉、布林和史密特三人依然持有公司最大股份，影響力驚人。[3]

不用說，我婉拒了那份工作，認命接受事實：心底深處我還是適合當新聞記者，不適合當公司宣傳人員。依我看來，顯然除非公司高層決定改變文化，否則是變不了的。

英雄崛起時

要真正了解矽谷今天無人能匹敵的地位與市場力量，就必須回顧這股熱情迸發之初。它依循著千百年前希臘哲學家亞里斯多德所描寫的悲劇之弧：一個有缺點的英雄，被自己的狂妄自大所蒙蔽，即便成大功立大業，最終還是走向滅亡。矽谷的崛起相當清楚，這些活力十足的公司創立（神奇的是通常是在車庫或大學宿舍創辦）然後公開上市，這段從零攀爬到顛峰的過程，便是矽谷的崛起。高點往往就是變化的開端，企業不再那麼關心創新，反而更關心股價，在追求更高市占率的同時，當初的理想退居二線。透過FAANG科技巨頭中最厲害的公司來闡釋這一條弧線，正是最貼切的範例，那就是谷歌。對當今很多人來說，這個天神一樣的龐然大物簡直像我們的輔助大腦，而從許多方面來看，這家公司的故事就是數位革命本身的故事；它像一個視窗，讓我們窺見塑造今天這個世界的經濟、政治、社會力量，以及這些力量可能將我們帶往何處。所以就從最初的最初談起吧——布林和佩吉的起步。

我們的日常生活中，谷歌扮演非常吃重的角色，可是很少人了解這家公司的演化過程，究竟是怎麼從早期散漫、歡樂、理想色彩濃厚的企業，變成今天這麼龐大但道德頗遭質疑的公司。一九九五年我初次去矽谷，當年我還是年輕的金融記者，那次並不是為了報導谷歌公司，何況當時它也還沒有成立，只是停留在布林和佩吉腦袋裡琢磨著的模糊點子而已。那次去矽谷我見到了雅虎公司（Yahoo）的老闆費羅（David Filo），彼時該公司剛剛成為備受矚目的矽谷新創事業。費羅身材瘦削，足下蹬著夾腳拖鞋，他帶我參觀公司的開放空間「奇境」（Wonderland），臉上驚詫的表情好似剛掉進兔子洞裡的愛麗絲。費羅和史丹佛大學同學楊致遠（Jerry Yang）共同創辦雅虎，本來叫做「傑瑞與大衛的網路指南」（Jerry & David's Guide to World Wide Web）——寫程式本來就是兩人的嗜好，成立雅虎則是他們為了拖延不想寫博士論文的藉口。可是當我見到這兩個人時，他們那個想要蒐集全世界最多棒球統計資料的異想天開（或許還帶了點野心）的計畫，已經演化成為真實企業，而費羅顯得被整件事搞得茫然不知所措。[4]

楊致遠是兩人當中比較精明的商業人才，只是後來的事件證明他還是不夠精明。讀者或許還記得，一九九〇年代雅虎是個家喻戶曉的名字，但是到了今天已經幾乎不存在了，因為它在網路搜尋的市場中只占有百分之一點八二。經過多次起死回生的努力（最近一次嘗試的是前谷歌人梅爾〔Marissa Mayer〕），二〇一六年雅虎淪為第一個被賣掉的一九九〇年代大咖，買主是行動網路運營商威訊無線（Verizon）。雅虎的滅亡最終歸因於兩件事：第一，無法決定自己想要成為什麼樣的公司：是資訊聚合器（information aggregator）？入口網站？媒體公司？還是科技公司？其次，也許更重要的是，雅虎在二〇〇三年收購矽谷新創事業GoTo（後來改名為Overture），但是卻無法將它所開發出來的絕妙創新搜尋引擎技術，轉化為賺錢的商品。

遺憾的是，楊致遠和費羅買下Overture的同時，這樁交易還奉送了法律訴訟，因為Overture

當時在為捍衛智慧財產權打官司，由於先前該公司的原始創辦人的疏忽，並未堅持主張專利權。既然盜取GoTo的智慧財產權可以不受到懲罰，不久之後，後起之秀便以突襲姿態登場，那就是谷歌。谷歌的創辦人發現楊致遠和費羅忽略了GoTo所具備的一項功能：競價，有了這個功能，他們就可以靠愈來愈龐大的搜尋資料數量來賺錢，方法是提供超目標式廣告給那些搜尋結果所指向的使用者。這項技術成為網路廣告競價系統，代表了當今谷歌商業模式的基礎。

一九九〇年代初期谷歌股票還未上市，布林和佩吉多半時間都待在史丹佛大學一間擁擠的辦公室，當時兩人還是研究生，辦公室裡有電腦螢幕、一落落研究報告，還有他們自己剛剛萌芽的創業野心——其實就是一對初生之犢電腦書呆子，沒想到最終竟然打造出全球最大的科技平臺。布林個性張揚、外向，佩吉比較內斂，回顧當時，兩人都未受到太多人注意。在那段天真的歲月中，矽谷最酷的年輕人可能是波黎絲（Kim Polese），她是昇陽電腦公司（Sun Microsystems）推出的Java程式語言的幕後功臣，有了這套可以量身打造、嵌入聲音和影像的程式設計平臺，網際網路才真正活絡起來。波黎絲被譽為「矽谷瑪丹娜」，《時代》（*Time*）雜誌將她列為二十五位極富影響力的美國網路名人之一，甚至曾經登上《財星》雜誌封面。

在錢潮大肆席捲而來之前，矽谷曾經是很好玩的地方。波黎絲創辦新公司馬林巴（Marimba）時，我很興奮地跑去參加成立酒會，到現在還記得酒會上到處都是有趣的人，很開放，充滿活力，並不狂妄自大，而是真正熱愛創造「新新事物」。當年創業的大多數是男性（現在也一樣），波黎絲屬於第一批闖進矽谷男生俱樂部的女性，堪稱早期模範，其他比較知名的女性還有雅虎當時的執行長梅爾，以及晚近的臉書營運長桑德柏格，地位猶如祖克柏這個國王身邊的王后。她們的衝勁不亞於男人，甚至可能更甚男人。梅爾生下頭胎後兩個星期就返回工作崗位，因而名譟一時，她的丈夫博葛（Zack Bogue）是風險投資業者，夫妻倆曾對《時尚》（*Vogue*）雜誌的一位作者透露，他們的工作和生活之間完全不設任何界限。那個作者發現這對夫妻整個早餐、午餐、社交活動，甚至在接受採訪的當下，仍一直不斷寄發簡訊和電子郵件，為此驚嘆不已。

桑德柏格是哈佛畢業生的典範——明星學生、曾在麥肯錫顧問公司任職、網路名人，各方面來說都是孜孜不倦追求自我提升的人物。風險投資業者麥納彌（Roger McNamee）在著作*Zucked*（譯按：書名直譯為「被祖克了」，從祖克柏名字演繹而來，此字衍生的意義是使用者在臉書上的貼文遭禁）裡寫到他終於為臉書挖到桑德柏格來擔任營運長，[5]麥納彌指出：「桑德柏格聰明、有野心，極有條理，把自己生活的每一個細節經營得井井有條，尤其注意她的個人形象。直到二〇一八年，桑德柏格都十分仰仗她的參謀施瑞吉（Elliot Schrage），此人的頭銜是全球傳播、行銷與公共政策副總裁，可是真正做的是保護桑德柏格的側翼，打從桑德柏格以前在谷歌工作開始，施瑞吉就一直這麼幹。」[6]（後來臉書出了公關醜聞，施瑞吉因而下臺。）

我初識桑德柏格，是有一次去達沃斯時，在機場透過一個雙方的友人介紹認識的；這些年下來，她已經成了達沃斯的常客。桑德柏格的知名著作《挺身而進》（*Lean In*）大量流露她那種無可撼動的企圖心，我必須承認，每次看到那樣的拚勁，我都感到累。在我看來，這本書的重點不在講述她如何努力維持工作與生活的平衡，而是企圖把她自己塑造成「專業女性」，也許她期待自己將來走上從政的路吧，就像很多人預料的那樣。如果有朝一日桑德柏格真的撇乾淨自己參與過臉書侵犯隱私權和干預選舉之事，那麼轉行從政也不無可能。

假如桑德柏格未來真的競選公職，觀察她在選戰中怎麼給自己定位，一定很有意思。從臉書干預選舉醜聞爆發後曝光的消息看來，桑德柏格的核心政治觀點和矽谷大多數人一致，更偏向放任自由主義，而不是自由主義。臉書當時迫不及待要保護公司高層領導團隊和商業模式，當政府針對臉書與俄羅斯操縱選舉的關聯進行初期調查時，桑德柏格的左右手施瑞吉動用個人勢力和關係擺平此事[7]——他的手段很過分，居然雇用一家公關公司打出反猶太牌，做為他們的政治武器（有鑑於桑德柏格和祖克柏都是猶太人，這手段格外令人不齒）。

在《紐約時報》揭露臉書涉入選舉操縱之後，在第一線跳出來捍衛桑德柏格和祖克柏的，正是施瑞吉，後來也是他替桑德柏格背了黑鍋，辭去臉書的工作，並且公開道歉，表示為整件事擔起全部責任（說詞極為缺乏說服力）。二〇一八年底，索羅斯創辦的開放社會基金會（Open Society Foundation）總裁蓋斯帕德（Patrick Gaspard）寫信給桑德柏格：「聽聞貴公司經由閣下指示」，企圖「汙衊人民援用憲法第一修正案之權利，抹黑其抗議臉書以文宣散播邪惡之行為，此事著實令我瞠目結舌。」[8]

看起來矽谷的自由主義者，與其說是意識形態使然，不如說是身分認同更貼切。這一點我一直感到很有意思，舉例來說，《挺身而進》著墨性別平等，似乎把所有責任都加諸在女性身上，而不是將焦點放在提供人性化工時或良好托育制度等公共責任。這種觀點在民主黨的公司派中很普遍，科技圈有很多人傾向支持這支側翼，就像他們在華爾街的眾多「自由派」同黨一樣（說到這裡，有一件事值得記住：桑德柏格是公司派民主黨員兼主張「大到不能倒」的主管官員薩默斯〔Larry Summers，譯按：美國前財政部長〕的門徒，當年桑德柏格曾擔任他在財政部的幕僚長）。

雖然矽谷那幫人喜歡把自己想成做好事的人，但是他們很少提供空間做對大眾有益的事。我總是覺得很諷刺：即使許多科技大亨抱怨公立學校教育需要改革，才能夠創造二十一世紀的勞動力，然而他們依然催促減稅和公司補貼，導致政府資金不足，無力支付教育改革。總體層次上如此，個體層次也不例外。矽谷是一個在性別和很多方面都欠缺多元性的地方，我不是第一個指出這一點的人。加州門羅公園市（Menlo Park）不斷擴充的園區，以及舊金山櫛次鱗比的大樓，是現在非常多科技公司駐紮的地點。可是在這些地方走動，只能看到寥寥可數的幾個女性和有色人種，而且連一個生於一九八〇年以前的人都沒有。反之，你會看到眾多四十歲以下的白人男性，其中許多人缺乏社交技巧的程度足以列入自閉症族群。他們都是工程師，獲得國王式的禮遇。

從表面上看，這很有道理，畢竟工程師就是那些寫程式、打造平臺、設計軟硬體的人，矽谷的公司必須靠他們吃飯。問題在於工程師心態，也就是焦點完全放在「我們怎樣用最高的效率從

A點到達C點」，他們不會思考繞過B點的附帶後果，譬如損及自由報業或公民隱私權。這種只管解決方案的心態，造成的結果是一種狹窄的視野和認知盲點，迂迴地解釋了為何有這麼多科技巨頭公司欠缺多元性，文化裡充滿毒素，而且經常犯下尷尬的公關失誤。

凡人之間的神祇

矽谷裡有一派人士的地位甚至超越工程師國王，我說的當然就是風險投資業者。如果軟體和程式是任何科技公司的骨架，那麼資金就是血脈，而風險投資業者正是搏動的巨型心臟，保持血液流動不息。我並不否認風險資金往往是創新的必要原料，也不否認風險資金促成並支持許多珍貴的公司，對社會有積極的貢獻，並改善大家的生活。可是不管什麼時候，這麼一群備受吹捧的人（還坐擁那麼多財富），其中至少有一部分免不了會生出一絲上帝情結。

就拿惡名昭彰的「PayPal黑手黨」之一的提爾來說吧，他是臉書最初種子資金的來源之一，後來又創辦帕蘭提爾公司和著名的風險投資公司創始人基金（Founders Fund）。提爾支持川普，本身是放任自由主義分子，對政府甚至教育迭有批評；他有一項舉動廣為人知，那就是每年提供數十萬美元，鼓勵大學生輟學去開公司。提爾有一種奇怪的癡迷，異常渴望長生不死，他說他認為普通人接受人早晚會死是「病態」的想法。提爾與亞馬遜執行長貝佐斯、谷歌的布林一起斥資數百萬美元，支持「延續生命的研究」，以期「永遠終結老化」。[9] 曾和提爾一起創辦 PayPal 的夥伴，也就是特斯拉電動汽車與太空探索技術公司（SpaceX）創辦人馬斯克也有雄心大志，不過提爾追求長生不死的野心更勝一籌。馬斯克構想不久的將來能達成超音速通勤和殖民火星的目標（雖然大家都在猜測他要怎麼籌集資金，畢竟馬斯克的不當言行一再造成公司股價重挫，譬如推特貼文違反證券法規、喝酒哈草之後亂吐槽、誤報公司的財務狀況等等）。

你可以反駁，指出這一切只不過是「思想異於常人」的心態，是創業精神和重大變革不可或缺的條件。問題是伴隨這種思想而來的，是「老子有權這麼做」的強烈感受，以及對個人行為產生任何後果的薄弱責任感。優步公司的共同創辦人卡拉尼克（Travis Kalanick）謔稱自己的公司為「優乳」（Boober，譯按：優步 Uber 的諧音字，指女性胸部），意思是他沾公司的光泡到很多女伴，正是具體展現這種鼠目寸光的絕佳範例。[10] 這並不只是青少年式的張揚，也不是「更衣間八卦」，而是惡毒的厭女文化眾多例證之一，這樣的文化最終導致馬斯克辭去執行長職務。

公司發生性醜聞，在商業世界中好比敲響了警鐘，是一種惡兆，預示組織文化將會有更棘手的麻煩纏身。臉書、谷歌、亞馬遜各自爆發多項性醜聞，很難當作只是巧合。當亞馬遜工作室（Amazon Studios）的高層主管普萊斯（Roy Price）遭控性騷擾時，執行長貝佐斯裝聾作啞，因為他本人也身陷齷齪的性醜聞之中：貝佐斯傳了好幾張自拍露鳥照給福斯電視公司某名人，此事件發展到後來，貝佐斯不但離了婚，並且訴諸司法戰，高調槓上揭露他搞婚外情的《國家詢問報》

（*National Enquirer*），貝佐斯宣稱對方企圖敲詐他。[11]

根據我報導財經新聞的經驗，這類事件往往顯示公司文化出了差錯——尤其是事件接二連三地發生。二〇一八年底谷歌的安卓手機系統創始人盧賓（Andy Rubin）離職時，公司付給他九千萬美元津貼，同時對他離職的原因之一（據說是性行為不端）三緘其口；我讀到這些消息時，第一個冒出來的念頭就是谷歌的文化出問題了。此事件的所有細節都有令人嫌惡的因子，促使《紐約時報》將新聞做到頭版頭條。[12]不過真正吸引我注意的，是谷歌執行長皮查伊（Sundar Pichai）寫給幕僚的一封電子郵件，這封遭到洩漏的內部郵件是皮查伊對《紐約時報》那則新聞的反應，裡面有一句話說：「過去兩年中，有四十八個員工因為性騷擾而停職，其中有十三個是資深主管，甚至更高層。可是這些人沒有一個捲鋪蓋走路。」

至少他們並未因為自己的行為得到上千萬美元的獎賞，我猜這算不錯了。可是說真的，**四十八人**？這家公司是怎麼回事？顯然企業文化出現了大問題。察諸其他多家平臺公司也發生無數起科技界人士性行為不端的事件，對我來說，這則消息只是某種更廣泛現象的徵兆：充滿毒性的商業模式。這種商業模式給了這些公司誘因，使他們容忍內部頂尖人才明目張膽的惡行（可能是因為這些人對公司的獲利有功勞），直到惡劣行徑完全暴露出來，招致大眾的憤慨，公司才不得不採取行動。

我相信絕大部分矽谷的企業執行長不會姑息性騷擾，不過對於廣大群眾怎麼看待他們，多半執行長的態度是滿不在乎——或許是因為他們很多時間只待在大帕洛阿爾托生活圈裡面。馬斯克有一次在紐約搭地鐵，聽聽看他是怎麼說的：「煩死人了……一大堆陌生人，裡面搞不好就有連續殺人兇手。」[13]

有時候這種反傳統的態度是幼年時期形成的。梅爾（曾經和佩吉交往過）有一次指出，如果想要了解佩吉和布林，就必須知道這兩個人都上過蒙特梭利（Montessori）學校，這一派的教育哲學強調激發學生想像力，而不只是用書本填鴨。梅爾相信這兩個谷歌人物的反傳統教育，造成他們固執追求獨立，並堅決走自己的路，不管別人的期望是什麼。新聞記者李維（Steven Levy）寫過一本關於谷歌的精采報導著作《谷歌總部大揭密》（*In the Plex*），這是描述谷歌公司早期歷史的極佳資訊來源之一。李維在書裡記錄梅爾的說法：「在蒙特梭利學校，學生畫畫是因為自己有想要表達的東西，或純粹只是那個下午自己想要畫畫，而不是因為老師要學生去畫畫。這種思想真的融入他們處理問題的方式。」[14]

究竟幼年教育怎樣塑造佩吉和布林，我們不得而知，可是毫無疑問，他們的大學教育只會更強調這種「規則就是用來打破」的自由放任理想。布林在密西根大學（University of Michigan）只花了三年時間，便迅速取得電腦系的文憑；十九歲進入史丹佛大學攻讀電腦博士學位，是該系有史以來最年輕的學生。一九九五年秋季，佩吉來唸電腦博士班時，已經晚了布林兩年。後來佩吉說他覺得布林「很討人厭」，[15]這很可能是佩吉表達對布林印象深刻的說法，深刻到必須教訓布林一下。史丹佛大學是個競爭慘烈的地方，競爭來自毫不羈束的野心，只是表面偽裝成社會良心。如果你決心改變世界，並且因此而致富，那麼史丹佛大學就是最佳去處。

佩吉與布林雙雙加入系上的人機互動（Human-Computer Interaction）小組，後來這個小組蛻變為說服科技實驗室（第六章將會細談），主要工作重心是利用網路虛擬空間這個龐大的新領域，也就是不久後一般所知的全球資訊網。很多史丹佛學生看待這片虛擬新疆域的方式，大概等同於第一批探險者初抵加州時，面對後來變成矽谷的那片土壤的感受：利潤豐厚的不動產，必須立刻在上面大興土木。大部分學生努力興建「入口」（portals）網站，提供新聞、發送電子郵件或張貼圖片。

布林和佩吉走的是截然不同的路徑。由於每天湧入網路的新內容如此豐富——大家忙著張貼文章、照片、歌曲，各種網站也無窮無盡地冒出頭來——布林和佩吉把焦點放在開發一種可以迅速整理所有資訊的方法。他們了解，當英國的天才工程師柏內茲—李（Tim Berners-Lee）在一九八九年發明網路時，他的天賦在於能夠看出網路虛擬空間中的一切事物都是彼此相連的。沒錯，這個空間確實一團混亂，但和其他東西沒有兩樣，都是可以加以組織的。對柏內茲—李而言，國會圖書館裡的每一本書都有目錄編號，網路也一樣，只不過網路更勝圖書館，因為每一份文件都透過「超連結」（hyperlinks）串連在一起，提供龐大的互連網絡，這樣的網絡是實體圖書館所欠缺的。網路是廣袤到無法想像的新疆域，誰先加以組織，誰就能先搶占地盤。

布林和佩吉決心成為率先插旗的人。當時在全球資訊網「搜尋」，簡直就像海底撈針，或者說像是在數十億根稻草中，尋找特別的那一根。拜柏內茲—李之賜，網路裡的每一根稻草都有獨特的地址，或稱網址（URL），而且大多數包含超連結，可以連接到其他的稻草。儘管如此，全球資訊網容納數十億資訊，每過一秒鐘又有更多資訊湧入，要怎麼做才能夠組織起來，讓人找到自己需要的那根特別的稻草呢？

當時AltaVista是最多人使用的搜尋引擎，比方說你想要有關柏內茲—李的資訊，它的搜尋方法是假設你最想要的是提到最多次柏內茲—李的文件。佩吉和布林認為這種方法很笨，因為同樣字眼出現很多次，並不見得就是提供最好、最有用的相關資訊。佩吉的這個觀點有賴父母的學術背景，在學術圈內，關於一個主題最炙手可熱的論文，從來不是只會無限次重複某個術語或名詞的論文，而是最常被「其他論文」引用的文章。在網路上，與引用相當的就是超連結，意思就是他們的搜尋引擎需要一個彙整所有超連結的方法。於是佩吉與布林開發出一套程式，他們稱之為「回搜」（BackRub），因為它會追蹤連結，連回其他的文件。

回搜程式基本上就是釋放數以百萬計的微小電子信差，名為自動執行重複功能程式（bots），讓它們爬梳盡可能多的文件，然後用一個代碼標示每一篇文章，這個代碼只有回搜程式偵查得到，最後再把所有的「回溯連結」（back links）彙整起來。如此一般得到的摘要，就稱為網頁排名（PageRank），恰好與佩吉（Page）的姓氏一語雙關，絕對是刻意設計的名字。

布林和佩吉一推出回搜程式，立刻耗盡系上的電腦頻寬，於是他們徵用了史丹佛大學的整個系統，頻寬將近電腦系的五倍。現在他們的自動執行重複功能程式可以自由自在梭巡網路空間，下標籤、算總和，在過程中的連結動作，有可能侵犯任何人所創造內容的智慧財產權；多年後谷歌買下YouTube，侵犯著作權的規模更是大得驚人（歐盟和美國一些政治人物想要祭出更嚴格的著作權法規，而谷歌則持續大張旗鼓地發動遊說，企圖予以反制）。

對佩吉和布林來說，沒有什麼比這個更可惡。他們自認只是尋找塞在全國電腦檔案中的知識，目的是嘉惠全人類，假如自己剛好也從中獲益，更是求之不得。這種行為開風氣之先，後來有人視其為合法偷竊。如果有人抱怨，佩吉就會表示自己百思不得其解：怎麼會有人對他們這種明顯善良的活動感到不滿呢？佩吉和布林看不到有徵詢別人同意的必要，說幹就幹。史丹佛大學電腦學教授韋諾葛拉德（Terry Winograd）是佩吉以前的論文指導老師，他於二〇〇八年寫道：「佩吉和布林相信，如果你想說服人人都同意你，事情永遠辦不成。如果乾脆放手去做，別人自然會慢慢了解，以前用的老辦法其實沒有那麼好……沒有人能證明他們錯了，到現在還沒有。」16

這成了谷歌之道。塔普林在著作《大破壞》中指出，谷歌推出第一版Gmail郵件軟體時，佩吉拒絕讓工程師添加刪除鍵，「因為谷歌藉由保存你的郵件來剖析你這個人的能力，比你刪除個人過去尷尬歷程的能力重要多了。」同理，從來沒有人徵詢過消費者，谷歌的街景照相機能不能拍攝他們家的前院？比對他們的地址？一切為的只是販賣更多廣告。這家公司堅信一句格言：求人允許不如請人原諒——只不過這兩件事他們都未能做到。

即使過去幾年發生了眾多事件，但是他們那種「老子有權這麼做」的心態至今依然存在。二〇一八年我去參加一場重要的經濟會議時，剛好和谷歌的一個數據科學家搭同一部計程車，她表示中國公司獲准監視公民的幅度之寬、監視所產生的資料之龐大，都讓她感到很嫉妒。這位科學家似乎真的很氣憤，因為她主持人工智慧研究的那所大學，顯然只准許她在校園裡放置少數資料紀錄感應器，以便蒐集研究所用的資訊。她忿忿不平地對我說：「害我花了五年才搞到手！」

矽谷人普遍都有這種難以置信的心態，他們多半相信自己有優先權，凌駕別人的隱私權、公民自由和安全。矽谷人認為自己懂得最多，所以根本無法想像居然有任何人質疑他們的動機。假如政府、政治、公民社會、法律真的帶來不便，那麼科技巨頭就應該有加以破壞的自由。科技龍頭公司那幫人都相信這套邏輯，所以他們會希望矽谷不僅脫離美國，而且是脫離加州本身，按照他們的想法，反正其他地區也沒有分攤他們的經濟負擔。

矽谷的這些國王（和少數王后）自認是某種先知，畢竟科技就是未來之所繫。問題是未來的創造者往往不覺得可以從歷史學到什麼教訓，正如備受推崇的風險投資業者詹納威（Bill Janeway）對我說的：「祖克柏和其他很多（科技大亨）對於前後脈絡的無知令人咋舌。這些人真的相信，因為他們正在發明新經濟，就不可能真正從舊經濟中學到任何東西。其結果是造成文化和政治的摩擦，反而抵銷了科技本身帶來的很多好處。」

馬里蘭大學（University of Maryland）法律教授帕斯夸里（Frank Pasquale）批評科技巨頭是出了名的，若想了解科技對政治與經濟的影響，一定要讀一讀他所寫的《黑箱社會》（*The Black Box Society*）。帕斯夸里提供了一個例子，生動地說明上述的心態：「有一次我和一位矽谷的顧問聊天，談的話題是搜索中立原則（search neutrality，意思是搜尋引擎巨頭不應該擁有袒護自家內容的能力），對方表示：『我們沒辦法給那個寫程式。』我說這是法律問題，不是技術問題。不過他依然姿態很高地一再重複：『對，可是我們沒辦法為它寫程式，所以辦不到。』」這則例子洩露的訊息是，要嘛就用技術人員的術語來辯論，要嘛就乾脆都不要辯論。[17]

許多人也已經認同這種論調，包括我們選出來的很多華府政治領袖在內。或許這就是為什麼從一開頭，法規對產業比對消費者更寬容，哪怕法規照理說應該要服務消費者才對。優惠科技巨頭的「特別」法規當中，最出名的當屬一九九六年的《傳播淨化法案》（Communications Decency Act，簡稱CDA）第兩百三十條所提供的免罪卡，碰到使用者犯下散播違法內容或非法行為時，這張免罪卡讓科技公司得以免除責任（幾乎任何種類的非法言行都可免責，只有少數違反著作權和若干聯邦罪行例外）。

早期商業網際網路時代，大概是一九九〇年代中期，我們一再聽到矽谷引用一個比喻，說網際網路就像城裡的廣場，是各種思想與活動匯集的管道，本身是被動而且中立的。他們還說因為網路平臺的定義就是公共空間，所以經營網路平臺的公司不必為平臺所發生的事情負責。他們的意思是，那些在自家地下室或車庫發跡的創業家，雖然建立了布告欄、聊天室和新興的搜索引擎，可是並沒有資源或人力可以監督使用者的行動，所以要求他們這樣做，將會阻礙網際網路的發展。

當然，時代已經改變了，如今臉書、谷歌和其他公司絕對**能夠**監督我們在網路上的一言一行，而且也這麼做了。然而面對自家平臺上出現仇恨言論、俄羅斯購買政治廣告、假新聞流竄時，這些公司卻變成牆頭草。對於使用者購買的每一樣東西、點閱的每一則廣告、閱讀的每一篇文章，科技巨頭追蹤起來顯然毫無困難，可是要他們刪除可疑的陰謀論網站、封鎖反猶太言論、偵查惡毒的俄羅斯自動執行重複功能程式，他們就表示非常棘手。原因是這麼做需要聘用有真實判斷力的真人，需要付薪資給他們——這是以自動化起家的平臺公司一直設法避免的事。

以往某些時期，科技巨頭為了公關的理由，比較積極整頓網路——維吉尼亞州的夏洛茨維爾鎮（Charlottesville）發生種族暴力事件之後，臉書、谷歌、GoDaddy（網域註冊商）、PayPal都曾採取不同行動，封鎖或禁止色情內容，或是限制右翼仇恨團體使用其平臺。你可以根據自己有多麼關切仇恨言論與自由言論的對抗，主張科技公司的這項作為是否值得稱許。不過在他們敲鑼打鼓的宣傳之中，忽略了一個關鍵的商業議題：假如這些公司認為某些內容會吸引很多網友點閱，那他們就有袒護這些內容存在的誘因。此外，這些公司也有審查權力。二〇一七年，網路基礎設施公司Cloudflare在龐大的公眾壓力下，放棄右翼網站「每日暴風雨」（Daily Stormer）這個客戶，牴觸公司自己宣示的政策。執行長普林斯（Matthew Prince）一針見血地總結這項議題：「我早上醒來心情很不好，就決定不應該准許某人待在網際網路上。沒有任何人應該擁有那樣的權力。」[18]

可是科技巨頭就那麼幹了，他們**的的確確**擁有那樣的權力。這種行徑簡直就是反映矛盾的精神分裂症：科技業的本質是什麼？企業和社會都莫衷一是。究竟是媒體？新聞組織？平臺科技公司？零售商？還是物流商？

不管他們是什麼，目前的監管法規（其實根本沒有什麼法規可言）都不管用。谷歌、臉書、亞馬遜和其他平臺巨人的崛起，似乎使他們的領導人凌駕了社會期望、道德標準，甚至凌駕一般公民必須遵守的法律。要真正了解這種文化，我們必須深入挖掘這些矽谷國王的商業模式，因為這才是他們比別人更快平步青雲的關鍵。

第三章　廣告與其不滿

回顧二〇一七年十一月，也就是川普當選總統一年之後，美國人第一次見識到俄羅斯團體在臉書上所購買的廣告，這些人的目的是埋下民眾對政治不滿的種子，而這很可能就是最後讓川普勝出的翻雲覆雨手。[1]這些廣告刻意讓觀看者感到厭惡：和俄羅斯有關係的演員模仿桑德斯（Bernie Sanders，譯按：二〇一六年曾角逐民主黨總統候選人提名，最後敗給希拉蕊．柯林頓），將他塑造成鼓吹同性戀權利的超人形象；還有耶穌與撒旦比腕力的圖片，標題是反基督的撒旦宣稱：「我贏就是柯林頓贏！」另有廣告呼籲南方再次崛起，揮舞著聯邦大旗；更有黃色標語寫著「侵略者不准進入」，抗議邊界地帶疑似發生移民遭到攻擊的事件。

國會議員發布這些圖片，總算有機會提出質問，可惜他們質詢不到科技公司的執行長和決策者（畢竟需要高層同意公司的商業模式，才會准許販售此類文宣廣告），到頭來國會議員只能夠質問企業高層的律師。按照慣例，平臺公司的高層急著轉移注意力，矢口否認犯錯。這些公司（不僅臉書，還有推特和谷歌）全都聲稱，之所以派出首席顧問而非營運決策主管參加聽證會，是因為他們的立場最適合回答國會議員的詢問。然而國會聽證結果說明一切，派律師出席是為了確保公司執行長全身而退。

加州民主黨籍參議員費恩絲坦（Dianne Feinstein）離開聽證會時感到非常失望，她說：「我必須說，事情毫無進展。我提出具體的問題，卻得到模糊的回答。」同樣來自加州的民主黨籍眾議員史琵爾（Jackie Speier）對此下了精闢的結論：「我們美國有問題了。基本上我們擁有最聰明的科技人才……而俄羅斯有本事拿你的平臺作為分裂我們的武器，愚弄我們，踐踏民主。」

接下來這些公司參加了很多場類似會議，有時候也派高層去國會作證，不過他們說的話換湯不換藥，臉書和谷歌高階主管的說法一成不變：我們很抱歉，無法想像這種事竟然會發生。可是如果你採訪過這些公司的員工，談談目標式廣告，就會知道他們公然說謊。YouTube、谷歌、臉書、推特的領導階層多年來都很清楚平臺有風險，心懷不軌的人會濫用平臺，讓使用者掉進文宣的陷阱。他們知道要解決這個問題可能會犧牲自己的商業模式，所以決定袖手旁觀。

數據工業複合體

洽斯洛特（Guillaume Chaslot）以前在YouTube擔任工程師，現在則任職人文技術中心（Center for Humane Technology），這是由一群矽谷難民組成的團體，他們的目標是為科技巨頭打造比較無害的商業模式。YouTube是谷歌旗下的內容平臺，[2]本來洽斯洛特是YouTube內部一項專案計畫的工作人員，該計畫的宗旨是開發適合的演算法，以提升客戶所觀賞內容的多元性與品質。當初成立這項計畫的緣由，是為了回應網路上激增的「個人化資料過濾」（filter bubbles），使用者只接觸過濾後的資料，結果是反覆觀看同類型不用腦筋、甚至是中毒般的內容，因為演算法會追蹤使用者點選的影片，譬如只要看過一次關於貓咪的影片或白人優越論的文宣，演算法就會假設（往往還挺正確的）該使用者會回來多看一些，據此一而再、再而三推薦相同類型的內容——如此一來，針對那些內容賣廣告的YouTube就能發大財。不過由於演算法更細緻，反而導致「觀看時間」比原來縮短，所以後來這項計畫遭到裁撤。

洽斯洛特很難過，他相信新的演算法不只能幫助改善假新聞的問題，長遠來看也會增加公司營業收入。洽斯洛特主張，更多元化的內容可以擴展營收來源，長此以往必然獲利可觀，反之聳動的、令人側目的內容，營收效益較短暫——儘管利潤確實來得比較快。可惜公司高層不贊同他的想法，根據洽斯洛特的說法，他們的心態是「觀賞時間容易測量，假如使用者想看種族歧視的內容，『那好吧，你也愛莫能助。』在這種文化底下，計量永遠是對的。公司純粹只是服務使用者，哪怕明知道販賣的內容會破壞民主的基礎，也在所不惜。」[3]

YouTube並未反駁洽斯洛特說詞中的基本事實，二〇一八年YouTube有一位發言人告訴我，公司的推薦系統「長年下來已經改變很大」，如今除了觀看時間以外，也包含其他標準，包括消費者調查和分享、按讚數量。聯邦貿易委員會（FTC）對YouTube進行調查，同時也有無數報告指出戀童癖者利用這個平臺，尋找和分享兒童影片。[4]當本書在二〇一九年夏天付印時，YouTube因為上述指控，考慮是否要將兒童內容轉移到完全分離的應用程式上，以避免類似的問題。[5]然而所有YouTube的使用者都曉得，此刻不論你花多少時間觀看影片，YouTube只會提供更多相關內容給你，不論看的是小貓彈鋼琴還是陰謀論。沒有錯，現在谷歌和臉書都投入更多資源，揭露可疑帳號並移除其內容，但是追根究柢，他們並不想要當審查者；從過去經常搞砸的紀錄就知道，他們根本做不好審查，也未痛下決心整頓。

至於修改演算法，谷歌首席顧問沃克（Kent Walker，他是唯一同意接受本書採訪的谷歌高層）簡單明瞭指出公司的哲學：「我們為使用者打造谷歌……身為搜尋引擎公司，每次修改任何一種演算法，總有一半的人會上去，一半的人下來（意思是搜尋引擎給內容製作者的排名）。上去的那一半心想：『嗯，總算有人知道我有多棒了。』下來的那一半則會說：『等一等，這在搞什麼鬼。』」

沃克在二〇一九年一月受訪時告訴我，他的公司「去年演算法改了兩千五百多次」，目的是停止各種不同的惡質活動。但是沃克也承認「永遠有被操縱的風險」，因此谷歌公司才會堅持那項簡單的主張，也就是使用者想要什麼就給他們什麼，言下之意公司重視消費者甚於社會整體。

算他有理，可是這個論點也凸顯了力量之所在，雖然監管比以往更嚴格，但是像谷歌這類數位平臺已經把人類最壞的傾向放大了。經常批評科技巨頭的哥倫比亞大學學者吳修銘說過：「我們這個時代的公民身分取決於如何使用注意力。」[6]諷刺的是，矽谷圈內人自己也極為關切這個問題。二〇一八年十月底，在一場歐洲個人隱私專員會議上，蘋果電腦執行長庫克譴責由某些公司（包括谷歌和臉書）組成的「數據工業複合體」（data industrial complex），指出他們賺的錢主要來自讓人盡可能流連網路，這樣就能盡量累積對方的個人資料。庫克說：「我們自己的資訊——從日常瑣事到極為深入的隱私——都被拿來作為對付我們的武器，而且效率宛如軍隊一般」。庫克的蘋果公司至今主要收入還是來自硬體銷售。

蘋果公司也有自己的問題，包括境外稅收和侵犯智慧財產權的法律戰役，這些後文會再詳談。庫克在批評競爭者「讓人盡可能流連網路」時，實在有點假惺惺，因為除了少數例外情形，蘋果公司自己在這方面也不遑多讓，尤其是透過促銷「免費增值」（freemium）遊戲，我兒子就是這樣上鉤的。

不過就這個特定領域來說，其他公司（臉書、推特、Instagram、Snapchat、谷歌）確實問題比較嚴重，因為他們的核心業務基本上就是靠操縱行為來挖掘資料，方法是詭異地混合賭城風格的技巧和不透明的演算法，牢牢鉤住使用者不放。[7]這些公司是真正的注意力商人，身為消費者的我們以為他們的服務是免費的，但實際上我們（渾然不知）自己要付費，不僅付出注意力，還付出我們的資料——這些公司無所不用其極地獲取我們的資料，然後出售圖利。[8]

更令人心驚的是，他們的複合體和不透明的數位廣告系統竟然那麼脆弱，那麼容易遭有心人利用，不論指派多少人力去解決問題，依然一籌莫展。在谷歌支付九千萬美元給因性醜聞遭報紙揭露的盧賓的同一個星期，公司爆發另一起更震撼的新聞：一百二十五個安卓應用軟體和網站涉入數百萬美元的詐欺案。簡單來說，詐欺犯向軟體開發商購得（以比特幣支付）合法應用程式（許多是針對兒童，包括很多熱門遊戲、自拍應用程式、閃光燈應用程式等等），然後轉賣給塞浦路斯、馬爾他、英屬維吉尼亞群島、克羅埃西亞、保加利亞等地的空頭公司。這些應用程式的使用者並不知道，程式裡藏了自動執行重複功能程式，可以捕捉使用者的每一次點擊、上下捲動、手指滑動，然後模仿其行為，加工製造該應用程式的廣告流量，以此向廣告主收取更高費用。他們並未顧及這麼做會增加使用者的風險，任由受騙者的資料就這樣洩露出去。

BuzzFeed網路新聞報導：「這件案子曝光，顯示詐欺已經十分深入數位廣告生態系統，品牌被偷走極為龐大的產值，而這個產業完全無力阻止。」[9]不過，只有安卓系統的應用程式受到攻擊，凸顯谷歌平臺面對詐欺和資料外洩時多麼脆弱，連帶它的所有使用者也不堪一擊。

這則消息固然沒能成為頭版新聞（畢竟它是在二〇一八年秋天爆發的，那時候媒體有更迫切的議題要處理），但消息曝光卻足以促使維吉尼亞州民主黨籍參議員華爾納寫信給聯邦貿易委員會，呼籲其正視「數位廣告詐欺之氾濫，特別是該產業的主要利害關係者對於遏阻網路濫用毫無作為。」

這是近年來華爾納和其他參議員寫過的很多、很多封信件中的一封，他們的目的都是促使科技巨頭改變行為。可惜對方的回應不痛不癢，不是隨便添幾個真人監視，就是重申他們重視高品質內容的程度超過宣傳，這簡直是拿複合維他命來治療兇殘的癌症。為什麼？因為這些問題，包括個人化資料過濾、假新聞、資訊洩漏、詐欺，全都落在世界上最惡劣（也最賺錢）的商業模式核心：資料探勘與超目標式廣告。[10]

科學氛圍

經由劍橋分析的醜聞，大家才得知二〇一六年總統大選時，外國人利用臉書平臺來影響選舉結果。此事一出，社群媒體與其靠廣告收益獲利的模式可能威脅自由民主制度，吸引民眾的高度注意。然而這種監視商業模式的發軔者並非臉書，而是谷歌，早在一九九八年，當谷歌的創辦人布林和佩吉還在構思新事業的名字時，就很清楚平臺遭濫用的可能性及其危害。後來他們決定採用Google而非Googol（簡化此字讀音的是佩吉，也有一說是他打錯字。編按：googol原意為十的一百次方），並且採用一個喜氣洋洋的商標，使這個公司名傳千古。史丹佛大學高層開始對這項用掉那麼多電腦能力的神祕計畫感到非常好奇，他們提醒佩吉和布林，學術界人士利用大學資源進行任何研究，都應該有義務發表研究結果。沒想到佩吉和布林不以為然，他們太忙於完善自己的演算法：也就是把資料化為答案的複雜數學方程式。

演算法帶著科學的氛圍，畢竟是以數學和量化資訊為基礎。儘管如此，演算法挾帶太多人性在內，反映設計者特定的思想和偏見。當然，不同演算法也有好壞之分，回溯一九九〇年代末期，大家就已經感覺佩吉和布林的演算法非常、非常好——至少是非常、非常有價值，所以他們應該自己留著。

佩吉和布林的指導教授韋諾葛拉德回憶當時大家都感到奇怪：「（史丹佛大學的）人人都說：『幹嘛那麼神祕兮兮的？』『這是學術計畫，我們有權利知道它是怎麼運作的。』」[11]

這種態度凸顯學術界和創業家之間根本的差異。學術界靠揭露自己的研究發現而獲得獎勵，最理想的方式是刊登在同儕評鑑的期刊上，讓別人能夠向他們學習；反觀企業家需要靠獨門祕密才能夠賺大錢。後來事情演變得極為清楚，佩吉和布林絕對屬於後者。

尤其是佩吉，因為怕讓別人有機可乘，態度一直很謹慎。他引述前車之鑑：一九三一年塞爾維亞籍傑出科學家特斯拉（Nikola Tesla）榮登《時代》雜誌封面，因為他在自動控制、電氣、收音機等方面的創新成果十分出色，最後卻貧窮潦倒地死去，原因出在無法將自己的創意商品化（如今大家對特斯拉這個名字耳熟能詳，因為馬斯克為了紀念這位遭人遺忘的工程師，以他的名字為自己的電動車命名）。佩吉發誓絕不重蹈特斯拉的覆轍。[12]

最後還是韋諾葛拉德贏了。一九九八年，仍然在史丹佛大學做研究的佩吉和布林發表一篇學術論文，題為〈剖析大規模超文字網路搜尋引擎〉。[13]這篇文章大部分用來解釋他們搜尋引擎的內部機制，但是也預言搜尋真正能用來營利的方式存在衝突。問題的中心是資料探勘（這部分是布林的專長），更具體地說，是利用使用者的資料來打廣告，而這將會使得創造這項新發明的人變得非常、非常有錢。

諷刺的是，一開始谷歌的兩位創辦人堅決反對此事。他們反對的不是資料探勘本身，而是結合搜尋與目標式廣告。資料探勘純粹只是分析龐大的數據，找出總體趨勢和模式，[14]然而據此追蹤個人行為（譬如對方搜尋什麼、點選哪一項結果等等），然後建立一個數據資料庫去分析這些人，以便把資料賣給合適的廣告主——這樣的想法就極為令人厭惡。

首批進入谷歌公司的軟體工程師之一愛德華茲（Douglas Edwards）回憶道：「如果你閱讀佩吉和布林在史丹佛大學寫的原始論文，也就是他們談論創造搜尋引擎的那一篇，就知道他們明確表示，若是販賣廣告，那麼廣告絕對會敗壞搜尋引擎。所以他們反對在谷歌網站上放置廣告的想法。」[15]

事實上，這個觀點是用白紙黑字寫出來的。佩吉和布林在論文的附錄A第十八頁第八節寫道：「目前看來，商業化搜尋引擎最有優勢的商業模式就是廣告。」這篇附錄的標題是〈廣告與混合動機〉，他們又補充說：「廣告商業模式的目標，不見得與提供使用者高品質搜尋的這個目標一致。」

兩人還在那篇附錄中說：「我們預料，以廣告挹注搜尋引擎資金，本來就會偏袒廣告主，背離消費者的需求。有鑑於很難評量搜尋引擎，連專家都難以辦到，因此搜尋引擎的偏頗特別難以察覺。」這話說得有意思，畢竟谷歌後來宣稱公司所做的每一件事，包括一些引發極度爭議的事，都是從使用者的「利益」出發。還有一點也很有趣，那就是這套說詞低估了科技本身與生俱來的複雜性——這種複雜性剛好給了後來的谷歌人足夠的模糊空間，當別人尖銳質疑他們，佩吉和布林當初顯然非常清楚，當科技可能帶來偏頗時，這些谷歌人的反應是支吾其詞。

當然，這件事未來將牽涉到什麼狀況，一九九八年時還不明朗。話雖如此，大家需要明白，就算是那個時候，佩吉和布林也有些擔心。他們的結論是，商業化搜尋被拿來做非法用途的危險並不小，他們甚至考慮是否應該把搜尋留在公共領域，這樣就不會在廣告基礎的商業模式下輕易遭到操縱。不過兩人最終還是決定，「市場可能會容忍」民營化搜尋的缺點，換句話說，**人要嘛根本不曉得自己被操弄，要嘛根本不在乎**。

有那麼一陣子，人確實如他們所料。

一天點閱一百萬次

布林和佩吉發表那篇論文時，他們在史丹佛大學的朋友和同僚每天的搜尋次數已達上萬次，儘管在小小的學術圈和科技怪才圈之外，他們的網站名不見經傳，可是流量卻呈指數式翻漲。史丹佛大學並不打算把他們兩個踢出實驗室，因為新發明讓他們與有榮焉，可惜佩吉和布林需要更多資金，才能把這項事業帶到下一個層級，所幸他們擁有垂手可得的史丹佛人脈。

佩吉和布林去找薛瑞頓（David Cheriton）教授，他幫忙聯繫上因為共同創辦昇陽電腦而致富的史丹佛校友貝克托斯海姆（Andy Bechtolsheim）。[16]此君一眼看穿賺錢最快的捷徑就是靠廣告，尤其是與搜尋結果並肩同行的目標式廣告。貝克托斯海姆回憶他當時的想法：「呃，我們會有這些贊助的連結，每次點閱一條連結時，我們就會收到五分錢。我在腦子裡很快算了一下：『好，他們每天會得到一百萬次點閱，每一次五分錢，那就是每天收入五萬美元——唔，至少他們不會破產。』」[17]於是貝克托斯海姆交給布林和佩吉一張十萬美元的支票，然後跳上他的保時捷轎車揚長而去。

他是第一個注資的人，接下來的初期投資人包括矽谷的某些傳奇人物，像是亞馬遜創辦人貝佐斯，他在一九九八年投入二十五萬美元。《紐約時報》記者歐勒塔（Ken Auletta）在新聞中報導貝佐斯的說法：「當時並沒有營運計畫書，我只是愛上了佩吉和布林。」[18]

如此這般，谷歌公司誕生了。第一年，他們具體展現了諷刺漫畫中典型的矽谷新創事業，再加上「火人祭」（Burning Man）朝聖活動、吸引人才的新鮮福利、大量的風流韻事。佩吉和布林為谷歌雇用第一位廚師艾爾斯（Charlie Ayers）時，公司只有十二個員工，[19]艾爾斯回憶道：「布林是谷歌的花花公子。他多次被人逮到在按摩室和女員工鬼混，人盡皆知。他玩得很兇，人力資源的人告訴我，布林對這些事的反應是：『有何不可？她們是我的員工。』」艾爾斯的這番回憶記錄在費雪（Adam Fisher）的著作《天才之谷》（*Valley of Genius*）裡。[20]

在此同時發生了很多大事，最大的一件事就是谷歌所產出的大量搜尋資料，開始創造一種自我強化的循環，使用者帶來更多使用者，因為到頭來，搜尋和特定的演算法優不優良關係不大，而是和這種演算法必須配合使用的資料數量多寡關係更大。[21] 換句話說，谷歌似乎抓住新興網路公司莫不渴求的聖杯：網路效應。意思很簡單，就是愈多人使用某個產品或功能，這項產品或功能就會變得愈好。這套機制簡單到荒唐的地步：一旦有了最佳搜尋的名聲，就會吸引更多使用者到他們的網站去搜尋，而愈多使用者代表愈多資料，這一來不僅能打造更好的搜尋引擎，而且最後也會創造更高的收益。

在此之前，谷歌的收入大部分來自搜尋技術的授權，對象是各種內容網站，一開始增加的流量也許緩慢，可是久而久之肯定會創造更多流量。除此之外，此時谷歌所有的使用者行為都可以靠訊錄（cookie，又稱為網路餅乾）追蹤，這是一種數位標籤，可以觀察人去了哪些網站、在網路上做些什麼。訊錄雖然不會辨認使用者的姓名或地址，但卻能提供資訊給資料庫，對於谷歌新生的廣告生意來說，證明非常有用。畢竟你愈了解人的網路行為，以及做這些事情的時間和地點，就愈能夠把他們的資訊賣給廣告主，而且是選在廣告主想要接觸他們的地方進行。

即便谷歌加足了馬力，但是依然有很多規模比他們大、使用者比他們多的搜尋引擎，其中最知名的是Excite，創辦人風險投資業者柯司拉（Vinod Khosla）也是史丹佛大學校友，曾和貝克托斯海姆共同創辦昇陽電腦。另一家當然就是雅虎，當時堪稱矽谷最閃亮的網路新創公司，它好似網路萬靈丹，從搜尋引擎、電子郵件、內容聚合（content aggregation）到創作，無一不涉足。雅虎決定不把營運重心放在搜尋本身的基礎上，而是選擇成為通到網路的「入口」，至於搜尋的部分就外包給谷歌去做。

這成了谷歌的一大突破，時間是二〇〇〇年六月。除了雅虎付給他們的數百萬美元之外，這椿交易還奉送谷歌一大特權——使用雅虎新搜尋功能的使用者將會看到谷歌的商標，同時還附帶一條訊息：表明谷歌是背後實際執行搜尋的公司。[22]但是對谷歌來說，這筆生意最有價值的部分不是金錢，也不是品牌認同，而是資料。他們不僅從中獲得原始資料，使得搜尋引擎本身進化得更加聰明，而且資料幫助谷歌繼續吸引新使用者，還幫谷歌添了一把柴薪——網路廣告系統「關鍵字廣告」（AdWords）上路，不久之後就成了谷歌的印鈔機。

現在我們已經知道，販賣廣告並非原始計畫的一部分（就某種程度來說，原始計畫的確存在）。收取雅虎幾百萬美元的生意雖然好賺，可是谷歌需要的不是賺一票就跑，這樣公司投資人不會真的滿意；他們需要的是源源不絕的收益流。如果不能靠使用者賺錢，那要他們有何用？谷歌一年燒的錢高達兩千五百萬美元，在他們身上押寶的風險投資業者對其商業提案也感到焦慮。[23]

早期谷歌人愛德華茲回憶說：「創造營收的壓力很大。」所以佩吉和布林認為他們的道德觀也許太苛刻了，在搜尋結果頁的上方放置付費廣告，可能並不是太糟糕的事。愛德華茲說，這兩人決定：「如果實際上有用處而且有關聯性的話，廣告不一定是壞事。[24]」

關鍵字廣告的原始構想來自矽谷傳奇的點石成金大師葛羅斯（Bill Gross），他創辦過多家企業，本身是投資人，眼光極為獨到。腦袋靈光的葛羅斯畢業於加州理工學院，他創辦的點子實驗室（Idealab）是孕育新創事業的「孵化器」，功能正如電影公司產製影片一樣[25]（截至目前，葛羅斯已經創辦一百五十家公司，其中四十五家股票公開上市或接受購併）。

一九九八年谷歌公司成立時，葛羅斯剛剛開了一家叫做GoTo.com的公司，性質類似網路黃頁廣告，讓企業可以透過競價方式，在關聯性最高的網頁旁邊空間打廣告。舉例來說，從事越野自行車業的廣告主會想去競標「越野自行車」的搜尋結果頁面上的廣告篇幅，而投標價格最高者，就能在搜尋結果的旁邊刊登自家廣告。當GoTo在某次TED大會上首度發表這項技術時，大家感到驚豔，但也受到驚嚇——葛羅斯允許廣告主付費爭取廣告空間，以便提高自己在搜尋結果頁上的排名，這麼做無異是破壞了本應客觀的搜尋結果。這麼做太過牴觸當時普遍的意識形態，所以葛羅斯在展示該功能時，現場真的噓聲四起。可是葛羅斯不為所動，照樣提供服務給美國線上（AOL.com）與其他公司，做成了非常大筆的生意，淨收入高達五千萬美元。[26]

在此同時，谷歌人（更重要的是谷歌投資人）虎視眈眈，他們瞧見了發大財的機會。《連線》

雜誌共同創辦人貝特勒寫過一本書，叫做《搜尋未來》（*The Search*），內容描述谷歌搜尋功能的發展與商業化，他寫道：「GoTo生意興隆，引起了谷歌高層的注意。」[27]谷歌的投資人莫瑞茲（Michael Moritz）尤其擔心現行的營收模式，也就是將搜尋技術授權給其他公司，他認為這種方式絕不可行，稱之為「坎坷小徑」。[28]為什麼生意要一筆一筆做，而不能善用大數據和廣告的威力呢？

網路效應再度成為關鍵；資料愈多，搜尋結果就愈豐碩，意謂吸引更多廣告主，而透過更多廣告又會帶來更多點閱流量，依此類推。莫瑞茲催促谷歌仔細研究GoTo的技術，最好學他們那樣，用廣告建構商業模式。谷歌第五號員工席迪尼（Ray Sidney）指出：「員工開始閱讀資料，想了解搜尋廣告替其他公司賺進多少錢，原來我們顯然白白浪費了大好商機。」[29]

他說的有道理。網路效應證明威力無窮。一九九九年八月，谷歌每天執行三百萬次搜尋，到了二〇〇〇年夏天，這個數字已經暴增到一千八百萬次。加上他們替雅虎執行的搜尋，總數竟高達每天六千萬次。然而這些搜尋和所產生的使用者資料還沒有被目標式廣告充分利用來賣錢——如果像GoTo系統那樣，使用者在有機搜尋（organic search）之後，點選搜尋結果所指向的連結，然後由廣告主支付費用，那麼使用者比直接看到廣告更可能點閱廠商所贊助的連結。注資谷歌的風險投資業者莫瑞茲指出，谷歌的創辦人「聰明地採納GoTo提供的議案」。假如他們沒有「採納對其他公司管用的一些廣告技巧，那麼（谷歌）最後將會成為小而美的高檔公司。」[30]

誠如我們現在都知道的，實際的結果是谷歌成了一家主宰整個搜尋和廣告產業的公司，為所有平臺科技公司樹立商業模式標準。目標式廣告後來變成平臺業者主要的賺錢方式，不僅谷歌如此，臉書、亞馬遜和其他多家公司亦如是（亞馬遜利用目標式廣告誘惑使用者造訪他們的網站，促使對方點閱先前可能就已經感興趣的產品），這種方式創造了哄誘人買東西的全新模式。

監控資本主義變成企業成長最佳、最快的途徑，除了平臺業者之外，所有種類的企業也都循相同途徑打廣告。這是關鍵點，雖然像谷歌這類公司遲早都會涉入各式各樣的產業，從醫療保健到交通無所不包，對於這些公司的市場勢力愈來愈龐大，一般企業本來應該有所抱怨才是，可是竟然都保持沉默，原因是他們也從平臺業者所施行的目標式廣告模式獲得利益。各行各業的公司如今全都二十四小時監視顧客，瞄準得更精確。這是拿靈魂交換利益的買賣，因為他們放棄的控制權比得到的更多，而企業容許科技巨頭吃得腦滿腸肥，總有一天會遭到反噬，就像矽谷開始入侵**他們的**市場一般。

問題是需求大量資料與需求大量金錢的經濟前景相較起來實在是太誘人了，讓人很難抗拒。注意力商人已經崛起，這場競賽比的是誰能盡量博取更多目光，以及誰能讓使用者盡量待在網路上不離開。至於因而招致的個人化資料過濾、假新聞、自由民主制度的挑戰等等麻煩，那是別人的問題，以後再說。

第四章 歡騰如一九九九年

我不是喜歡公開交心的人，可是走筆至此，我覺得承認這件事情很重要：各位讀者，我曾經在一家網路公司工作過。回想一九九九年時，年紀四十歲以下的人大概都野心勃勃，想要找門路進入網路業。隨著連線狀況改善、線纜和電訊公司開始架設寬頻光纖（接下來十年鋪設了數百萬英里），一度新奇的網路使用迅速轉變成生活常態。一九九〇年到一九九七年間，美國擁有電腦的家戶比率從百分之十五跳升至百分之三十五。「瀏覽」網路成為大家的共通話題，大家開始在拍賣網站 eBay 上賣東西，透過雅虎和美國線上網站檢查電子郵件。在此同時，亞馬遜公司的成長速度之快，使得創辦人貝佐斯被《時代》雜誌遴選為年度人物；那一年耶誕節，美國的網路購物成長兩倍，尤其以貝佐斯吃下的訂單最多。[1]

市場欣欣向榮，但也製造了最終破裂的泡沫。那個年代錢來得輕鬆，利率又低，不僅類似二〇〇八年金融危機之前那幾年，其實也和從那之後至今這段期間的情況很像。回顧當年，刺激網路泡沫生成的原因之一，是一九九七年《納稅人救濟法》（Taxpayer Relief Act of 1997），該法將美國最高資本利得稅率從百分之二十八降低到百分之二十，使得更多人對投機性投資感到興趣。聯邦儲備委員會（FED）主席葛林斯潘（Alan Greenspan）吹捧股票評價，實際鼓勵投機性投資，諷刺的是，他自己曾經評論過股市的「不理性繁榮」，這一來反而助長此風。就某方面來說，網路泡沫之所以形成，都要歸功於一九九六年美國電信法（Telecommunications Act of 1996）與其他有利於科技巨頭的法律，它們容許網路公司規避許多麻煩的監管規定，反觀其他公司則必須遵守。

大概就在那個時候，我眼前出現了跳上這輛網路列車的機會，而且是從事風險投資——我可沒有開玩笑。一票身價百萬的投資人願意雇用一個不曾在科技業或金融業工作過的新聞記者，給她六位數年薪和數千口股票選擇權，任務是偵查「泛歐B2C媒體交易」（B2C意指企業對消費者）；這項事實明顯透露一件事：股市行情已經到頂了。現在看起來再清楚不過的事，一九九九年秋天的我卻看不明白。當時對我招手的是倫敦的高科技孵化器公司螞蟻工廠（Antfactory），這是個新創事業風險投資集團，成員包括前投資銀行家和新興市場投資人，說起來他們的目標過分樂觀，想成為歐洲的點子實驗室。螞蟻工廠沒有葛羅斯那種創新者掌舵，可是當年錢來得容易，信心又過度膨脹，居然讓他們說服了更多投資人加入，籌到了一億兩千萬美元，投資歐洲的新創網路公司。

這家公司找上我的原因，是因為《新聞週刊》（*Newsweek*）剛剛刊登我寫的封面故事，內容正是報導歐洲的網路榮景。那篇文章的標題疾呼：「歐洲染上網路熱」，「症狀明顯——熱騰騰的新公司；法拉利跑車徵才；年輕又聰明的商務人才搶攻網路空間，睥睨群倫。」如果現在要我寫這樣的文字，實在有點尷尬。假如我當時曾經深思過，就會明白自己正處在雲霄飛車即將俯衝直轉而下的頂點。美國新聞雜誌的封面故事一般來說是可靠的反市場指標，這次也不例外，該期雜誌出刊一年之後，股市就開始下滑了。[2]

我是和前夫坎姆比茲（Kambiz）去倫敦旅行時，想到寫這篇封面故事的點子；坎姆比茲的父母在一九七九年伊朗革命之後逃到英國，所以他是在英國長大的。坎姆比茲和倫敦的大多數流亡伊朗人一樣，常和一夥家庭富裕的時髦年輕人混在一起，透過這些朋友，我們認識了倫敦剛剛萌芽的科技圈的一些人士。這些科技菁英聚集在喧囂的倫敦市區最奢華的地段，而不是矽谷那種平淡郊區中的獨立小圈圈。

那是「酷不列顛」（Cool Britannia，譯按：指一九九〇年代英國大眾文化蔚為時尚）時期的顛峰，空氣裡瀰漫著歡欣鼓舞的樂觀主義、若隱若現的勢利感，當然還有金錢的氣味。新工黨（New Labour，堪稱美國民主黨內公司派的英國版，當時公司派在美國勢力強大）那時候還像是好主意，很多人把布萊爾（Tony Blair，譯按：時任英國工黨主席兼英國首相）視為英國的柯林頓（好的那一面）。寡頭政治的執政者想要祭出減稅優惠，美國人則希望迅速做成買賣，於是金錢嘩啦嘩啦流進倫敦，每一樣東西（尤其是不動產的價格）似乎只有一個走向：往上。營運計畫書草草寫在酒吧餐巾紙上，地點常常是在私人俱樂部裡，譬如蘇活屋（Soho House）和家屋（Home

House），它們都坐落在倫敦馬里波恩區（Marylebone）美輪美奐的波特曼廣場（Portman Square）上那棟十八世紀的喬治亞時代宅邸中，那裏只有富裕的外籍移民和本地的「上流社會」人士住得起、玩得起。

事實上，我和螞蟻工廠的合夥人第一次面談，地點就是在家屋私人俱樂部，對方在我的封面故事刊出之後找上門來，那篇文章在英國和國際新聞圈廣受矚目。最先打電話給我的那個合夥人賀索夫（Rob Hersov）原籍南非，後來移居倫敦，他一度是梅鐸（Rupert Murdoch，譯按：澳洲媒體大亨）的門徒，創辦了一個叫做Sportal的新奇事業，也就是泛歐洲的體育「平臺」（意思就是網站），結合地方上的體育電臺和球隊，例如義大利的尤文圖斯足球隊（Juventus）、德國的拜仁慕尼黑足球隊（Bayern Munich）、法國的巴黎聖日耳曼足球隊（Paris Saint-Germain）。儘管旗下品牌名聲響亮，這個網站其實很空洞，不過賀索夫十分擅長推銷，他最讓人印象深刻的特質是一頭令人咋舌的波浪金髮，還有超級會放電的笑容。他令我想起芭比娃娃的男友肯尼（Ken），差別是他開一輛路華攬勝（Range Rover）豪華越野車，還有一個社交名流妻子。

文章出刊才幾個星期，賀索夫就打電話給我，提供一項有趣的工作提案：我願不願意過來倫敦加入一個很棒的新創事業，營運目標是在當時依然一盤散沙的歐洲網路市場建立「規模」和「綜效」？彼時美國網路已經擁有兩億五千萬個消費者，全都使用相同的語言，而且對網路上的同樣內容胃口愈來愈大。反觀歐洲由多個國家組成，文化與市場各不相同，歐元才剛剛開始要統一衣著過分樸素的年輕派對族，從伊比薩（Ibiza）到柏林，他們在夜總會裡隨著震耳欲聾的電子音樂起舞，不過人人一語不發；他們無需說話，樂觀主義就是共通的語言。

這正是歐洲最終真正成為經濟政治聯盟的時刻，見證了有史以來最偉大的良性全球化實驗。賀索夫解釋說，螞蟻工廠將位於這場實驗的中心，善用一切美妙的新規模經濟，將會找到歐洲最棒的網路公司，包括旅遊、音樂、金融、保健等方面，然後把它們混合在一起，提升其全球能見度，以及相應的股票評價。從倫敦到法蘭克福到巴黎的股市，都將競相招攬這些新公司公開上市。人民眾志成城，將會打敗有錢人。這聽來多麼**合理！**畢竟如果能靠一個旅行網站就搞定所有訂位訂房事宜，何必使用六個不同（分別服務法國、義大利、西班牙等國家）的網站呢？

我坐在紐約城中心那幢燈光昏暗、天花板低矮的新聞雜誌辦公室裡，花大把時間重寫海外特派員傳來的散漫文章，從這個角度看，那份工作似乎是很動人的提案。在美國，雅虎、eBay、亞馬遜之類的公司已經開始一飛沖天，印刷出版業者紛紛轉戰網路，也已呈必然之勢——時髦的新雜誌和新網站如雨後春筍般投入數位經濟，例如《連線》雜誌、《快公司》（*Fast Company*）雜誌、《產業標準》（*Industry Standard*）雜誌、《紅鯡魚》（*Red Herring*）雜誌。我們《新聞週刊》的員工都開始疑心，自己的世界恐怕撐不了太久了。沒錯，頂樓鑲木板牆壁的辦公室裡，編輯幹部此刻依然有免費晚餐可吃，這兒過去是通用汽車公司（General Motors）的會議室。我們公司裡「老一輩人」待的時間久了，都享受過早期的富足，令他們沮喪的是，公司終於開始下令緊縮，雜誌付印前大夥深夜趕工時，本來可以公費報銷飲料（數字往往不小），現在都減少了。說來這亦是市場即將大幅震盪的預兆。

另外，某些人的致富故事也令我心動。我先前任職的商業雜誌叫做《職業婦女》（*Working Woman*），羅芮兒．涂碧（Laurel Touby）是替該雜誌撰稿的自由作家，後來她離開新聞界，創辦一個網路群組，在網路媒體上從事創意型態的工作，她戲稱為媒體小館（mediabistro）。涂碧並非明星作家，但卻有非凡的創業能力，她常在紐約下東城（Lower East Side）的酒吧辦沙龍派對，這個優雅的女主人身上總是披著一條豔色的羽毛圍巾，好讓人認出她來。我參加過幾次涂碧舉辦的活動，很好玩，偶爾我們也會一起出去喝杯咖啡或飲料，哀嘆媒體產業式微，抱怨新聞雜誌給的薪水根本不夠我們在紐約市生活。我記得有一次對她說：「羅芮兒，妳真的應該放棄新聞業。」沒想到她真的放棄了，最終將自己那個自由作家組成的非正式網路群組，變成媒體小館網路公司（mediabistro.com），是作家、記者、編輯必去的資源網站，壟斷媒體業和公關業的徵才市場，最後以相當高的價格（兩千三百萬美元）賣給一家科技公司。原本擁有百分之六十股權的涂碧很快買下一間公寓，漂亮到《紐約時報》特地做了專題報導。接著涂碧結了婚，也成為新創事業投資人。[3]

當我考慮賀索夫的提案時，心裡肯定有個念頭盤旋不去：我能把令人疲憊的記者生涯（以及更令人灰心的薪水），換成分享網路新貴的一杯羹。那時因為公公生病，我和丈夫已經準備搬去英國，為的是和住在布萊頓（Brighton）的公婆團圓。不但我的老闆願意派我去歐洲，連公司的競爭對手（《華爾街日報》和《時代》雜誌歐洲版）也來挖角，未來幾天就必須做決定。我深愛新聞記者的工作，很高興能有這麼多選擇，然而這些工作的發展軌跡是可以預測的：撰寫更多專題報導，可能晉升資深編輯或專欄作家，每年薪水微幅調漲百分之二。反觀螞蟻工廠所提供的條件，對財經記者來說既新鮮，本質又具有吸引力：我有機會加入這場遊戲，而不只是報導它。我對螞蟻工廠那些傢伙（都是男的）說，我會來倫敦見見他們，討論這項工作提案。為了這次見面，我對於該穿什麼衣服簡直走火入魔了，最後決定穿一襲五〇年代風格的復古套裝，和一雙Sigerson Morrison的T字型繫帶高跟鞋，那說明當時我對時尚服裝的了解遠超過科技。

後來我才發現螞蟻工廠的合夥人也不比我懂多少，賀索夫主要在娛樂界和奢侈品牌產業工作，另外兩位出身金融業，其中一位曾任職索羅門兄弟公司（Salomon Brothers），另一位則在摩根史丹利公司（Morgan Stanley）工作過。在場有一個美國人相貌英俊但一臉鬱悶，名字叫莫菲（Charles Murphy），身穿高級訂製西裝，看起來正式得不得了，相較之下，另外兩位的衣著和氣質都比較像網路公司的人。公司創辦人蘭達瓦（Harpal Randhawa）也在場，他是印度籍投資人，講話快得像連珠炮，他說自己是在新興市場致富，不過我聽不太懂他所說的發財方式。至於新上任的執行長畢爾（Rob Bier），倒是讓我暗自點頭，他是個性格開朗的美國人，渾身充滿幹勁，以前曾是摩立特（Monitor）企管顧問公司的合夥人，未來大概會像谷歌的史密特一樣，在螞蟻工廠扮演「家長監督」的角色。

我的記者素養足以看出這一群傢伙裡面，沒有一個是頂尖好手。不過，想到能夠以合夥人身分輕鬆進入高科技孵化器公司，並且在網路繁榮的高峰探查業內交易，何況又是在倫敦，從任何客觀標準來看，都優於去矽谷郊區過日子——感覺上這件事很值得考慮。我估計這家公司最後大概有百分之六十的機會關門倒閉，可是合夥人投資的錢足以撐上兩年，我又沒有小孩，當時也沒有沉重的財務負擔，何況他們打算分給我的股票選擇權可能真的值滿多錢的。我告訴自己，最壞的情況也不過是回去跑財經新聞，屆時我對科技產業的認識將會遠超過從前。

法拉利跑車與睥睨群倫

我們在一九九九年十二月搬到倫敦，我立刻一頭栽進網路公司現場，很快就遇上倫敦版的涂碧產物——聯誼性質的沙龍兼獵人頭網站，名為「第一個週二」（First Tuesday）。這個網站的創辦人是丹頓（Nick Denton），以前在《金融時報》當新聞記者，後來開辦「高客網」（Gawker）；還有一位共同創辦人來自矽谷，叫做梅葉爾（Julie Meyer）。他們倆人都更偏向商業人才，而不是科技人才。在歐洲這頭，真正的工程好手出自英國劍橋、愛沙尼亞（有愈來愈多索費低廉的程式設計師）、北歐（在手機方面早就聲譽斐然）。至於倫敦新創事業的DNA，則反映這個城市自己的DNA：一切都和金錢、交易有關。

當然，這樣的新創事業為數不少。「第一個週二」網站每過幾分鐘就會張貼新的工作機會（和新公司），丹頓和梅葉爾每個月都會在街角的酒吧舉辦聯誼會，可是短短幾個月內，這地方就再也容納不下好幾百個汲汲營營趕來交際的人，酒吧裡的人潮經常滿到大街上。一九九九年，這個網站的營運地點已經擴張到二十五個城市，還有很多投資人排隊等著送錢給他們。風險投資業者願意花數百萬美元換取某項事業的部分所有權，只是為了奪下投資其他事業的管道，這種想法似乎是「只可能發生在美國」的故事。可是創辦「第一個週二」的企業家和投資人自認為是「精神上的美國人」（套句丹頓對我說的話），融合了美國人的魅力和歐洲人的風格。[4]

在「第一個週二」的聯誼活動中，丹頓和梅葉爾讓大家輕鬆看出錢在哪裡——潛在投資人的衣襟上貼了紅圓點，歸為「人才」的貼綠圓點。貼紅點的人數比較少，也就難免更受歡迎，由於主辦單位提供便宜的酒水和點心，引來大批殷切的綠圓點，紅圓點和他們周旋得很辛苦，往往兩個小時下來就筋疲力竭。這個集團宣稱，他們用這種方式做成了價值一億美元的生意。我不太相信，但也並非完全**不信**，不論真假，有一件事很明確：這一行有錢賺。還有，這些場合總是趣味十足，到處見得到閃閃發光的人。

這個城市比較廣為人知的成功個案之一是馬姆斯狄恩（Ernst Malmsten），他的樣子有點像北歐版的卡斯迪洛（Elvis Costello，譯按：英國創作歌手），他的伴侶黎安黛（Kajsa Leander）以前是菁英（Elite）經紀公司的模特兒。他們在瑞典老家創辦網路公司bokus.com，一度名列世界第三大網路書商。一九九八年小倆口賣掉公司，把注意力轉到服裝市場，特別瞄準年輕、熟悉科技的顧客，認為這類顧客會為了很難弄到手的運動用品和衣飾而不惜花大錢，譬如Vans的球鞋，或是韓國樂團「宇宙少女」（Cosmic Girl）的T恤。沒想到全球奢侈品集團路易威登（LVMH）的老闆艾諾爾（Bernard Arnault）和義大利零售廠商班尼頓（Benetton）也有相同見解。接下來馬姆斯狄恩和黎安黛的網路公司Boo.com迅速籌募到三輪大筆資金，他們在倫敦卡納比街（Carnaby Street）成立辦公室，並且同時在七個國家宣告開幕。[5]還有一對優雅時髦、郎才女貌的創業家，伊頓公學畢業的霍柏曼（Brent Hoberman）和芙克絲（Martha Lane Fox，她父親是牛津大學歷史學教授）。這一對創辦了成功的旅遊網站「最後一刻」（Lastminute.com），專門做最後一刻才臨時下單的生意，這種商品折扣很大，非常划算。後來這家公司股票上市，市值五億七千七百萬英鎊。[6]就連「第一個週二」出售時，價格也高達五千萬美元左右。[7]

梅葉爾居功厥偉，她承認「第一個週二」之所以成功，是因為「天時、地利」之便。在網路公司的世界中，這樣的見識很罕見。儘管我見過很多聰明幹練的創業家因為天時或地利不佳，最後未能如願以償，可是那些真的在這波賺了大錢的創業家都有個共通點：他們無一例外將成功完全歸功於自身天縱英才，太多人不把幸運看在眼裡。

當時在倫敦闖蕩的許多創業家是見識不凡的美國人，通常是矽谷人才那一型的，他們都抱著來這個地盤尚未被搶光的地方碰碰運氣的想法，盼望還有大錢可賺。Flutter.com網路公司的共同創辦人哈納（Josh Hannah）為人親切，是史丹佛商學院畢業生，與我丈夫參加同一個撲克牌社團，他成立的是運動博弈網站，如果是在美國，不可能這麼容易就搞定。哈納早幾年就來了，身上只帶著一份營運計畫書和拚勁十足的美國式工作倫理。和當時的所有網路公司與今天的許多科技公司一樣，他的店裡全都是穿T恤和拖鞋的書呆子，表面看似無憂無慮，甚至有些愚蠢，但實際上他們和任何積極的公司型人才一樣，掠奪成性、眼光狠準。我記得有一次和哈納吵得很兇，爭辯是否有必要保持工作與生活的平衡。哈納持反對立場，宣稱（也許是正確的）在新創事業上班不可能真正保持工作與生活的平衡。辛苦的付出終於有了回報，Flutter最後和網路博弈公司Betfair.com合併，[8]在倫敦證券交易所掛牌上市，價值高達二十二億美元。

哈納並非特例。一九九九年底，倫敦的創業成功故事開始與矽谷的故事並駕齊驅，但其實倫敦的公司水準比不上矽谷的公司。我記得聽說過英國有幾家網路公司要挖角矽谷某位高階主管，其中有一個金融服務網站的金主邀他共進午餐。這位高階主管到場時，未來雇主問他有沒有注意到停車場上的那些汽車，然後指著其中一輛（是法拉利跑車），告訴那位主管：假如他和公司簽約，車子的鑰匙立刻交給他。後者回答自己不喜歡紅色，便轉身走人，和另一家需才孔急的新創公司簽了約。

那畢竟是喧囂的一九九〇年代，風光的不僅矽谷一地。如果說一九八〇年代是貪婪年代的起點，那麼一九九〇年代後期就是貪婪變本加厲的時代。那是柯林頓和布萊爾的年代，這兩位國家領袖持續雷根與柴契爾任內啟動的放鬆市場管制；那段期間記載勞工運動的末代遺跡，領一只金錶和一份年金舒舒服服退休的老派思想開始流逝，代之而起的是經過美化的華爾街交易員和捧讀財經雜誌的家庭主婦，希望靠選中飆股一夕致富。華爾街那些傢伙日進斗金，可是程度遠遠不及矽谷的科技鬼才，他們早就荷包滿滿，但還是覺得要多賺一些，以經營公司的形式創造真正的價值。可惜大部分的價值，最後都證明不過是紙上繁華。

加州桑德希爾路（Sand Hill Road）上林立的風險投資業者，傾注數百萬美元押寶矽谷的網路公司；英國投資人努力迎頭趕上，歐洲大陸迫切想要提高利潤的銀行，同樣企圖輕鬆地海撈一筆。如荷蘭的安智銀行（ING）和瑞士金融巨人瑞士信貸旗下的第一波士頓銀行（Credit Suisse First Boston）此時也積極洽談新的生意，甚至從美國引進投資銀行家，以便協助找出最炙手可熱的目標。

螞蟻工廠同樣不落人後，但情況很明顯，主事的幾個人並不具備實現理想的本事。我們盤算的絕大多數商機，都是抄襲已經成功的新創公司，不然就是以現有的知名品牌為基礎，設法創造網路延伸版，這種嘗試同樣有欠考慮。舉例來說，公司要求我負責一項叫做「名人新聞」（Peoplenews）的專案計畫，基本上就是現有的時尚八卦雜誌的網路版。然而這整件事似乎毫無意義，我們不是在幫忙打造真正創新的東西，而是設法在某樣東西的名字後面掛上「網路公司」。

我記得那時候日復一日去上班，感覺大家只是假裝忙東忙西，在辦公室的開放空間研究毫無成果的點子，我深信這樣做反而有礙真正的工作完成。（旁邊一直有人在說話，誰能認真思考呢？）儘管我們的創辦人一直維持交易流量，媒體也不斷報導這家倫敦本土科技孵化器公司的喜訊（太天真了），[9]但是公司內部已經開始打回原形——其實他們只是一批想要輕鬆撈一票的前倫敦金融業者。

如果把鏡頭拉遠，那真的就是一九九〇年代後期到二〇〇〇年代初期網路榮景的縮影。遙遠的矽谷中，有幾家公司逐漸挖掘厚實的利基，然後擄獲那個市場，谷歌、亞馬遜、PayPal等企業便屬於此類。至於其他，就都不值一提了。二〇〇一年《紐約時報》的專欄「經濟現場」（Economic Scene）刊登了一篇文章，作者是谷歌公司的范里安（Hal Varian），他指出：「相對於贏家全拿的定律，輸家肯定一無所獲，而且輸家勢必遠遠多於贏家。」[10]此話不假，可是金融活動火熱無比，絕不僅典型的市場力量在搧風點火。回想起來，它反映了全世界金融資本、科技中樞、華盛頓和布魯塞爾這些權力重鎮之間的連結日益緊密。如同經濟學家歐爾森數十年前精準的預警，這是政治經濟整體碰上大麻煩的起點，意即富裕的菁英階層已經順利買斷政治體系。[11]

儘管科技業直到二〇〇〇年代中期才開始大舉發動遊說，可是華爾街和華府早在好幾年前就遊說成功，通過關於股票選擇權的新法令，致使股票像骰子般任人操弄，價格愈炒愈高，助長金融泡沫膨脹到史上罕見的尺寸。這是在柯林頓政府執政時推動的改變，受到華爾街和矽谷的熱烈歡迎。柯林頓總統任內的表現至今依然在歷任總統中名列前茅，他想辦法拉攏兩大支持陣營廣為結盟，一方是黨內的進步派，他們喜歡柯林頓在競選時弭平貧富差距的口號，另一方是親商派，他們喜歡柯林頓的自由貿易、放任主義立場。柯林頓的團隊中兩方支持者並立——諾貝爾得主史迪格里茲（Joseph Stiglitz）是進步派經濟學家，領導總統的經濟顧問委員會（Council of Economic Advisers），而新自由主義派的魯賓（Bob Rubin）與其副手薩默斯則先後奪下財政部長職務（薩默斯的副幕僚長是哈佛大學畢業的桑德柏格，前文已經說過，她後來在谷歌和臉書將「市場最懂」的思維運用到極致）。

那些陣營最後在股票選擇權的議題上爆發衝突——網路榮景後來變成了賭場，而選擇權這種紙本貨幣也跟著成為矽谷的命脈兼法定貨幣。說得更具體一點，這場辯論的中心是企業買回股票（公司在公開市場買回自家股票，藉此哄抬股價），這個議題的爭議性十足，過去一直視為操縱市場的非法行為，直到一九八二年雷根總統任內才予以合法化。然而這項實務到了一九九〇年代真正成為公司支出暴增、決策惡化、制度失靈的元兇，當時號稱「新經濟」的科技公司開始遊說柯林頓政府，希望對方不要推出新的會計標準，以免公司被迫在帳務上調低股票選擇權的價值。

換句話說，企業想要高層主管能夠「以低於市場的價格買回公司股票——然後假裝股票價值未因換手而改變」，這是史迪格里茲的講法。金融業與科技業的遊說變得如此強勢，竟然拉攏到重要民主黨人士，包括加州參議員芭芭拉．芭珂瑟（Barbara Boxer）、菲恩絲坦（Dianne Feinstein），以及大多數保守派人士。

柯林頓政府也支持這項作法，它推出的法規只給予執行長薪資最高一百萬美元的免稅額度，但若是「績效優良」就不在此限，即使酬勞超過一百萬美元還是可以免稅，這一來無異開了另一扇門，以股票選擇權的方式分給企業執行長的紅利更勝以往。史迪格里茲相信這是柯林頓任內留下來較為棘手的問題之一，他說：「當他們強推以績效報酬的名義享受免稅時，並未設法確保股價上揚和績效優良之間的關聯。不論股票價格上漲是因為管理人努力的結果、利率降低的結果，抑或油價變動的結果，反正他們都獲得自己最中意的待遇。」[12]

更糟的是，稅法愈來愈寬鬆，有利於公司提高負債權益比（拜借貸的稅收利益之賜，如今公司融資餘額已經達到史上最高），這使得企業更加有買回股票以操縱股價的誘因。史迪格里茲說：「整個股票選擇權的榮景造成非常多的誘因，引出五花八門惡劣的行為，讓每一家（公司）外表看起來比實質健全。它必須為我所謂的『創意會計』（creative accounting）負起全責，這種作帳方式對我們的經濟造成毀滅效果。」[13]

到了二〇〇八年金融危機之後，企業買回股票演變成更嚴重的問題。蘋果和谷歌這類公司占盡超低利率的便宜（超低利率本身正是因應危機的方式），他們在美國債券市場發行大量公司債，然後用買回股票和分發紅利的方式，繼續酬賞最有錢的股東，使財富分配不均的現象更加惡化。[14]二〇〇〇年初，不一樣的問題出現了，那就是網路榮景開始破裂。那斯達克（NASDAQ）

指數的市值在二〇〇〇年三月十日攀上顛峰，三天之後，新聞報導日本經濟再度陷入衰退，引發全球股市賣壓，導致常見的「避險」動作，也就是投資人開始拋售基本面脆弱的股票，這些正是當初靠「創意會計」粉飾太平而釀成的問題。三月二十日，《巴隆週刊》（*Barron's*）刊出一篇封面故事，題為〈錢快燒光了：警告——網路公司的現金即將告罄，速度飛快。〉接下來多家公司開始發布虧損的財務報表，投資人這才發現許多備受吹捧的新創事業名不符實，一旦聯邦儲備委員會決定升息，木已成舟，再難挽回。

網路公司末日到來

人人都記得寵物網路公司（Pets.com）之類企業倒閉的事，其實在接下來的經濟下滑期間（長達好幾年），還有成千上萬家網路公司不是收攤就是遭併購，隨便舉幾個例子：eToys.com、Excite、Global Crossing、iVillage都是。[15] 幾年前我第一次造訪矽谷時，曾經訪問過Java程式設計人波黎絲，一九九七年《時代》雜誌將她譽為「最有影響力的美國人」之一，兩年後創辦了馬林巴公司，不料卻在這場網路泡沫破裂中慘澹收場。[16] 在倫敦那頭，先前提到的Boo.com把到手的一億兩千五百萬美元資本，大多拿來支付時尚雜誌廣告、辦公室香檳、頭等艙機票、奢華派對，顯然疏於投資打造真正有用的網站，此時也落到關門的下場。事實上，這波倒閉的網路公司數量之多，使得整個網路充斥其劫難始末的消息，雅虎的首頁還有個連結叫做「失敗追追追」（Flop Tracker）。美國一家網路公司給自己起名叫「網路公司末日」（DotComDoom），結果成了殘酷的諷刺，這家公司原本勢頭相當興旺，成長數字在兩位數以上，此刻也敗下陣來。[17]

從一九九〇年代後期到二〇〇〇年代初期，這些公司的覆亡一點都不冤枉。接下來大家開始注意明目張膽的詐欺，一旦市場落底，這種現象必然隨之而起。不論在美國或歐洲，那些年都有監管機關啟動調查，針對投資銀行、分析師、科技公司提出數百宗訴訟案件，很多歐洲知名公司捲入醜聞，遭控蓄意促銷劣質股票、內線交易、收受賄賂等等罪名。舉例來說，積極股東（shareholder activist）控訴德意志銀行（Deutsche Bank），理由是銀行的一個分析師建議買進德意志電信（Deutsche Telecom）股票之後，這家銀行居然在短短兩天內拋售了四千四百萬股德意志電信的股票。

一些歐洲和亞洲的投資人甚至不惜聘請強悍出了名的曼哈頓律師懷斯（Melvyn Weiss），對華爾街銀行與科技公司提出集體訴訟。舉例來說，懷斯受理的一百二十八件訴訟案中，有四十九件指名控訴瑞士信貸第一波士頓銀行，罪名是虛報傭金，以及收受客戶賄賂，以確保對方買到搶手的首次公開發行股票。很多專門下大單的市場主力垮臺[18]（包括瑞士信貸第一波士頓銀行底下具爭議性的科技投資銀行主管奎特隆〔Frank Quattrone〕），業界明星先後遭到指控，將明知有問題的科技股票硬是推銷給客戶，奧本海默（Oppenheimer）控股公司的科技研究分析師布拉吉（Henry

Blodget）便是其中之一。當初布拉吉是第一個預測亞馬遜會成功的分析師，誰想得到最後遭判證券詐欺罪定讞，必須繳納兩百萬美元罰鍰，另外歸還兩百萬美元不法所得，並且被逐出這個行業。後來布拉吉自我改造，成了科技新聞記者。

到了二〇〇〇年底，我但願自己也是個記者。這個時點甚至是在網路泡沫化落底之前，安隆案（Enron）和世界通訊案（WorldCom）尚未爆發，儘管市場仍然向下，卻還未達到谷底（網路泡沫破裂造成的股市下跌結束時，股票市場總共損失五兆美元市值）。然而螞蟻工廠已經變成令人鬱悶的工作場所，莫菲平常就是個苦瓜臉，他那美國籍的嬌小、金髮、愛攀高枝的妻子海瑟（Heather）拋棄他，跟一個上了年紀、皮膚長年曬成棕色的南非賭場大亨寇茲納（Sol Kerzner）跑了，莫菲變得更加鬱鬱寡歡。倫敦的小報上全都是這樁慘案，它們還幸災樂禍地報導海瑟帶著孩子搬去寇茲納在加拉比海的度假勝地天堂島（Paradise Island）。每天早上我經過莫菲的辦公室時，總能透過玻璃隔間瞧見他用手撐著頭坐在那兒。即便是一向開朗的畢爾，原先的幽默感也消失了，換上一副憤世嫉俗的「能跑趕緊跑」的態度。不出所料，這群當初轟轟烈烈加入公司的年輕企管顧問和銀行家，很快就樹倒猢猻散了。

派對似乎真的結束了。我決定離開螞蟻工廠，回到《新聞週刊》當歐洲經濟特派員，反正這一直都是我的B計畫。

真是千鈞一髮，差點就太遲了。二〇〇一年九月，螞蟻工廠的投資人對領導團隊失去耐心，要求取回當初投入的一億兩千萬美元，同時結束公司營運。多年後我才聽說，事後畢爾跑去新加坡幫亞洲的企業執行長培訓高層主管，至於向來眼光銳利、手腕了得的蘭達瓦，則去了辛巴威的鑽石業。他們的下場比大多數人幸運；莫菲回到美國後，先後在一些名氣不小的避險基金任職，後來馬多夫（Bernie Madoff）金融詐騙醜聞爆發，消息傳出莫菲離開螞蟻工廠之後所任職的其中一家公司，曾經聽信他的建議投資馬多夫的公司，莫菲因而捲入這場風暴。至此他再也無力維持過去高雅的生活風格，原來擁有的奢華上東城豪宅也被迫放棄，他澈底陷入絕望。二〇一七年三月，莫菲從紐約索菲特飯店（New York City Sofitel）的二十四樓一躍而下，魂歸離恨天。[19]

這次會不一樣嗎？

我經常想起那段災難歲月，心裡好奇科技世界哪些地方改變了？哪些地方沒有變？今天的科技市場遠比過去發達，基礎建設有了長足的進步，也有了真正顛覆現狀的創新發明。我們才剛剛要踏進人工智慧、物聯網和其他領域，這些都是許許多多企業指望的未來成長動能之所在。不論成或不成，還有待時間考驗，不過可以肯定，機器彼此交談將會比八卦聊天網站具有更實際、生產力更高的應用。當然，過去十年間創辦的很多公司，耐力將會比前一代公司強大，網際網路本身已經變成我們經濟的構成元素，創造出規模與商機。

話雖如此，並非每一家公司都能達到這個境界。當今科技業的狀況，有些地方還是和一九九〇年代後期一樣令人憂心，那就是錢來得太容易，還有太多因循抄襲的消費者理念，創造出來的泡泡已經開始有破裂的跡象。看看優步公司首次公開發行股票時多麼乏善可陳（這點後文還會再詳述），或是顎骨（Jawbone）公司的崛起與衰敗——這家可穿戴科技產品業者已接近倒閉，但是不久前該公司還在達沃斯經濟論壇上，把他們色彩鮮豔、狀似棒棒糖的健身追蹤手環分送給與會貴賓，沒想到過去這幾年竟然把自己拆成一塊塊賣掉了。你可以反駁說這家公司是太早進入市場的犧牲者（早在一九九〇年代後期便推出藍牙產品），或是太晚明白睡眠監視與計步功能即將被手機應用程式取代，根本不再需要分離的產品或系統。

儘管如此，你同樣可以主張這家矽谷獨角獸公司是自身成功的受害者。顎骨公司在顛峰時期自誇價值三十二億美元，吸引到世界頂尖風險投資業者的注資，包括紅木資本（Sequoia Capital）、凱鵬（Kleiner Perkins）、安德森・霍洛維茨（Andreessen Horowitz）、柯司拉創投（Khosla Venture）。該公司堪稱鵝肝效應（the foie gras effect，譯按：指風險投資業者以大量資金及績效目標設定，促使新創公司採取積極擴張策略）的典型個案：燒掉如此多的錢，衝到如此高的估值，到頭來也許變得像戴健身追蹤手環的人那樣，太有錢、太肥腴，不利於自身健康。

顎骨公司搞到必須向科威特國家投資局尋求現金挹注以保命，這絕非好現象，因為主權財富基金和矽谷專門搞投資理財的專家還是有段距離，[20]往往資金龐大但來得太遲，在別人不肯投資的時候，或是新創公司想要在首次公開發行股票之前衝高估價時，提供大量現金。事實上，許多曾經獲得中東資金的科技巨頭平臺公司，事後都悔不當初。舉例來說，優步公司曾經拿到沙烏地阿拉伯政府的資金，後來為了和沙國王儲薩爾曼劃清界線（這名獨裁者遭指控下令謀殺新聞記者卡舒吉，他當然否認該項指控），簡直是痛苦萬分。恐怖謀殺事件曝光後，優步彆扭地撤出被譽為「沙漠達沃斯」（Davos in the Desert）的沙烏地投資會議，而美國一些知名商界人士也採取相同行動。

顎骨之類公司的滅亡，以及新上市的首次公開發行股票乏人問津，只不過是矽谷經濟泡沫化的兩個端倪。另一個徵召是公司突然大幅舉債。以網飛公司為例，最近透過垃圾債券籌集二十億美元，以提供製作新內容的資金。[21]旁觀下一輪大宗首次公開發行股票的走勢，一定很有意思，說不定根本就走不動呢。許多一流科技公司已經選擇保持私有身分，不急著公開上市，一來哄抬自己的價值，二來拉高投資人的期待心理。在我即將寫完這本書的時候，優步和性質類似的來福車（Lyft）已經完成令人失望的首次公開發行股票作業，我懷疑他們未必是唯一無法掀起投資熱潮的公司，尤其是馬斯克的太空探索技術公司，還有提爾的帕蘭提爾公司，眼看即將公開發行股票。帕蘭提爾公司已經開始緊縮支出，過去那些備有龍蝦尾和壽司的十三道菜午餐不見了（這可能是個好主意，畢竟該公司創辦十四年以來估值達到兩百億美元，至今卻仍未獲利）。[22]今天眾人捧在手心的寶貝，明天可能輕易成為棄子；本書快寫完時，過度膨脹的日本科技投資公司軟體銀行（SoftBank）剛剛取消注資WeWork共享辦公室公司的一百六十億美元計畫。

矽谷老手已經嗅到泡沫的味道。歐萊禮媒體（O'Reilly Media）執行長歐萊禮（Tim O'Reilly）本身是投資人，他寫過一本關於矽谷在我們這個分裂經濟體所扮演的角色，書名是《未來地圖》（*WTF? What's the Future and Why It's Up to Us*）。歐萊禮說：「從某些方面而言，顎骨公司令我聯想到Palm公司（從前的個人數位助理產品製造商），當時市場是真正存在的。可是從另一方面來說，它又反映科技部門的金融化。顎骨公司在市場一頭熱時趁勢崛起，但這波熱潮的本質是投機的，反映了目前科技市場的『鬱金香』本質。」[23]

看起來從二〇〇〇年至今，情況並沒有太大的改變，想當年寵物網路公司之類的新創事業能夠公開上市，即使虧損數億美元，股價照樣高不可攀。沒錯，自此之後數位生態系統已經成長、改變、深化了，而今公司也不像當年那麼容易撈錢，只要在名稱後面加個「網路公司」，就可以坐收大筆資金。可是現在和從前一樣，不需要真正獲利，甚至還付錢給顧客，仍然可以吸引投資人的興趣。唯一需要的是在熱門的市場利基中擁有「使用者」，我一直覺得這整套典範摻雜些許天才詐欺手段。

不過就像花旗銀行前執行長普林斯（Chuck Prince）所挖苦的：「只要樂曲還在演奏，你就得站起來跳舞。」過去五年多來，由風險資金支持的這類「獨角獸」（市值超過十億美元的新創公司）數量大幅成長。低進入障礙的結果是競爭者眾多，他們全都拚命花錢，以便攫取市場占有率。不僅源自這種無效循環的私人公司價值高得離譜，連風險資金本身的規模也大得驚人；以前規模達到十億美元的創投資金聞所未聞，如今卻變得稀鬆平常。去年紅木資本公司籌得八十億美元種子基金，軟銀更募集到驚人的一千億美元資金。

大者當然恆大，具有個人魅力的企業執行長和他們的公關團隊先是摒斥這些產業（可穿戴裝置、電動車、「分享」經濟、網路安全等）所提出的動人賣點，然後向市場散播訊息，宣布自己提出了更勝對方的「價值」，譬如優步花了六億八千萬美元買下Otto自動駕駛貨車公司。風險投資業者和私募股權投資人就是吃這一套，為這些公司評估的價值愈來愈高，以至於泡泡愈吹愈大。隨著愈來愈多重量級風險投資業者哄抬新創事業的價值，其他業者紛紛跟進，因為不進則退。

這樣的結果不僅在首次公開發行股票市場中吹出新泡泡，而且損及許多公開上市公司，使他們**真的**必須擔心獲利的問題。兩個經典案例是優步破壞計程車產業，以及空中食宿（Airbnb，又譯愛彼迎）破壞旅館產業。對於某些風險投資公司而言這是好事，因為他們能夠運用獨角獸公司的膨風價值去美化帳面、募集更多資金、收取更高管理費。然而我完全看不出來，這對於整體經濟價值有何好處。

在此同時，基於賣點出眾而創造的估值所吸引來的資金，真正投注在研究發展或公司成長的比例其實不高，反而大多拿來支付高到讓人流鼻血的薪資。當然，隨著薪資一飛沖天，不動產、服務、勞力價格也跟著大幅提高。假如你看到一〇一號國道（Highway 101，譯按：沿美國西部海岸線縱行的公路，貫穿加州矽谷）旁簡陋的農場式預製房舍張貼的售價，大概會忍不住掉眼淚。一八四一年英國作家馬凱（Charles Mackay）出版一份關於群眾心理學的開創性研究，他描述整個循環純粹是「群眾瘋狂」（madness of crowds）。這種群眾心態的問題在於，往往只有少數公司是贏家，而他們都是能夠運用網路效應，攫取、控制資料與使用者生態系統的公司。正因為如此，除了那些平臺巨人之外，我對於大部分科技集團（私有或公開上市）的估值都抱持懷疑態度（即使是平臺巨人也要仰賴目前的監管制度和數位交易法規保持現狀）。

現在的經濟有很多事情提醒我在倫敦風險投資公司工作的過往，那時候和現在一樣，都是處於信用循環的晚期階段，資金太多，但追逐的價值太少。另外，當年的投資人也和現在一樣，指望大量火紅的首次公開發行股票上市，以便替顯然漲過頭的市場再添一些燃料。我們都曉得上次事情是怎麼結束的，大西洋兩岸皆然。這並不是說當時未能創造價值，就像現在一樣。當年網路公司泡沫破裂時，每一家經營失敗的狗飼料零售商或昂貴T恤供應商背後，都有好幾英里長的寬頻電纜鋪設完成，當年創造的基礎建設，現在嘉惠了谷歌和其他公司。如今數位經濟所帶來的便利與規模經濟是以往不存在的。

話說回來，在某些重要的方面，今日的泡沫比從前更大、更危險。二〇〇〇年之後崩潰的風險資金，在二〇〇八年的金融危機之後再度瓦解，到了二〇一四年之後，又反彈到歷史新高。儘管拜科技之賜，現在創辦公司比過去便宜多了，可是想要成功，卻比以往要昂貴非常、非常多，原因是如今打造下一家獨角獸公司，簡直像是軍備競賽一樣成本高昂。加州大學的學者肯尼（Martin Kenney）與濟斯曼（John Zysman）寫了一篇論文，討論新創事業籌資方式的改變，題為〈獨角獸、柴郡貓與創業融資的新窘境〉（Unicorns, Cheshire Cats and the New Dilemmas of Entrepreneurial Finance），他們指出：「每一個新創事業都企圖透過快速擴張來激發贏家全拿的動能，而快速擴張清一色是不要命地燒錢，就算虧錢也要成長，往往看不出獲利的途徑何在。」

只要投資人願意接受成長即價值的念頭，那麼音樂就可以繼續演奏下去。然而誠如這兩位學者所言：「獨角獸是神話中的野獸。」在未來的歲月中，新創事業的財務現實以及目前的籌資模式能否持續，都有待考驗。這批底子空虛的新公司當中，有一些最終可能像柴郡貓（譯按：《愛麗絲夢遊仙境》中那隻神祕的貓）那樣消失無蹤，只留下搶在泡沫破裂前急流勇退的得意獰笑。[24]

第五章　幽暗升起

蘋果電腦創辦人賈伯斯（Steve Jobs）去世之前，告訴為他立傳的作家艾薩克森（Walter Issacson），他打算將餘生用來消滅谷歌的安卓手機系統。賈伯斯相信安卓是谷歌的史密特無度抄襲蘋果手機iPhone的結果（賈伯斯曾邀請史密特擔任蘋果公司董事，也視他為密友）。賈伯斯說：「必要的話，我會拚上最後一口氣，花盡蘋果存在銀行的四百億美元，只為糾正這項錯誤。我要摧毀安卓，因為它是偷來的產品。」[1]

顯然賈伯斯沒有機會這麼做，但是就算他果真嘗試了，打上一件又一件侵犯專利權的官司，最後也會無疾而終（這兩家公司於二〇一四年達成和解，多少算是停火了）。[2] 截至二〇一八年第一季，谷歌的安卓手機作業系統占了全球智慧型手機市場的百分之八十六，比例極為驚人，至於蘋果手機雖然賺了很多錢，市占率排名第二，卻是遙遙落後。[3]

賈伯斯的評語固然有些激動，但並非偏執之詞。事實上史密特**確實**在蘋果公司董事會待過一段時間，而且長達數年，即使在二〇〇一年就任谷歌執行長之後，也還兼任蘋果公司董事。很明顯，他的確從蘋果公司得到許多好點子，那些年正好是谷歌開發安卓系統的時期，從很多方面來看，幾乎和蘋果手機的iOS作業系統一模一樣；二〇〇九年蘋果董事會終於開除史密特，實在不像巧合。

話又說回來，科技公司向競爭對手「借」點子的實務並不少見。舉例來說，二〇〇三年臉書買下以色列從事網路安全的新創公司奧納沃（Onavo），目的是用他們的產品來追蹤競爭者的行動，如果發現任何有利可圖的點子，臉書就不客氣地抄襲過來。它是一種內部的「早發」預警系統，提醒公司有哪些新創公司表現得不錯，同時針對使用者在那些系統上的一舉一動，提出異常詳盡的報告給臉書。[4]

事實上，奧納沃代表合法型態的公司間諜，替臉書蒐集情報，而臉書拿到這些情報之後，要嘛伺機破壞目前的競爭者，要嘛除掉不計其數擋路的新公司。二〇一六年，臉書開始關注Snapchat，因為這家競爭者愈來愈得到年輕人的歡心。Snapchat最與眾不同的功能是其「暫時性質」（臉書的「塗鴉牆」一旦留下訊息將永遠無法刪除，Snapchat送出的訊息在使用者閱讀之後不久就會自動消失），以及動畫濾鏡（使用者可以在自己的照片上疊加貓耳朵、鬍鬚等等）。巧合的是（也許並非巧合），就在這個時候，臉書旗下的Instagram公司也推出名為「限時動態」（Stories）的功能，和Snapchat非常類似。二〇一九年初，TechCrunch網站報導臉書遭到指控，因為該公司送給每個兒童和青少年二十美元禮金卡，要求他們在手機裡安裝奧納沃的間諜應用程式，事情曝光之後臉書宣布將關閉這個數位水晶球，也就是奧納沃。[5]

這些事情在許多文章裡都記載得很詳盡，[6]不過安卓和iOS作業系統的雷同之處，確實凸顯出谷歌已經遠離它過去富有理想色彩的根基。到了二〇〇〇年代初期，隨著公司股票首次公開上市（這是每一個矽谷創業家和投資人的夢想），大把財富即將到手，谷歌不再裝模作樣；其實這就是一家想盡辦法賺大錢的龐大公司，一切準備都是為了掛牌上市。那麼他們那句「切莫為惡」的箴言呢？賈伯斯說：「都是鬼扯。」[7]

到了二〇〇一年聘任史密特時，這種意識形態的轉變更是昭然若揭。大約在那個時候，谷歌仍在努力經營它的廣告模式，還不知道這種模式將來會成為財源廣進的金礦。投資人覺得谷歌需要有大人來監督，也就是精明幹練的管理者，懂得如何把公司聰明的構想轉化為飆漲的股價。佩吉和布林厚著臉皮向投資人建言，說賈伯斯是他們願意考慮的唯一人選，可是風險投資業者擺明了，如果這兩個人真的以為請得到賈伯斯這樣的人物，那他們八成是外星人；當時賈伯斯主持兩家上市公司，而且本身就是傳奇，怎麼可能來谷歌工作？他們需要精明老練的人，但是也要夠低調，在兩位創辦人背後扮演合音伴唱的角色，起碼不能又來一個超級巨星才好。此時凱鵬風險投資公司著名的合夥人鐸爾（John Doerr）建議找史密特，他是網威（Novell）網路公司的執行長，以前擔任過昇陽電腦公司技術長。彼時史密特的年紀四十多歲，總是西裝筆挺，很了解財務運作。除此之外，他也是貨真價實的工程師，可以和谷歌創辦人用相同的語言溝通。[8]

史密特和許多矽谷菁英一樣，在優渥的環境中成長，父母分別是精神科醫師和約翰霍普金斯（Johns Hopkins）大學的教授，一家人住在維吉尼亞州的瀑布教堂市（Falls Church）。像他這種出身富裕人家的子弟，典型成就非凡。史密特很會跑步，曾經參加學校運動比賽，先後獲得八面獎牌；他的科學成績優異，先是在普林斯頓大學（Princeton University）得到電子工程學士學位，後來又在加州大學柏克萊分校取得碩士和博士學位。史密特是科技鬼才，剛出社會時在貝爾實驗室（Bell Labs）和全錄帕羅奧多研究中心（Xerox PARC）工作。不過他同時擁有管理企業所需的傑出生意頭腦和社交手腕（至少比矽谷其他人好多了）。一九八三年史密特進入昇陽電腦擔任軟體經理，很快就往上爬。

昇陽有一套運轉快速的企業文化，他們善用新興的「開放源碼」軟體運動，也就是將程式碼放入公開領域，使軟體開發者可以分攤工作、分享創意，藉此更快速打造公司的生態系統。開放源碼有很多好處，許多經濟學者和科技界人士都認為它攸關創新與經濟成長，因為這種方式容許創業家借用彼此的構思來發展事業，和蘋果電腦採行的「圍牆庭園」途徑恰呈兩個極端。不過對想要保護智慧財產的公司來說，開放源碼卻也造成了困難——幾年之後，當谷歌、蘋果等科技巨人開始施展力量，重新塑造創新生態系統以符合自己的策略目標時，這項困難變得尤其顯著。

史密特去華府

史密特走馬上任谷歌執行長之後，一年內就組好一支團隊，創造出欣欣向榮的商業模式，接著要做的就是好好保護這個商業模式。谷歌的搜尋引擎固然令人驚豔，可是為了將它所製造出來的資料持續轉化成財源，公司就需要確保搜尋引擎一直維持免費、容易取得，而且不遭受著作權、隱私權法規或任何專利智慧財產權阻礙，否則谷歌就無法竭盡所能攫取網路流量。要達到這個目標，就需要一套有利的監管與法律策略，還需要一支（正式或非正式）說客與律師團隊，去華府替谷歌辦事。於是，史密特、佩吉、布林和一小群內部人士開始面談未來主導此事的人選，此人將帶領谷歌的政府政策小組。

最後選定了哈特（Peter Harter），他是矽谷的頂尖說客，以前曾在網景（Netsape）公司領導政府政策因應任務，幫公司打贏好幾場對抗微軟的反托拉斯訴訟案。哈特是專攻智慧財產權的律師，也是科技圈內人，而且他還懂政治。在上一代科技巨頭公司擺出作戰的架勢時，哈特是站在第一線衝鋒陷陣的人，而且在華府和矽谷都有豐沛的人脈。史密特還在昇陽當技術長時，哈特就和他共事過，當時哈特遊說的議題是加密軟體的外銷管制，後來史密特跳槽到網威公司，哈特也為該公司進行過反托拉斯議題的遊說。哈特在網景工作時，曾和律師沃克搭檔合作，他形容對方是在谷歌「負責清理X屎的傢伙」。哈特也和谷歌的內部人士卓祿盟（David Drummond）等人交好；卓祿盟是谷歌現任法務長，也是這家科技巨頭的第一個外聘律師。離開網景之後，哈特自己開了一家政府事務顧問公司，顧客包括微軟之類的大型績優公司。我認識的哈特是從來不道歉的保守派，他是那種喜歡取笑素食主義者和偽善自由派人士的類型（不過我必須說他取笑得很幽默），不論是誰，只要付得起酬勞，他都願意效勞。因此二〇〇二年谷歌的高階主管科德斯塔尼（Omid Kordestani）找上哈特，請他分析隱私權問題對谷歌模式的傷害，哈特忍不住大為心動。

科德斯塔尼邀請他前往谷歌總部，會見史密特、佩吉、布林和其他許多高層主管，計畫要開好幾天會議，哈特熱切地接受了。谷歌總部從帕洛阿爾托市的校園區延伸出去，比東岸很多大學更大、更有錢。哈特說：「谷歌那時正在思考加速營收成長的方法，以及設法拿到最好的股票首次公開上市的估值。當時智慧型手機、網路影片、很多開放源碼、點對點檔案分享（peer-to-peer sharing）都開始冒出來，這點要感謝線上音樂網站納普斯特的創辦人派克（後來的臉書總裁），不過這個網站最終因為侵犯著作權而被迫關閉了。」哈特說谷歌能夠「從納普斯特的訴訟案，輕易看出他們需要在華盛頓展開攻勢，在任何反對意見出現之前先下手為強。」[9]

哈特了解谷歌需要貶低智慧財產的價值，優先奪得使用者資料的使用權，以求確保自己的至高地位——據說谷歌的人員也都了解這一點。事實上，那正是他們主要競爭優勢之一。祖博夫在著作《監控資本主義時代》（*The Age of Surveillance Capitalism*）中指出，佩吉、布林和史密特（加上范里安）是矽谷中最早澈底明白「行為剩餘」（behavioral surplus）概念的人，亦即「人類經驗被監控資本主義的市場機制征服，重新誕生變成『行為』。」[10]簡單來說，祖博夫的意思是我們的（網路的和非網路的）行為與思考，都有可能成為平臺科技公司賺錢的工具。所有的人類活動，包括我們的貼文、影片、書籍、發明，都可能是科技巨頭加以商品化的原料。祖博夫寫道：「谷歌之於監控資本主義，等同福特汽車和通用汽車之於以大量生產為基礎的管理資本主義（managerial capitalism）。」[11]幾乎我們所做的每一件事，平臺巨人都能當成礦藏來挖掘，不過這有個前提，就是必須保持資訊免費取得，意思就是說，必須讓個人資料的價值不透明，或是忽略內容的著作權，如果是其他類型的智慧財產權，那就設法讓它比較難以受到保護。

哈特告訴過我那次他在谷歌總部開會的經過，上述這一切與他的說法全然符合。他說史密特、佩吉、布林當時非常關切一些話題，包括反托拉斯政策、著作權、檔案分享、隱私權。「其中一個問題是：『我們怎樣避免納普斯特的遭遇？』」哈特簡要指出，如果谷歌想要盡可能保護公司的利益，就應該採行如下策略：花大錢使勁遊說，以確保谷歌搜尋在賺錢之餘，不必支付智慧財產權和內容使用費，另外必須拚命搞定法律免責權，這樣就不必為平臺上使用者的行為負責。哈特說：「我告訴他們：『基本上，你們必須遊說得比別人強，而且做好打官司的準備，同時在媒體上、政策上、政治圈內替自己的訴訟案件爭取支持。』我記得史密特點點頭說：『我覺得聽起來很對。』」可惜（也許沒那麼可惜）哈特未能拿下谷歌這個負責公共政策的職位，雀屏中選的是麥克羅林（Andrew McLaughlin），他在二〇〇四年一月成為谷歌的全球公共政策總監，後來轉而為歐巴馬總統效力，擔任美國白宮副技術長（史密特的一位公關代表和一些谷歌人告訴我，他們完全「不記得」開過那場會）。[12]即便如此，哈特說：「打從那天開始，谷歌推出來的東西，基本上就是我們那一天所討論的策略。」

創新者vs執行者

谷歌、蘋果、臉書和其他科技巨頭往往在公共辯論中將自己定位成「創新者」，就某種程度來說並沒有錯。我們已經知道，這些公司在股票公開上市之前，背後都有他們最大、最好的創新作支撐。然而只要公司股票一上市，競賽重心就偏向落實技術（自己的和別人的技術），以贏取商業模式的優勢。在科技以及愈來愈多領域，取得最好的智慧財產與資料，並且盡可能付出最少代價，就是王道。谷歌和其他科技巨頭公司之所以能夠在智慧財產方面拔得頭籌，方法之一是成功遊說翻修美國的專利制度，這是三十多年來的第一遭；二〇一一年美國發明法（America Invents Act）通過時，更是達到修改法令的最高點。

想要了解此舉為何重要，就需要了解歷史上專利如何保障創新者。想像你是美國一家小型生物科技公司的創辦人，已經斥資數百萬美元、耗費多年時間，致力開發某種血液疾病的新診斷檢驗方法，你相信即將澈底改變自己這個領域。可是美國發明法通過之後，想要為自己改變遊戲規則的新發現申請專利，就變得困難重重，因為制度改變了，可以得到專利和不能得到專利的項目清單有了變化，創新者獲准捍衛個人智慧財產的方式也不同於以往。

舉例來說，即使你申請的專利已經獲准，但在美國發明法頒布之後，竟然准許非法庭的審判系統挑戰專利使用權，允許其他公司快速廢止該智慧財產的效力。許多小公司、發明人、創新者因為無法讓自己的投資落實，成為可以賺錢的商品，只好開始把錢和創意輸出到其他地方，例如歐洲和部分亞洲國家；這一來，供應商和人才也開始遷移到那些地方。雖然這件事不該只有一方說詞，可是我聽到很多美國發明家、創業家、學者、遊說人士、律師一面倒的心聲（其中包括真正幫助修改美國發明法的人），他們相信美國專利制度已經嚴重朝錯誤的方向擺動。這些人士說，過去十五年來美國已經從可能太熱中頒發專利權的制度，轉變成國內一流英才無法靠自己的研究賺錢的制度。其實這種現況本來大可有利於美國的競爭力，畢竟世界上絕大部分經濟價值存在於智慧財產之中。

這項制度的改變始於十年前，推進的方式有許多種。[13] 甚至在美國發明法通過之前，最高法院就開始做成一連串相關判決，例如二〇〇六年的eBay對MercExchange案，二〇一二年的梅約協作服務公司（Mayo Collaborative Service）對普羅米修斯實驗室（Prometheus Laboratories）案，以及二〇一四年的愛麗絲公司（Alice Corp）對CLS銀行案。加上二〇一一年歐巴馬總統任內通過的美國發明法，致使無法訴諸龐大法律與遊說力量的美國企業更難確保獲得專利，遑論上法庭為自己辯護。此事造成的一個結果是，現在很多公司抱怨，比他們強大的競爭對手「高效率侵權」（efficient infringement），也就是對手純粹抄襲或奪取他們想要的智慧財產，然後用低於完整價值的賠償金，與受侵害的一方庭外和解。很少公司敢把自己的痛苦公諸於世，唯恐在科技圈內遭到排擠。

這一切是怎麼發生的？回顧二〇〇〇年代初期網路泡沫破裂時，很多公司除了專利之外，已經別無價值可言，然後金融公司或規模較大的科技業者買下他們的專利，希望從中撈一筆。在此同時，對剛萌芽的商業網路與智慧型手機市場提供服務的軟體供應商而言，生態系統開始擴大。對科技巨頭來說，輕鬆擊退對手，又能夠取得專利、保護專利，實在是太棒了。當然，科技巨頭也有自己的智慧財產要保護，但除此之外，他們拿別人創造的資料和智慧財產為自己牟利，也愈來愈頻繁。那些公司絕大多數擁有應該保護的合法技術和創意，但也有一部分大玩合法套利遊戲，也就是所謂的專利蟑螂，竭盡所能申請專利，目的就是逼想利用其技術的大公司拿錢出來擺平。

二〇〇九年歐巴馬就任總統時，專利蟑螂一派的聲音甚囂塵上，而許多科技巨頭公司都袒護他們這方的說詞，[14]有些是個別支持，有些則透過遊說組織強推美國發明法。根據這項法律，國家設立一個非法庭審判機構，也就是專利審理及訴願委員會（Patent Trial and Appeal Board），宗旨是透過非法庭的第三方複檢程序節省時間金錢。事實上，這個機構成立之後，權利要求案

（patent claim）的和解時程從費時三年、平均花費兩百萬美元，降低到費時十八個月、花費二十萬美元。專利蟑螂的主張讓人愈聽愈不對勁，然而規模最大的科技集團，尤其是谷歌，卻在二〇一三年加把勁遊說更多反專利的立法。支持額外立法的公司說，這樣可以阻止某些議題遭到法律扭曲，例如選擇在對自己較有利的地點舉行專利案聽證會，如此便能削減訴訟成本。

然而有些一開始支持專利修改的監管人員和立法人員，這時候卻開始感覺整個過程遭到利用，根本是為了科技巨頭的利益，替他們推動反競爭的市場議程。卡波斯（David Kappos）是歐巴馬任內的美國專案及商標局（U.S. Patent and Trademark Office）局長，現在是克拉韋思—斯溫—穆爾法律事務所（Cravath, Swaine & Moore）的律師。卡波斯指出：「在我們制定美國發明法之後，這項法律甚至都還未生效，居然就有一些科技公司開口要求進行第二輪激烈的專利立法，實在很令人震驚。」持平來說，卡波斯自己也曾代表高通公司，而高通對當前的制度頗多批評。那個時候高通和蘋果公司打橫跨三個大陸、長達數年的專利訴訟案，才剛剛達成和解。不過卡波斯和他任職的法律事務所也接受持相反立場的客戶委託，卡波斯說：「對專利制度的第二輪強攻，本身是一種商業手段，目的不在阻止濫用權利，而是藉由貶抑他人的創新，來降低供應鏈的成本。」

新的立法案最終遭國會擱置。在此同時，谷歌主管智慧財產事務的李大喬（Michelle Lee）後來還接任美國專利及商標局的局長一職。二〇一三年，白宮公布一份關於專利蟑螂橫行及其破壞效果的驚人報告，指責美國三分之二的專利訴訟案是他們所為。不過超黨派的政府責任署（Government Accountability Office）所做的後續研究，指出這個數字應為五分之一，而其他資料則顯示，美國發明法頒布前後，專利案件被告的數目大約是持平的。二〇一三年，鮑登學院（Bowdoin College）教授康恩（Zorina Khan）在題為〈蟑螂與其他專利發明〉的論文中指出：「有一派說法宣稱過去數十年來訴訟案件『爆炸』，遠超過長期的常態，然而從歷史趨勢來看，訴訟比率和專利許可數目的相對關係，顯然不支持這種說法。」她進一步主張，許多立法變革似乎是為了呼應「某個時點最聒噪的利益團體暫時性的需求」，並且「與美國智慧財產制度的基本原則不一致。」[15]

事實上，有些人會主張專利權審判制度已經成為遭控侵害專利權者的擋箭牌，絕大部分案件的判決結果都是專利所有權人敗訴，導致美國聯邦巡迴上訴法院（United States Court of Appeals for the Federal Circuit，負責專利案件上訴的法院）前首席法官芮德（Randall Rader）給智慧財產貼上「行刑隊」（death squad）的標籤。另一位聯邦區域法庭退休法官米歇爾（Paul Michel）公開反對這項制度，他主張專利廢除過多，以及審判委員會搶占法院管轄權的方式，正在削弱專利制度的力量和美國本身的創新。

米歇爾說：「最高法院管轄和美國發明法（反專利）的累積效應，加總起來比應有的力量更強大。」一部分原因是米歇爾與其他人所歸咎的大型科技公司致力遊說。「專利價值直線下降，許多技術的授權金與資本投資在縮減。美國發明法造成的傷害大於帶來的好處。」

過去幾年來，與我交談過的科技專家和風險資本業者當中，數不清的人說他們絕對不會投資谷歌、臉書、亞馬遜、蘋果可能介入的領域，因為保護開放源碼技術本身就很困難，若想保護自家專利、對抗這些巨頭，那就難上加難了，因為這些科技巨頭比他們擁有更多時間和法律實力。科技專家藍尼爾指出，獲利最豐的資產，例如谷歌自己的網頁排名演算法，或是蘋果iPhone手機的封閉系統，幾乎全都有專利保護，不屬於開放系統。藍尼爾說：「走開放路線雖然能創造美好、精緻的複本，卻難以創造特別突出的原創作品。」[16]這項事實凸顯了科技巨頭將開放源碼推到某個程度的結果，竟是增強他們拿別人的創新來套利的能力，可是回過頭來，他們絕少容許競爭者接近自家關鍵技術背後的程式。

風險投資業者羅德（Gary Lauder）是雅詩蘭黛（Estée Lauder）家族的一員，他有一次對我說：「你需要引導正確行為的專利制度，意思是現行公司必須支付創新成果，而不是抄襲或剽竊。」羅德是住在矽谷的投資人，過去二十八年來，已經在將近一百家公司和六十個風險投資基金上，注資了五億多美元，投資對象包括GoTo/Overture（谷歌就是從這家網路拍賣公司抄襲關鍵創意，見第二章），他本人相當敢言，鼓吹實施更強大的專利制度。羅德說：「我們需要保護更大範圍的新創事業生態系統，這才是創造絕大部分工作機會的領域。這個議題對我們的經濟來說真的太重要了，今天現行公司只是抄襲創新者，接下來他們兩者都將會被廉價的外國仿冒者抄襲並取代。」[17]

資訊意欲「免費」

接著是科技巨頭把截然不同的創新（藝術家、作家、製片家和其他創新者賴以為生的創作內容）商品化。科技巨頭利用詭計削弱著作權，而著作權本來大可阻止他們崛起，因為這些科技巨頭之所以能富到流油，幾乎全都依靠別人創造的內容。事實上，谷歌、臉書和其他大型平臺業者，正是《數位千禧年著作權法》（Digital Millennium Copyright Act）的主要受益者，該法是柯林頓總統在一九九八年簽署的，用來保護網路服務業者不會因為侵犯著作權而遭到起訴，前提是當事人不曉得自己侵權。不出所料，當時有一大票加州的政客和自由派人士支持這項法律，原來矽谷利益團體早就開始悄悄資助他們了。

基本上法律容許平臺業者霸凌內容創作者，也就是把東西放在網路上的任何人，只要他們想要自己的內容在最大的平臺上可以搜索得到，就必須無償提供這些內容；同時接受平臺業者將是內容貨幣化的最大受益者，而且利潤成幾何級數成長。畢竟，沒有任何擁有專利的小小創新者打得過科技巨頭，個別作家或音樂家根本負擔不起和臉書或谷歌打官司、爭著作權的費用，他們甚至不了解那些公司究竟靠內容連結或打廣告賺了多少錢，而這些方式正是平臺搜尋或社群商業模式的一部分。[18]

舉個例子，谷歌和眾多作家與出版商就谷歌印刷（Google Print）計畫，打了一場為期十年的戰爭，這項計畫後來改名為谷歌圖書（Google Books）。佩吉和布林向來有個執迷，也就是掃瞄世界上每一本書的每一頁——畢竟這是典型的谷歌規模的野心。他們曉得世界上絕大部分的書籍都受到保護，不容許這種未經授權的複製與分配。然而谷歌典型的感覺是：這麼討厭的規則不適用他們。此外，他們無法理解，怎麼會有人認為讓作家賣書賺錢比讓全世界免費取得資訊更有利？於是二〇〇二年他們不管三七二十一，開始動手掃瞄書頁，只不過是偷偷摸摸地幹。誠如科技記者李維在著作《谷歌總部大揭密》中說的：「祕密行事是這家公司自我矛盾的另一次表現，他們有時候擁抱資訊透明，有時候卻又把自己塑造成國家安全局。」[19]彼時史密特已經定調「布林所說的惡才算惡行」，[20]至於掃瞄圖書計畫，史密特宣稱那是「天才之舉」。[21]

對此出版業無法苟同。二〇〇五年，好幾家出版商託美國出版商協會（Association of American Publishers）出面，對谷歌公司提出訴訟，控訴罪名是「大規模、躉售式、系統化複製依然受著作法保護之全本圖書。」不久之後，美國作家協會（Authors Guild）也提出訴訟，於是兩案合併審理。出版商與作家想要創意工作者照舊受到著作權保護，並且能夠選擇自己的作品是否被谷歌掃瞄，這點情有可原。然而谷歌首席經濟學家范里安抗議說，這一來將會扼殺整個計畫，畢竟計畫成敗必須仰賴規模。谷歌打算複製的書籍當中，大約有四分之三仍然受到著作權保護，而范里安和其他谷歌人也曉得很多（其實可能是大多數）作家不願意接受。[22]

於是他們決定和解，最終同意讓步：谷歌同意只免費顯示著作權法容許的書籍片段，交換條件是那些同意和解的出版商和作家，允許谷歌獨家銷售他們的絕版書的數位版本。當時谷歌每年盈餘大約是一百億美元，但在此案只付出了微不足道的一億兩千五百萬美元，用作書籍所有權登記費用，以及建構系統與支付業務的律師費用。對科技巨頭來說，這絕對是一大勝利。非營利組織「網際網路檔案館」（Internet Archive）想要從事自己的圖書掃瞄計畫，負責人卡利（Brewster Kahle）宣稱谷歌已經成為資訊壟斷者（這種說法未嘗不對）。數位法律專家賴希格（Lawrence Lessig）贊成平臺業者所支持的許多政策，但即便是他，也表示谷歌這筆交易相當於成就「數位書店，而不是數位圖書館。」[23]他的意思是，就算谷歌裝腔作勢，表示整個計畫是為了使用者利益而生，實際上最後獲得最大利益的仍是谷歌公司：愈多內容代表愈多賣廣告的機會。

為什麼作家和出版商竟然同意這項初步和解案？因為他們不曉得還有更好的方案存在。就如同向大銀行申辦次級貸款的人一樣，出版商和科技巨頭交易時，存在巨大的資訊不對等問題，科技巨頭掩蓋幾乎所有重要的內部消息，也就是搜尋此類內容的貨幣化價值究竟有多高。谷歌了解自己所創造和支配的新數位世界，但是出版商並不清楚這些，他們只是迫切想在短期內阻止科技龐然大物吃掉他們的午餐。

若想了解經由目標式廣告將內容貨幣化會產生什麼長遠影響，就必須要掌握相關的資訊，而出版商不僅缺乏這樣的資訊，也沒有時間去深思。他們站在防禦方的立場，正如同當今許多產業應付矽谷時的遭遇（舉例來說，亞馬遜買下全食超市〔Whole Foods〕之後，食品產業迸出大量迅速出手的合併案）。科技巨頭扮演攻擊方，而其他人則是防守的一方。任何運動迷都曉得，問題出在缺少好的策略。全球資訊網這個閃閃發光的新玩意出現後，我們大多數人都熱切投入使用，並想成為其中一環，作家和出版商也一樣；他們並未完全內化一項事實：愈來愈多人像是矽谷的同謀，希望所有人都相信一個念頭，那就是資訊應該是免費的，而他人創造的價值（圖書、音樂或其他型態的內容）屬於大宗商品，能夠廉價拿來利用。

只有在微軟和亞馬遜之類的其他大公司也氣得發飆時，事情才稍微有所改變。谷歌的交易剔除這兩大公司扮演出版市場要角的機會，所以他們都想回頭分一杯羹（這套範例在許多後續案件中發揮得淋漓盡致。舉例來說，谷歌和亞馬遜常常企圖進一步搶攻對方的市場，而最愛抱怨科技巨頭擁有壟斷勢力的，本身往往也是龐大的公司集團）。

在大約一百四十三個非營利團體與私人團體施壓之下，美國司法部終於正視這個問題，宣稱過去給予谷歌太多反競爭的權利，也承認圖書掃瞄和銷售計畫事涉壟斷。佩吉稱這項法律挑戰是「對人性的嘲諷」，布林則寫了一篇假正經的文章在《紐約時報》投書，為谷歌的努力辯護。在二〇一〇年的法院訴訟過程中，谷歌律師杜瑞（Daralyn J. Durie）主張「侵犯著作權的惡行，只限於受害者未獲得補償，以及權利所有人之經濟利益受到傷害的情況。」這是很聰明的辯解，因為它把焦點從谷歌本身成為大量著作權內容的主要受益者，轉移到谷歌畢竟幫助書本銷售的事實。後來法官判決谷歌勝訴，理由是該計畫提供「可觀的公共利益。」相較之下，谷歌此後壟斷三萬本圖書的數位銷售權，在法官眼裡似乎無足輕重。[24]

谷歌於二〇〇六年購併YouTube（專門經營使用者自製的內容）之後，更是如火如荼將其內容商品化，並把財富從創造者手中轉移到平臺科技公司，這種做法逐漸累積成一種提供給全世界的產業政策（套句谷歌某高層對我說的話）。[25]世人的創作無法仰賴著作權保障而獲取報酬，不過他們放在YouTube頻道上的作品還是可以賺錢。問題是，根據《大破壞》一書作者塔普林的說法，想要在YouTube上一年賺兩萬美元，必須達到兩百萬次點閱，這恐怕取代不了中產階級的工作。[26]一般人要嘛成了YouTube網紅明星，要嘛成了大批免費勞力中的一個，誠如塔普林之類批評家所言，這是一場零和遊戲，唯有科技人士從中得利，其他的人皆一無所獲。[27]雖然新一批科技公司的出現，使得我們較容易擺脫生產力低落的雜務，例如駕駛、購物等等，然而他們也仰賴「自製」的貢獻，包括使用者製作的內容和開放源碼軟體，基本上就是大規模的不支薪工作。

二〇〇七年維亞康姆國際傳媒集團（Viacom International）控告YouTube，相關文件給了世人一個窺看的窗口，了解谷歌究竟是怎麼看待替他們賺錢的內容創造者。谷歌領導高層（包括史密特、佩吉和布林）彼此往來的電子郵件顯示，谷歌人對這家娛樂公司肆意施壓，以求盡量維持不須付費的內容，讓使用者在網路上免費使用，也讓平臺能夠更容易搜尋這些內容（也就能夠貨幣化）。

將影音片段免費放在網路上，主要受益的不是內容創作者，而是平臺，因為愈多內容代表愈多流量，也就意謂營收愈高。相較之下，內容創作者想要透過在平臺上曝光，得到新聞或公關的青睞，機會非常渺茫，收入更是遠遠比不上經由傳統通路銷售其作品；即使到了今天，據說除了極少數例外，作家和製作人若是替傳統印刷媒體或電視品牌工作，所得到的報酬依然高於網路通路。然而電影製片廠（或出版商）要到更晚近才完全明白這一點。在二〇〇七年的訴訟案中，主要電影製片廠終於決定，影片放在YouTube上播出利多於弊，他們相信只要影片的瀏覽次數增加，終究有利可圖。法院判決只要內容創作者沒有在張貼內容之前舉警告的「紅旗」，那麼《數位千禧年著作權法》就允許YouTube上傳影片，而毋須擔心違反著作權。[28]

對於谷歌來說，這些案件累積起來涉及數百億美元收益，全都來自於作家、製作人、音樂家、製片家和普通人，愈來愈多人將自己創作的內容放在YouTube上播放。使用者製作的免費資料與內容是平臺科技業者的命脈，是他們賴以建立的根基——每一則推特、每一個按讚、每一次（在谷歌或亞馬遜上的）搜尋，都是科技巨頭不可或缺的維生原料。這麼說並不意謂使用者、內容創作者、開發者就沒有得到好處，只不過和平臺公司自身的利益相比，實在是九牛一毛。不妨想像一下，如果通用汽車公司或福特汽車公司的成本只剩下人事費用，其餘一概免費：不須原料成本，不須工廠成本，只需要付給員工薪資，那會是什麼景象？再想像一下，他們只需要現有員工人數的一小部分，就能夠生產汽車產品，那又是什麼景象？這就是數位商業模式和工業商業模式之間的差別。[29]

有鑑於此，也難怪科技巨頭要不計代價保護現有漏洞，也就是讓他們能夠規避任何限制，把使用者的資料和內容拿來換成貨幣。他們的手段包括利用自己的傳聲筒，扼殺了《禁止網路盜版法案》（Stop Online Piracy Act），這項法案的用意是限制使用包含或助長盜版內容的網站。該法案提出一天之後，谷歌就在自家公司的商標上貼了一個大黑箱的圖案，還以文字聲明「告訴國會：不要審查網路」。使用者點選這則訊息後，會直接連上一封空白的電子郵件，收件人則是他們選區的國會議員，此舉致使國會的電子郵件伺服器大當機，三天之後，這項法案便撤銷了。

形勢逆轉？

二〇一九年，歐盟打算頒布新的著作權法規（即《歐洲著作權指令》〔Directive on Copyright〕），谷歌、臉書和其他科技巨頭搶在歐盟做成決議之前，企圖在歐洲重施故技，因為一旦成案，歐盟將會強迫平臺公司負起更多責任，移除未經授權的著作權保障內容，而針對平臺所使用的內容，則必須支付費用給出版商和其他內容創作者（儘管金額相當低）。[30] 科技巨頭發起抹黑運動，想要讓新法令看起來彷彿將懲罰無法有效遵守法規的小公司，同時塑造新法侵犯言論自由的形象，[31]但是這項指令依然在歐洲議會壓倒性通過。德國大報《法蘭克福匯報》（*Frankfurter Allgemeine Zeitung*）刊登一篇臥底記者挖出谷歌隱私的報導，原來谷歌的錢流入組織抗議新法規的YouTube「活動分子」手中，這些人根本不是草根運動分子，而是谷歌出錢讓他們去抗議的[32]——說起來，這和伊朗等國政府付錢給貧窮人民，要他們現身反對某項不利執政當局的思想，做法堪稱有異曲同工之妙。

在此同時，實際創作內容的人則歡欣鼓舞，因為歐洲政府立法認同他們的作品應該受到妥善保護，而且使用者應該付費給他們。德國媒體集團博德曼（Bertelsmann）執行長哈柏（Thomas Rabe）告訴《金融時報》：「（如今平臺業者）有了誘因，會避免上傳違反著作權的內容，甚至有更強烈的誘因，要和內容所有權人簽署授權合約。我們必須中止這種網路一切免費的文化。」[33]

歐盟採取某些行動保護內容創作者的事實，讓人不免感到樂觀，然而這絕對不是故事的結局。舉例來說，二〇一四年西班牙企圖單方面推行類似措施，但是根據《金融時報》社論版的說法，谷歌乾脆「關閉在該國的新聞服務」。在德國，谷歌選擇「只刊載願意免費呈現其內容的網站所提供的新聞」。[34]話又說回來，平臺業者犧牲內容創作者，固然如願以償，但也付出不小的代價。諷刺的是，臉書和谷歌最近不約而同推出意在支持地方新聞的服務，因為地方新聞業的商業模式遭平臺公司摧毀殆盡之後，苦苦掙扎多年，如今地方新聞的市場已經所剩無幾。這種現象開始回過頭來影響平臺公司本身——假如沒有人留下來製造內容，那麼還有什麼東西能夠拿來換錢？

科技巨頭崛起後，最直接衝擊的對象就是新聞媒體和出版社，這場破壞已經造成對方死傷累累。自從一九九〇年代中期以來，報紙基本上一路走跌，反之商業網路則一飛沖天。[35]根據《哥倫比亞新聞評論》（*Columbia Journalism Review*）的資料，如今美國有百分之六十二人口從社群媒體獲得新聞，其中臉書更是一枝獨秀。

不過，只消看看專利議題，我們就很清楚其他產業也為了「資訊意欲免費」的方式付出代價，包括科技產業本身在內。雖然全球供應鏈和投資的複雜性，使我們很難看出美國的專利保護和創新之間的因果關係，可是趨勢看來並不妙。根據一項研究，專利法規的改變已經導致美國經濟損失一兆美元。近幾年來，生物科技方面的風險投資減少了，部分原因是若干種類的創新比過去更難取得專利。我和許多投資人閒聊過，他們說為了這個因素，正在考慮把資金從美國移往歐洲和亞洲。這些自然是技能高度專精的工作，美國應該設法保留才對。[36]

聯合壟斷與勾串

大型科技公司利用聯合壟斷之類的方法，保護他們最寶貴的財產：員工。有一些科技巨頭公司彼此達成協議，不向對方公司挖角。當幾家公司企圖透過黑箱作業，協議增加員工跳槽的難度，藉此降低可能的人事成本，這種行為通常會視為勾串（collusion）。不過當這種事發生在矽谷時，往往意謂一家或兩家公司設法防止自家的高級人才悄悄逃到競爭對手那邊，而且還帶走他們的專有資訊、創意和祕密。

二〇一一年，法院文件揭露二〇〇七年賈伯斯打電話給谷歌，抱怨對方一位徵才人員企圖向蘋果公司挖角，事後史密特寫電子郵件給人力資源部門，他表示：「我相信我們有一條不向蘋果挖角的政策……你能阻止這件事，並且讓我知道為什麼會發生這樣的事嗎？我需要盡快回覆蘋果公司。」[37]

史密特在谷歌有一張「別打電話給這些公司」的名單，名單上都是不能挖角的對象。這是有法律風險的，因為它基本上損害了個別人才求職的能力。史密特顯然清楚這一點：根據一份提交給法院的文件，當谷歌的人力資源主管在電子郵件中詢問史密特與競爭者的不挖角協議時，史密特回答他寧願「口頭答覆，因為我不想留下書面線索，以防未來我們可能遭到控訴。」[38]後來有個民主黨資深參議員的重要幕僚對我說：「這些傢伙真該為了那件事去吃他X的牢飯。」結果他們並沒去吃牢飯，谷歌、蘋果和另外兩家捲入醜聞的公司（奧多比〔Adobe〕和英特爾〔Intel〕），最終與原告達成庭外和解，同意支付四億一千五百萬美元損害賠償。

我訪問哈特，請他談談與谷歌人打交道的經驗，他說：「這些公司勢力變得如此龐大，而且又握有這麼多錢財和管道，可以爭取到政客和人才，普通的法規對他們根本不管用。」[39]

假如規模最大的競賽者偷不著、剽竊不到想要的智慧財產，就會乾脆撒幾百萬美元買下來，譬如過去十年來谷歌買了一百二十幾家公司，臉書和亞馬遜也分別買下七十九家和八十九家公司。然而這類購併既是攻勢，也是守勢。二〇一四年，臉書買下從事虛擬實境的Oculus公司，這家新創事業發展前景相當看好，然而臉書的目的並非進入虛擬實境產業，而是扼殺這家新創公司極有潛力的作業系統，以免有朝一日將和臉書自己的系統一爭高下。[40]另外，臉書還購併了Snapchat、Instagram和WhatsApp，以確保沒有別人開發新的社群網路，否則臉書使用者恐怕會投入對方的懷抱。亞馬遜Alexa聲控助理的基礎技術來自一家新創公司，結果亞馬遜只花了五百六十萬美元就把對方買了下來，事後幾乎是全部照抄對方的技術。[41]當然，谷歌是最大的買家，創辦至今已經買了兩百多家公司。[42]

有鑑於科技巨頭貪婪成性，華府也不積極阻止這類購併（因為這些購併案被視為與柏爾克時代的「消費者福祉」降價概念並不衝突，這部分第九章還會討論），所以難怪如今平臺科技業者只要對任何東西感興趣（或可能感興趣），就會出現創新黑洞，也就是商場上所謂的「殺戮地帶」（kill zones）。[43]有好幾位風險資本業者和科技高階主管告訴我，如果曉得谷歌、臉書或亞馬遜可能涉足某個領域，就不會有人想在那個領域創業，除非能夠創造某種「人才農場」，吸引科技巨頭看上這些人力資本，最終出手買下整間公司。可是這種做法非但未創造新的工作機會，還會讓現有的科技巨頭更加富有。

科技巨頭愈來愈有錢，市場年年達到兩位數成長，但是他們的投入成本卻遠遠不及其他企業。蘋果公司花了不到四十年的時間，成為全世界第一家市值上兆美元的公司，其他科技巨頭緊跟在後。谷歌公司於二〇〇四年八月十九日公開掛牌上市，最低成交價每股八十五美元，當天股市收盤時，谷歌的股價大約是一百美元，立刻創造了九百位谷歌百萬富翁。第二天，谷歌收盤價為一百零八美元；二〇〇五年二月，股價上漲到兩百一十美元，此後谷歌的股票價格便一路往上走。其實這並不奇怪，該公司首次公開發行股票的資料和那段期間的財務文件揭露，谷歌不僅僅是科技公司。他們的公開說明書第八十頁這樣寫著：「我們從科技公司起家，已經進化成一家軟體、科技、網際網路、廣告與媒體公司，集所有行業之大成。」[44] AdSense（譯按：谷歌的廣告播放機制）形同印鈔機，而雅虎看出大勢已去，決定撤銷專利訴訟，交換條件是谷歌出讓部分股權給雅虎。科技巨頭羽翼已豐，未來還會變得規模更大、更有權力，幅度遠超過任何人的想像，這都是拜電腦勸導科技（captology）這項新科學之賜。

第六章　口袋裡的吃角子老虎

讀者剛開始讀這本書的時候，大概看得出我對科技巨頭懷有深刻的焦慮感，而且這股焦慮名符其實登門入室而來——二〇一七年初，我打開信用卡帳單時，注意到一大串支付給蘋果電腦的小額費用，有的金額是一點九九美元，有的是五點五美元，諸如此類。一開始我以為是自己先前下載歌曲或電影之後忘記了。後來發現帳單上有同一天支付三、四筆費用，甚至十到十五筆的情況，而且一個月裡有很多天是這種情形，數量多到讓我覺得假如自己花了這些錢卻又完全沒印象，那八成是得了什麼神經方面的疾病了。我檢查上個月的帳單，發現也有一堆小額支付，只不過數量較少，所以當時並未注意到。我再上網去看最近的帳單，發現最新的一筆剛好是當天刷卡支出的費用。我翻出計算機來把這些金額加總起來，愕然發現總數竟然高達九百四十七點七三美元。

搞什麼？我第一個念頭當然是自己被駭客攻擊了。或許某個大膽的電腦鬼才躲在自家地下室（或是與莫斯科有關聯的的兇殘網路犯罪幫派），已經入侵我的帳戶，一點一點蠶食我的錢財。不過，如果讀者看過前面的作者序就曉得，我很快就想起來，使用這個蘋果電腦帳號的不只有我一個人，先前我曾把密碼交給十歲大的兒子亞力士（Alex）——同時嚴格規定他每次使用之前必須先問過我。也許他知道怎麼回事？

我下樓去亞力士平常喜歡窩著的地方（客廳沙發），果然找到人了，他手裡還拿著蘋果手機。我在他身旁坐了下來。

我語氣溫和開口說：「亞力士，你最近是不是一直在使用我的蘋果帳號？」

他專心玩手機遊戲，連頭都沒抬起來。

「亞力士，看著我。」

他抬頭瞥了我一眼，手機螢幕依然在閃爍，不斷傳出歡快的聲響。

「先把手機關掉一下，好嗎？」

他臉上露出一絲不耐煩的表情，把手機放在身旁。

我開始說道：「這裡有很多費用。」我讀起了帳單。

亞力士搖頭說：「不是我。」我覺得他的心思已經又跑到手機上了，因為這期間手機還在不停嗶嗶作響。

我再次檢視帳單上的日期和時間，這次我注意到一個模式：所有的刷卡支付都發生在上課日的下午，時間都是亞力士放學回到家以後，這段時間偶爾只有他一個人在家。

「聽著，亞力士，你確定和這件事沒有關係嗎？」我逼問他。

「等等，妳剛剛說多少錢？」他問我。

「大部分是幾塊錢，」我停頓一下，讓他想一想，然後說：「全部都是在蘋果商店花的錢。」

他的臉色突然發白：「噢，那個哦。」

接著整件事很快就真相大白。一切都是從一次谷歌搜尋開始的。亞力士一直在網路上找「最好玩的」足球遊戲，搜尋的結果是《國際足盟手遊》（FIFA Mobile）名列榜首（其實這張排行榜是付費廣告弄出來的，可是亞力士並不知道）。於是亞力士就跑去蘋果應用程式商店，免費下載了這套遊戲。《國際足盟手遊》太棒了！又好玩又刺激。不過他很快就發現，如果自己能招攬到更強的選手，比賽成績就會更出色，問題是真正的明星球員（像是亞力士的英雄羅納度〔Ronaldo〕和梅西〔Messi〕）不見得能免費擁有，遊戲玩家倒是可以用「國際足盟現金」（FIFA cash）購買——當然是拿真金白銀去買。然後亞力士又發現更酷的東西：只要再多花點錢，就可以買到成套裝備，讓你為自己的球員和球隊提供更多花招和技巧——電玩業者叫這玩意兒為「戰利品箱」（loot boxes）。[1]

可以肯定的是，球員表現較佳，贏球就容易。亞力士贏愈多場球賽，就花錢買更多國際足盟現金，然後再贏更多場球賽。於是他花了一次又一次一點九九美元，他的球隊排名就像真正的皇家馬德里足球隊一樣節節高升。《國際足盟手遊》記錄了亞力士的比賽分數、統計數據、排名位階，不僅和本地球隊做比較，更納入全球遊戲玩家的總排名。亞力士打的是世界賽，而且場場勝出。麻煩的是，他的成績愈好，競爭就愈激烈，假如想要保持領先，就需要更厲害的球員、更多的技巧和花招。還有，如果亞力士玩膩了，也許突然想做點別的事情，譬如寫寫功課，這時他的蘋果手機就會發出提示，提醒他有一場重要比賽即將開始。對足球瘋狂著迷的十歲小男孩來說，這遊戲實在太好玩、太刺激了；但即便是他，現在也看出事情有點失控了。

亞力士對我說完故事之後，垂下頭，聳了聳肩，悶悶不樂地對我說：「我沒辦法！我……我不曉得，這遊戲好像控制了我似的。」他形容自己像大腦蒙了霧，恍恍惚惚的，完全無法自拔。我感到難受，卻又不願意就這樣放過他，所以我和他分攤成本，安排他拿零用錢支付一半費用，不夠的就用做家事、賣檸檬水等等來抵銷。

總而言之，此後亞力士就把《國際足盟手遊》從手機裡刪除了。

「說服」的技術

作為一個母親，我快被這整件事嚇死了，但是作為一個財經記者，我簡直大開眼界。我很納悶，這套遊戲究竟是怎麼設計的？竟然讓我家那個本來行為正常、心理與情感都很穩定的兒子毫無招架之力，澈底中了《國際足盟手遊》的毒。是某個遊戲設計者天縱英才嗎？純粹是運氣太好嗎？還是有其他截然不同的因素？

正是其他因素造成的，而且是個非常大、非常好賺的因素。稍加挖掘，答案就呼之欲出：開發《國際足盟手遊》的程式設計者，並非自己憑空想出那些讓亞力士上鉤的關鍵要素，促成他們這些非凡戰果的機制，其實多年前就已經奠定，是由史丹佛大學說服科技實驗室開發出來的，我很快就得知那個領域叫做「電腦勸導科技」。和許多數位革命的產品一樣，電腦勸導科技源自於高度理想所產生的熱情，然後經過開發，變成了可以用來滿足低劣動機的科技。說服科技實驗室的創辦人是史丹佛大學心理學教授佛格（B. J. Fogg），他一心想在史金納的簡單行為模式之上，發展更廣泛的理論。他要的不僅是設法讓老鼠為了一點食物就去拉動桿子，而是企圖改善人類的習慣。

佛格和我認識的很多科技專家一樣，為人很友善，可是有點怪怪的。此人顯然聰明絕頂，堪稱當世最重要的科技研究領域之一的先驅者，可是他也有一點呆（佛格在網站上張貼自己和絨毛玩具擺姿勢合影的照片）。[2] 對於自己的研究具有什麼潛在意涵，他不只是「有點天真」而已。我在專欄文章裡提到那座實驗室之後，佛格主動找上我，因為他覺得受到汙衊，認為他的研究「遭到誤解」。[3] 二〇一六年的選舉舞弊醜聞使得大家提高警覺，明白社群媒體可能遭到濫用，而佛格也因此遭到一些批評人士（和新聞記者）的炮轟，對方認為佛格應該警告大家：利用科技說服人心可能會造成惡性效果。但在我訪問佛格的過程中，發現他顯然和眾多科技專家一樣，更有興趣和有能力討論創新的光明面，對於怎樣應付創新的陰暗面，則興趣缺缺。

佛格開玩笑說：「我們家很熱中科技。小時候家裡車庫有一臺微波爐，隨便我們折騰，我很確定它會散放輻射線。[4]不過我對語言也很有興趣，想要唸英語和修辭、辯論方面的學位。我發現了亞里斯多德，心想：『這個（說服的力量）可以用在科技上！』」後來佛格去史丹佛大學攻讀博士，研究科技如何影響人類。他說：「可是我還想要再進一步研究：明瞭人的性格或懂得逢迎人的電腦，會不會比較具有說服力？當時沒有人做這一方面的研究，呃，那些製作電動遊戲的人例外。」

佛格組織了一個小組，研究三、四十種已經在使用的說服技術，例如陸軍推出一款電動遊戲，目的是招募新兵；都樂食品公司（Dole Food Company）也贊助過一款電玩，為的是說服人多吃水果。他們以心理學家史金納的研究做為這些說服方法的基礎——史金納發現促使人改變行為的最有效辦法，是透過一套所謂的「間歇性變量獎勵」（intermittent variable rewards）系統。回顧一九五〇年代，史金納發現如果規律給予實驗室裡的老鼠一顆飼料（例如每拉五下桿子就給一顆），老鼠會很滿足。可是如果投飼料的頻率前後不一致，例如拉一下有食物吃，下一次卻要拉七下才有，接下來竟然需要拉二十三下，這時候老鼠就會瘋狂渴望吃那顆飼料。老鼠不確定什麼時候飼料才會跑出來，於是就拚命拉桿子，怎麼也停不下來。後續研究發現，同樣的原則也適用於人類。這當然就是吃角子老虎背後的機制，也是它為何比其他類賭博更讓人上癮的原因；[5]吃角子老虎每年為賭場帶來的營收，超過其他所有賭博項目的總和。

變量獎勵在科技巨頭的世界裡一樣無所不在。智慧型手機本身就是裝在口袋裡到處走的吃角子老虎，[6]即使每天收到的訊息實際上枯燥得令人髮指，但我們依然不斷按那根桿子，希望獲得意料之外的獎勵，像是一則傳八卦的電子郵件、一張可愛的抓拍照，或是一條刺激的新聞。手機的大部分應用程式也是吃角子老虎，目的就在綁架我們的注意力，重新塑造我們的欲望，改變我們的本質。佛格的動機是出於利他思想，他企圖鼓勵人做好的事情，例如多運動、少抽菸。佛格在學校開課教授人機互動，基本上就是把哲學與心理學方面的說服理念，翻譯成演算法的形式。佛格說：「無關開發黑暗面。」有人指責他扮演宣揚上癮科技的角色，對此佛格有點反彈（尤其是某些負面新聞出刊後，他竟然接到死亡威脅）。他說：「這是關於凸顯與促進說服的技術，用在對社會有益的地方。我不知道我們成功了沒有……」他的聲音逐漸低到聽不見了。

這當然要看你怎麼界定「成功」了。佛格的實驗室的確是史丹佛大學最熱門、最有影響力的實驗室，培養出Instagram的創辦人和很多新創事業的創業家。然而隨著臉書等網路平臺愈來愈受到歡迎，實驗室真正打響口碑，應用軟體開發人員忽然有機會利用電腦勸導科技來影響數以百萬計的使用者。佛格自己在二〇〇三年和二〇〇四年創辦一家公司，宗旨是打擊孤獨，方法則是幫助人（尤其是老人）在網路上結交關係較好的朋友（美國退休人員協會〔AARP〕是他的合夥人）。然後臉書就打電話來找他了。

「他們說：『我們正在推動一個平臺，希望閣下能創造一套應用軟體，和我們在這方面一起努力。』我看出他們已經把所有要件找齊了，不像Myspace，臉書一開始就建立可靠的地位（因為祖克柏和哈佛大學的關係）。他們容許人貢獻才華和技術，並且把這些東西當成臉書的一部分，這一來使用者會增加，並且產生雪球效應，吸引更多人到他們的平臺來。」

佛格興奮地說：「它是新應用軟體的試驗場！我記得自己鑽進我那輛本田小汽車，一邊開車，一邊打電話給我母親：『媽，妳沒聽過臉書這名字，不過他們剛剛勝出了。妳應該去用用看，因為反正妳最後一定會去用的。』」[7]

佛格雖然和谷歌的佩吉見過面，和他討論過自己的新創事業，可是因為無法達到群聚效應，最終還是失敗了。佛格說：「我的論文指導教授韋諾葛拉德也是佩吉的指導教授。所以我拜託老師，他找來了佩吉，佩吉看了我們正在研究的東西，他說：『你們得把這東西弄出來……現在就必須弄出來。』我擔心不夠完美，可是心想著他是對的。」[8]

後來，身為學者的佛格開了一門課，叫做「大規模人際說服」。當時臉書擁有兩千五百萬個使用者（如今更嚇人，使戶者數量高達二十三億八千萬），他的課給予學生開發應用程式的機會，然後放在平臺上測試和行銷。對臉書來說，這麼做當然是為了吸引更多瀏覽量。因為臉書會催促每一個使用者和平臺分享他們個人的電子郵件和電話通訊錄（他們的口號是「朋友共享，臉書更強」），任一應用軟體的使用者也會接到同樣的催促訊息——意思是應用軟體開發者最終將能收獲大量資訊：不僅是使用者自己的資訊，還有應使用者「邀請」而使用該應用軟體的朋友的資訊。[9]英國的劍橋分析公司外洩資料，搞得名聲狼藉，正是透過這種方式運作的。當時做學術研究的柯根（Aleksandr Kogan）創造一款調查民意的應用軟體，獲得臉書採用，柯根用它來蒐集資訊，不僅是實際參與調查的二十五萬人資訊盡入囊中，連同他們所認識的八千七百萬個臉書使用者資訊也一併落入柯根手中。接著劍橋分析利用這些資訊來打廣告，很可能因此幫助扭轉了二〇一六年的美國總統大選，最後讓川普勝出。這就是網路效應的實踐所產生最惡劣的效果。

佛格曾經天真地希望，自己的學生和臉書互動之後，一切努力將會朝高尚的方向靠攏，不過他很快就感到有些憂慮，因為他們賺錢賺太兇了。二〇〇七年佛格教的那一班學生又被譽為「臉書班」，共有七十五個學生進入這家科技巨頭公司展開事業生涯。佛格還記得：「我真是歷盡千辛萬苦才獲准開那一門課。學生家長的想法是：『我們送你去史丹佛大學，難道是為了讓你研究臉書嗎？』可是我們還是告訴學校當局：『這個真的很重要；我們需要研究這個。』」

佛格和他的同仁利用臉書來宣傳這門課，倒是很恰當。他說：「大概有一百個學生修這門課，人數算是很多了。可是到了期末報告，現場居然來了五百五十個人，其中有很多是矽谷來的頂尖投資人、工程師和創新者。整個教室擠得水洩不通，大家只有站著聽的份。事後我筋疲力竭，花了大概一個月才恢復過來。」[10]

有些學生設計出健康主題的應用程式，譬如針對想要鍛鍊身體的人，幫他們實現奧勒岡小徑

（Oregon Trail）健走的目標。另一些學生開發出約會應用程式。雖然佛格更有興趣從事善行義舉，不過真相是間歇性獎勵可以拿來說服任何人做任何事——點擊連結、停留在某個網頁上不走、停留更長的時間、買東西、鼓勵別人買東西等等不一而足。在十個星期的課程中，佛格的學生在臉書上一共說動了一千六百萬個人。[11]

佛格有個科技專家學生叫做哈利斯（Tristan Harris），這個年輕人由單親媽媽撫養長大，他母親的工作是替灣區的受傷勞工爭取權益。[12]哈利斯說話斯文，喜愛沉思，即使以史丹佛大學的標準來看，他都聰明得不像話。哈利斯小時候夢想當魔術師或心理學家，可是進了史丹佛之後，他開始有了不同的想法，變得醉心於電腦科學，尤其是電腦智慧改善人類多樣性的潛力。在佛格的這門課上，哈利斯研究著名的史金納訓練狗的控制方法，並學習可以如何使用相同的間歇性變量獎勵技巧，來激發人改變行為。

哈利斯在史丹佛大學開始學習到，上網經驗的設計甚或網站的設計，都可能對使用者的情緒造成極為強大的影響。舉例來說，領英公司（LinkedIn）最初的設計是公開陳列每一個使用者的私人人脈；沒有人希望自己看起來是朋友寥寥可數的失敗者，所以使用者開始想方設法邀請更多人加入，使得人際網絡的規模大增，而這種輪流貢獻人脈的價值，當然是免費的。[13]哈利斯很快就得知，社群壓力似乎是一種效果奇佳的技巧，可以「綁架」[14]我們的注意力，他現在就是用這個字眼形容上癮科技發揮作用的過程（說得相當中肯）。不論是推特貼文或是《國際足盟手遊》

的虛擬排名，手機遊戲和應用軟體隨時不間斷自我更新內容，加上無窮無盡的串流，它們的設計宗旨就是要讓使用者相信，一不小心就可能錯失某個重要的內容。正因為如此，我們不斷檢查手機：根據研究，每天大概要檢查兩千六百一十七次。[15]我們或許自以為掌控一切，其實正被注意力商人玩弄於股掌間。

誠如大家已經知道的，這對於我們的心理健康危害極大，緊張、焦慮甚至疾病風險都提高了。心理健康方面的專業人士特別警覺，有愈來愈多專家把遊戲程式（譬如《國際足盟手遊》，也就是纏住亞力士的吃角子老虎）歸入容易上癮的類別。有鑑於愈來愈多研究顯示，大量線上遊戲玩家（據估計全世界有二十六億人，美國平均三分之二的家庭都有一個電玩迷）無法控制自己的行為，因此二〇一八年世界衛生組織在新版國際疾病分類中，加入「電玩失調症」（gaming disorder）這個項目。二〇一八年六月，《紐約時報》刊登一篇探討電玩上癮的文章，記者訪問羅格斯大學（Rutgers University）心理系主任雷沃尼斯（Petros Levounis）博士，他說：「我有一些病人因為玩《糖果傳奇》上癮而感到煎熬，症狀和古柯鹼依賴患者非常相像。他們的生活毀了，人際關係備受摧殘，身體狀況也很糟糕。」[16]

兒童比成年人花更多時間泡在社群媒體、遊戲和應用程式上，更是特別脆弱，這點當是在意料之中。超級夯的電玩遊戲如《要塞英雄》（Fortnite）納入多達兩百種勸導科技的設計花招，很多家庭面對遊戲成癮的家人（尤其是兒子），許多支援團體應運而生。遺憾的是，這是一場打不贏的仗，不論家長如何努力教導孩子自我控制、克制、責任感，都比不上孩子從電玩遊戲中得到的快感。難怪《要塞英雄》的設計者對《華爾街日報》坦承，他的目標是創造一款讓孩子「沉迷數百小時甚至經年累月」的遊戲。發行這款遊戲的Epic公司光是靠銷售虛擬產品，就已經賺進二十億美元。[17]

另外一個因素是渴望社會認同。大多數人都還記得自己的青少年時期，這種現象不足為奇；新奇的是Instagram、Snapchat和其他平臺刺激這種需求的方式，已經到了澈底上癮的地步。試想青少年每天平均花七個半小時玩手機、電腦、平板等裝置，[18]他們比以往的世代更孤立、更不社交、更容易得憂鬱症，實在不須大驚小怪。[19]雖然這種狀況就已經夠令人害怕了，但甚至更讓人膽寒的，是創造這些問題的平臺可以實際將其貨幣化。二〇一七年，《澳洲人報》（*The Australian*）取得臉書流出的內部文件，[20]內容顯示臉書高層竟然對廣告主自誇，說他們可以追蹤那些自覺「不安全」、「一無是處」、「壓力大」、「廢物」、「失敗者」的青少年，還說他們可以透過微目標定位（micro-target），對那些在「年輕人需要增強信心」的脆弱時刻對他們打廣告。這種行為是把我們的注意力拿來無窮無盡、肆無忌憚地商品化，幾乎毫不關心會對個人造成什麼不良影響。

當今的手機就是這樣創造出欲望來，連我們都不知道自己有這樣的欲望，至少不曉得居然那麼強烈；一旦手機不在身邊，立刻感到若有所失的焦慮，彷彿失去的是真正的手或腳。有一次我請亞力士的死黨先把手機放下來，好好享受亞力士的生日派對，那個男孩氣得差點對我一拳砸下來。其實還有可能更糟，《連線小孩》（*Wired Child*）一書作者心理學家傅瑞德（Richard Freed）治療過一個少女，她在手機被沒收之後變得極為暴戾，父母不得已只好請人把她綁在一張醫療床上，送進精神科病房。少女的父母說她先是對手機走火入魔，然後不斷陷入向下沉淪的惡性循環，接著出現孤立、成績下滑、抑鬱、暴力行徑，最後威脅要自殺。讓人傷心的是，傅瑞德說有愈來愈多這樣的病人上門求診。

傅瑞德說，做父母的不了解「他們的孩子和其他青少年對科技的破壞性執迷，其實是科技產業和心理學不動聲色地結合之後，所產生的可以預料得到的後果。科技與心理學結盟是消費科技產業龐大的財富，有了最細緻的心理學研究，科技產業才得以開發出社群媒體、電動遊戲、手機，讓它們挾毒品般強大的力量，誘惑年輕的使用者。」現在大公司（其實也有許多小公司）都在雇用大批心理學家和社會人類學家，以協助科技專家把最新的勸導研究與技巧轉譯成比以往更厲害的產品，目的就是擄獲更多兒童的注意力。

二〇一九年初，不少消費者與兒童利益促進團體提出要求，促請美國聯邦貿易委員會調查臉書，理由是該公司遭揭露在知情狀態下，設法誘騙兒童花大錢玩網路遊戲，這些團體指控臉書犯下欺騙行徑（根據未加密的集體訴訟文件，臉書員工竟然稱兒童為「鯨魚」，這是賭場用語，指的是揮金如土的凱子）。[21]大概在同一段時間，雀巢（Nestlé）、迪士尼（Disney）等品牌停止在谷歌所擁有的YouTube平臺上購買廣告，原因是該平臺的兒童影片湧入戀童癖者，在影片下方留言區張貼淫辭穢語。這兩件案例的當事公司遭到質疑的行為固然大異其趣，可是兩者還是有關聯，那就是他們以買賣使用者內容與資料為基礎的商業模式，已經危害到兒童了。

而這樣的行徑依然是計畫的一部分。競相捕捉消費者注意力的比賽，是當今資本主義的焦點，而公司和品牌企圖勸誘各式各樣的心理狀態，不過目前他們最想要的還是上癮這一項。設法讓人喜歡甚至愛上一種產品還不夠，他們還要人瘋狂渴望這個產品，好像沒有它就活不下去；這種作風和過去煙草公司、酒品公司、電視公司如出一轍（性愛當然也會上癮，可惜對行銷人員沒什麼用，因為性愛通常可以免費取得）。事實上，今天很多規模最大的公司正在想辦法喚起尼古丁式的渴望，不論賣什麼，他們都要達到這種效果。而允許科技巨頭遂其所願的許多方法，直接來自說服科技實驗室。

「惡魔住在我們的手機裡」

哈利斯是才華洋溢的學生，他離開史丹佛大學之後，創辦了兩家成功的小企業，其中一家所設計的彈出式廣告風行全網路。二〇一一年，哈利斯加入谷歌；先前谷歌買下他的一家公司，後來乾脆請他來設計對話框，吸引人點擊以獲得更詳盡的資訊。不過哈利斯在公司待的時間久了，就發現同事似乎「不太對」，很容易分心、煩躁、太過緊張、疲憊不堪——哪怕他們都自稱樂在工作。哈利斯靈光一閃，領悟到這些同事的很多特徵很像有毒癮的人想要取得下一次毒品的時候。哈利斯打算推動正念計畫，企圖打敗電腦對同事注意力所產生的效應，可惜參加的人並不踴躍，不過這也不奇怪，畢竟大家都有工作要做，而且谷歌人都太忙碌，沒辦法分心在正念上浪費寶貴的時間和注意力。

諾貝爾經濟學獎得主司馬賀（Herbert Simon）有一次說：「資訊豐富，就意謂別的東西貧乏。資訊所消耗的東西很明顯：它消耗資訊接受者的注意力。因此豐富的資訊會導致貧乏的注意力，對於可能消耗注意力的過量資訊來源，需要進行有效率的分配。」

科技巨頭精心打造的認知擒拿術如此無孔不入、如此**擾亂人心**，以至於很難讓人看得清楚。由於科技迫使大家以非人的快速步調前進，當然也使得我們很難清晰思考。這一點令哈利斯非常困擾——人類整體正在喪失專心致志與解決問題的能力，尤其是當今面臨的那些複雜問題（譬如怎樣修正資本主義、怎樣迎戰氣候變遷、怎樣終結政治兩極化）。甭提全神貫注應付這些問題了，我們大部分人甚至搞不定自己每天收到的電子郵件或社群媒體訊息，怎麼回也回覆不完。現在的情況糟糕到即使當下不使用手機，光是知道手機在哪裡，已經足以讓人分心；研究顯示把手機放遠一點，會讓我們的工作績效提高（譬如放在書桌上，而不要放在口袋裡，如果能放在別的房間就更好了）。[22]

這項研究還指向一個更深層的議題：科技正在阻礙一整個世代聚精會神、真正學習的能力。

根據全國兒童健康調查（National Survey of Children's Health）的資料，一九九〇年代，大約有百分之三的人口罹患注意力不足過動症（attention deficit hyperactivity disorder，簡稱ADHD），今天這個數字已經上升到百分之十一左右，增加速度之快令人震驚，許多醫生認為這種現象和數位媒體的興起有關。[23]在我的母校哥倫比亞大學，教授都很煩惱，因為即將入學的新生注意力不夠持久，撐不到學完核心課程的基本學理。新生的注意力應付不來每週閱讀兩、三百頁的作業。哥倫比亞大學教務處主任哈莉玻（Lisa Hollibaugh）注意到，現在教授「腦子裡不斷盤算，從五十年前學生的注意力長短就一直在改變，現在我們要怎麼教學生？」[24]

他們有點進退兩難：如果無法專心進行長時間閱讀，吸收那些形成複雜理念與思想背後所需的資訊，那麼我們肯定沒辦法解決當今大格局的問題，包括如何管理自己與科技的互動，以避免淪入各種惡性後果。

關於這些分散注意力的科技，其創造者不是不曉得問題的存在，事實上他們很清楚——至少在自己的生活也受到影響時，他們無法視若無睹。值得注意的是，很多科技專家會固定給自己放數位排毒假，有一次我打電話給佛格，他正在夏威夷休這樣的假。佛格告訴我：「我想切斷無線網路，睡覺的時候旁邊什麼電子裝置都不放——看到那麼多人大老遠來到這裡，還拿著手機講個沒完，真的快把我逼瘋了！」這些人士還費盡心思，設法讓自己的孩子盡可能遠離數位世界。以非傳統教學法聞名的華德福（Waldorf）學校在矽谷很受歡迎，他們禁止學生在教室裡使用電子媒體和裝置。矽谷家長也嚴格交代臨時保母，要對方監控孩子使用手機的情況，在此同時，孩子的父母去上班了，忙著撰寫演算法和製造、行銷那些讓人愛不釋手的裝置、應用軟體和平臺。曾在臉書工作的一位家長對《紐約時報》的記者說：「我深信惡魔住在我們的手機裡。」[25]

不折不扣的偽君子？還是發自內心的後悔自責？也許兩者都有一點吧。事實上已經有愈來愈多科技專家在無意中釋放出這股龐大的摧毀力量之後，最終幡然悔悟，開始努力補償自己過去的罪行。柏內茲－李就是這種從科技人士轉變成活動分子的見證人，他曾經一手打造全球資訊網，如今則企圖從太過強大的科技巨頭手中，把全球資訊網搶回來。另一個例子是變成哲學家的前谷歌人威廉斯（James Williams），他選擇離開矽谷，改去牛津大學研究勸導科技倫理學。還有虛擬實境先驅人物藍尼爾，他最近在著作《即刻刪除社群媒體帳號的十個論點》（*Ten Arguments for Deleting Your Social Media Accounts Right Now*）中主張，社群媒體創造受害者文化，造成多元思想式微，未來不僅會破壞我們的經濟與民主制度，也會斲傷自由思想本身。

大覺醒？

人人都曉得，也都感覺得到，只是沒有人知道該如何用言語表達。我們知道事態已經有些失控，卻又不敢想像少了它日子怎麼過。對這件事，大家知性的反應小於感性——生活不順遂，讓人感到壓力大、比不上別人、暴躁易怒、孤立無依、徬徨失落。不僅是現任總統施政荒誕不經，不僅是政治兩極化，不僅是工作焦慮，不僅是工業主義被電腦時代取代的亂象——現實不止於此，也不至於此。

哈利斯說：「我認為如果拉遠來看，此刻有點像一九四六年，人類剛剛發明了一種強大而危險的新科技。我們開發出一套系統，到頭來它卻操弄我們自己的（社會）系統，而且力量強大到連我們自己的心智都無力追索。」[26]

就這一點來說，我們無法不想起作家雪萊，她在一八一八年那段紛擾的時期（從很多方面來說和我們沒有兩樣），寫下著名的小說《科學怪人》。許多和她類似的浪漫派作家因為那個時代，宣稱自己產生「情感危機」，先前還有另一批作家宣稱自己有信仰危機。科學怪人和「化身博士」（Dr. Jekyll）或吸血鬼德古拉（Dracula）不同，書裡的怪物沒有名字（很多人誤以為書中的怪物叫做法蘭克斯坦，其實那是創造怪物的科學家的名字）。科學怪人沒有名字，因為它太不可知、不可壓制，野性太大不可馴服。

科技巨頭和那個無名怪物有些相像，具有明顯不可捉摸的特質。這些公司大量提供的東西，並不是我們看得見、摸得著的電子裝置，而是電腦位元的抽象概念。在經濟發展的漫長歷史中，這是前所未有的。以往有輪子、羅馬引水渠、印刷機，到了工業時代，關鍵發明（上一波科技創新的高點）全都是一目瞭然的東西，往往同一時刻只推出少數幾種。汽車、燈泡、電話，全都功能明確，不至於讓人摸不著頭腦。當一列火車轟隆駛過時，任誰都知道那是什麼、它要往哪裡去、它載運的是乘客還是牲口，諸如此類。

反觀科技巨頭規模如此龐大、滲透如此之廣泛，但是它們的運作卻是偷偷摸摸的：沉默且無形，完全不具備形狀、顏色或氣味。我們看不見，也不了解這些公司在幹什麼，但不論科技巨頭選擇往哪個方向前進，我們卻奇怪地熱烈歡迎。一般人若是透過觀察，疑心某些人是推銷員時，多半感到洋洋自得；可笑的是，當遇上閃閃發亮的新科技產品對我們招手，卻會卸下平常的一切心防。[27]就這一點來說，科技巨頭與使用者之間的關係，簡直就像男明星卡萊·葛倫（Cary Grant）在電影（譯按：指希區考克導演的《捉賊記》）裡飾演的那個退休飛賊，和那些對他怦然心動的貴婦（也是他行竊的對象）之間的關係。想像一下，電影中的卡萊·葛倫風流瀟灑、殷勤體貼之餘，卻能靈巧地從貴婦的頸子和耳垂褪下鑽石項鍊與耳環。這些女士光是生活中有卡萊·葛倫出現，就已經心花怒放，根本未曾注意到他已經偷走自己的珠寶。

這背後有一部分原因是科技本身獨特的美學。假如代表工業革命的不朽形象是框啷作響、噴發濃煙、怒吼著駛向鄉間的火車頭，那麼代表資訊時代的不朽形象就是光滑纖細的蘋果手機——它很可能是有史以來最可愛的大眾市場產品。可是等一下，它不僅美麗，而且會做很棒的事。你見過任何別的東西手感這麼好、提供這麼多養眼的內容，**同時**還讓人熱情高漲、心思蠢動嗎？加拿大傳播理論學者與哲學家麥克魯漢（Marshall McLuhan）曾經說過，任何一波新科技都包含以前出現過的每一波科技在內。[28]因此智慧型手機包含了電話、攝影機、電影、色情片、廣播，還有許許多多，全部匯聚成一機。所有成就都要感謝電腦晶片，因為它永遠在追求把愈來愈強大的力量注入愈來愈小的空間，如今有了量子電腦，運作速度更將打破紀錄。

智慧型手機的力量既不可知又廣大無邊，按照定義，奇蹟也不過如此。人可能對汽車引擎如何運轉有粗淺的理解，就算不懂，總是能打開引擎蓋瞧瞧。可是有人把自己的蘋果手機蓋子拆下來，只為了瞧瞧裡面是怎麼一回事嗎？有誰搞得懂這臺口袋型小電腦是怎麼收發照片、召喚網路？是怎麼讓我們經由串流收看兩小時電影？對大部分人來說，這實在太美妙，甚至太神奇了。事實上，經由電子訊號的傳輸收發電子郵件，和聲波透過空氣運動並沒有太大的差別，然而大家不必動腦筋，這一切就妥妥當當完成，實在是了不起——當然，直到小故障出現，那又另當別論了。

生活中很少有這麼神祕的東西，同時又這麼普通，讓大家習以為常。與這個最接近的大概是同樣能夠緊緊抓住人心的宗教信仰。確實，從心理和社會的角度來說，目前的科技巨頭熱潮十分詭異地令人回想起一七三〇年代的第一次大覺醒（First Great Awakening），它以大變革的觀念點燃群眾的熱情，而那些觀念也一樣很難理解。覺醒概念出自幾位赫赫有名的神學家的手筆，其中最知名的是愛德華茲（Jonathan Edwards）、懷特腓（George Whitefield）與衛斯理（John Wesley），他們在講道壇（現在改稱講臺）上的佈道扣人心弦，很快就見到整個大西洋岸從南到北，聆聽講道的群眾激動地戰慄。宣揚科技革命的祭司也是少數幾個重量級人物：布林、佩吉、祖克柏、貝佐斯、馬斯克等人。多年前那些牧師挑起人的恐懼，不聽從神諭者將永遠下地獄，反之則給予永生的承諾。科技巨頭也會恐嚇這一招，他們觸及人不理性的意識層，套句哈利斯的話，「在腦幹的底部」，也就是我們無力抗拒的地方。

哈利斯在谷歌時自己站在講道壇上，嘗試用一整年的時間推動改變。可是到了二〇一二年，他愈來愈擔心公司的工程師太大意，不管自己的設計選擇（譬如每次收到新郵件，手機就發出聲響）會產生什麼樣的衝擊。公司花大量金錢和時間微調細節，但是在哈利斯看來，卻花太少時間和金錢提出那個大疑問：我們真的使人的生活更美好嗎？

經過內華達沙漠的火人祭洗禮之後，哈利斯彙整一百四十四張幻燈片，做成一份簡報，寄給了另外十個谷歌人（這份簡報轉傳了五千多次）。簡報標題是〈籲請盡量減少分散注意力並尊重使用者的注意力〉，內容包含的聲明如「有史以來從未有三家（即谷歌、臉書、蘋果）公司裡極少數設計者（絕大部分為男性、白人、居住地舊金山、二十五至三十五歲）的決定，竟會如此深遠影響全世界的人凝聚注意力的方式。」[29]這份剪報在中間階層的工程師當中掀起波濤，可是按照哈利斯的講法，谷歌公司高層（佩吉本人倒是與哈利斯討論過這個議題）沒有興趣接納他這份簡報的建議、調整公司的商業模式，唯恐因此少賺太多錢。

拜這份簡報之賜，哈利斯成功卡位晉身谷歌的「倫理道德長」（chief ethics officer，當然是因人設事的職位），然而他推不動自己的理念；大家普遍認為公司只是提供使用者想要的東西，能有多糟？哈利斯解釋：「沒有人想要為惡，這些只是普通的技巧和商業模式。」儘管如此，他看出大多數「圈內人」看不見的事：我們已經來到臨界點，科技巨頭的利益和他們理應服務的顧客的利益，已經不再一致了。

哈利斯說：「文化與政治正在發生翻天覆地的變化，變成更加自私自利，正是肇因於此。這些公司裡有一整支工程師大軍，正在努力誘使你在網路上花費更多時間、更多金錢。他們的目標並不是你的目標。」二〇一五年，哈利斯斷定「不可能從內部改變制度」後，便離開谷歌。從那時候起，他創辦了非營利組織「優質時間」（Time Well Spent），展開游擊運動，企圖對科技公司施壓，促使他們改變公司的核心價值。30

哈利斯這樣說：「假如星期二晚上你孤孤單單一個人，你會希望（谷歌）那些害你孤零零守著螢幕的成千上萬個工程師，想辦法幫助你不再孤獨。他們大可以朝那個方向努力。」這就是重點，程式開發者有選擇，他們可以設計讓使用者感同身受或促進與他人連結的程式，也可以設計吸引最多瀏覽量的產品。哈利斯說：「就像香菸製造者明知道自己販賣的是不健康、易上癮的產品一樣，他們也有過選擇。」

矽谷裡有很多人相信資本主義就是賣任何東西給想要的人，不管對方要什麼都無妨，他們會說，決定哪些東西合乎道德與否，並不是谷歌、臉書或蘋果的責任，他們的平臺只是反映人類的一切善與惡。可是也有很多人不以為然，哈利斯就是其中之一。哈利斯自己的智庫「人文技術中心」的使命之一，就是為數位科技開發替代商業模式，不但對人類健康較有益，也能維持公司本身的經濟活力。科技公司招引外界愈來愈多的檢討聲浪，從隱私權、壟斷到科技對健康的影響各方面都有，因此這些公司若能傾聽不同聲音，應是睿智的策略。

聯邦貿易委員會在二〇一八年底宣布，他們將追隨歐洲監管機關的腳步，開始調查「戰利品箱」的使用，也就是讓我兒子亞力士無法自拔的那類遊戲功能，追查遊戲公司是否明知故犯，利用賭博技巧吸引兒童上鉤；根據預測，到二〇二二年遊戲產業的產值將達到五百億美元。新罕布夏州參議員哈笙（Maggie Hassan）說：「現在電玩產業到處可見戰利品箱，從平常的手機遊戲到最先進的高價電玩都有。」她呼籲應對此進行調查。[31]從那時候起，已經有大量其他種類的法規通過，旨在改變科技公司對兒童行銷的方式，以及內容與廣告呈現給兒童的方式。這當中有許多是像哈利斯這樣的活動分子強力要求而來的，例如常識媒體（Common Sense Media）執行長兼創辦人史提耶（James P. Steyer），他是加州新隱私法規背後的主要推手，另外還有各種保護上網兒童的立法提案。未來電玩業者勢必會遭到家長、活動分子、監管當局施加更多壓力，要求他們針對其產品對我們與子女的大腦所產生的影響負起責任來。問題是電玩業者將會如何反應。

傾向人文技術？

為了克服這一切，科技公司已經使出渾身解數，設法改進針對兒童發行的產品和服務。外界批評科技產品容易讓使用者上癮，在所有科技巨頭公司中，蘋果是最從善如流的，部分原因是他們的核心商業模式並不像谷歌和臉書那樣，依賴透過目標式廣告取得使用者個人資料，然後加以貨幣化（儘管蘋果公司肯定也依賴注意力：在蘋果商店成立十週年的記者會上，該公司稱頌《憤怒鳥》和《糖果傳奇》是成功的遊戲，它們都讓數以百萬計使用者牢牢上鉤）。[32]二〇一八年《紐約時報》刊登過一篇報導，指出蘋果裝置上安裝的應用程式確實會追蹤使用者在蘋果軌道（Apple orbit）內的位置，這樣的應用程式大概有兩百種，而安卓裝置更高達一千兩百種。[33]蘋果公司已經做了一些重大的改變，對該公司施壓的不只有哈利斯等活動分子，最近也有一些投資人加入（包括大型避險基金賈納合夥公司〔Jana Partners〕和加州教師退休基金〔California State Teachers' Retirement System〕，後者持有蘋果公司價值約二十億美元的股份）。這些投資人在二〇一八年寄了一封信給蘋果公司，呼籲公司開發新軟體工具，以幫助家長管控與限制蘋果裝置對他們孩子心理健康的衝擊。[34]蘋果公司的回應是打造一套新的控制功能，允許使用者（或父母）追蹤他們如何使用應用軟體，並且減少使用者收到通知的次數。[35]

至於要谷歌或臉書從根本上改變他們挾持注意力的經營實務，將是極為困難的挑戰。谷歌在接受外界回饋這方面，比臉書的接受程度高（不過也只是五十步笑百步的差別）。谷歌改變了YouTube平臺的若干演算法，譬如設法對抗同溫層的問題。另外我們在前文提到過，他們也考慮將YouTube上的兒童內容搬移到另一個獨立平臺。儘管如此，想要看到他們成功改變整個商業模式，不要像過去那麼依賴資料蒐集和注意力的貨幣化，恐怕是很難的事。像任何歷史悠久的公司一樣，谷歌和臉書也不願意改變現在已經這麼賺錢的模式。大概只有來自監管機關的威脅，才能迫使他們這麼做，事實上，改變雖然緩慢，但已經在進行了。在運作良好的市場中，新創事業大可參與競爭，採用新的商業模式，破壞現有的典範，促使效益最大化，而不是在網路上花費那麼多時間。有些新創公司已經嘗試過了，可惜谷歌和臉書在他們各自領域中占據壟斷地位，使創新者非常難以獲得進展。[36]

曾經任職谷歌的洽斯洛特企圖改變YouTube演算法的本質，目的是打倒同溫層，可惜並未成功。他對我說：「大公司根本沒有改變商業模式的誘因，需要交給新創事業來做。可是新創事業缺乏競爭的規模，得不到更多資金挹注。」因為規模最大的業者掌控網路效應，似乎強大到根本打不倒，所以沒有人願意投資與他們競爭的科技。[37]這些網絡和它們的破壞效果是怎麼運作的？它們不僅在消費科技領域無所不在，甚至蔓延到所有的產業，為什麼會這樣？這是我們下一章要討論的主題。

第七章　網路效應

電子郵件是源源不絕的禮物。多年來臉書和谷歌一直想把自己塑造成擁護自由、資訊民主化、連結世界的品牌，可是如果細讀他們公司內部的往來電子郵件，往往會得到截然不同的印象。二〇一八年冬天，英國立法人士公布從二〇一二年到二〇一五年臉書內部的一堆電子郵件，讓外界窺見該公司高層的雙面人嘴臉。

其實任何大公司都一心追求成長，照理說沒什麼好驚訝的，這正是資本主義的真諦（至少是此刻美國和大多數歐洲國家所奉行的那種資本主義）。比較意外的是科技巨頭竟然獲准採取反競爭的實務，以維持成長甚至加速成長，而且程度相當大；他們所使用的手段若是發生在其他產業，肯定會激起監管機關反彈。

首先是臉書利用自己的規模輾壓競爭者的方式。隨著網路的成長，臉書成為具有壟斷力量的公司，它就像鐵路公司或公用事業營運平臺，人只要想接觸若干閱聽者，就必須使用這個平臺。因此臉書幾乎可以對需要網路的人索求任何東西，也就是他們的資料，然後拿這些資料來發展臉書的業務。同理，如果任何人想要接觸這些龐大的使用者資料（其他企業之所以使用臉書，唯一的興趣無非是這些資料），臉書也可以拿任何理由拒絕。

英國立法人士公布臉書厚達兩百五十頁的電子郵件和文件，顯示不和臉書在市場上競爭的公司比較容易取得資料，例如空中食宿、來福車、網飛，以及加拿大皇家銀行（Royal Bank of Canada）和一些非科技業者。至於被臉書視為競爭者的公司，例如Vine（推特旗下的影視應用程式），就遭到拒絕，甚至被澈底趕出臉書的網路。事實上，自從推特在二〇一三年推出Vine之後，祖克柏便下令臉書關閉推特存取臉書好友資料的功能。[1]

在此同時，這些電子郵件揭露祖克柏討論過，因為應用程式開發者使用臉書的使用者資料，所以要對他們收費，另一方面卻又強迫開發者必須和臉書網路分享他們的個人資料；電子郵件上的辯論顯示，臉書公司甚至考慮，除非開發者在臉書平臺上購買廣告，否則就要限制他們接觸若干種類的資料。祖克柏在電子郵件上寫道：「除非他們也回頭和臉書分享內容，而且那項內容能增加我們網路的價值，否則對我們沒有好處。因此我認為平臺最終的目的……是增加回頭分享給臉書的內容。」在另一封電子郵件中，祖克柏的營運長桑德柏格也鼓吹同樣的想法，她說：「我認為，我們正在嘗試讓使用者不僅在真實世界裡分享，更要讓臉書分享無遠弗屆的論點，事關重大。」桑德柏格和祖克柏過去一再揚言「要使世界更開放、更緊密連結」，誰知竟然和她在這封信裡的說法背道而馳。[2]

說到促進網路成長，臉書似乎不擇手段。其實也難怪，因為我們即將明白，網路就是價值所在之處，所以臉書需要促使網路成長，不計任何代價。正因為如此，高層主管同意冒著遭外界批評的風險，也要讓安卓系統的應用程式允許記錄使用者的電話往來。這是侵犯隱私的新境界，但也創造出更多可以挖掘的資料，進而增加臉書的成長能力。[3]

人類生活所賴的作業系統

二〇一一年，聯邦貿易委員會開始對谷歌進行調查（美國的許多州和歐洲、亞洲監管機關大約在同樣時間開始檢視谷歌的競爭實務），調查的重心在於谷歌於多個市場擁有壟斷權力，如果辦得到，谷歌會使用壟斷力量扼殺競爭對手。聯邦貿易委員會之所以發起調查，部分原因是Yelp公司提出抗議，這是一家頗受歡迎的搜尋服務公司，專精搜索個別社區的超本地（hyper-local）深度資訊，舉例來說，根據波特蘭（Portland）地區某一群本地使用者，哪一家日托中心的服務最好？波士頓地區的哪一家泰國餐館最道地？

其實問題已經存在很多年了，Yelp剛創立不久時曾經和谷歌簽過合約，允許這家搜尋巨人使用Yelp的一些內容，包括使用者在Yelp上張貼的本地商家服務評價。這原本是雙贏的交易，因為它允許當時未深耕本地搜尋的谷歌，使用Yelp網站上的更多特定內容，對於Yelp來說則可增加流量，因為當時他們需要更多人關注。史托珀曼（Jeremy Stoppelman）與同樣出身科技圈的創業家席蒙士（Russel Simmons）合夥創辦了Yelp，根據史托珀曼的說法：「在那個階段，最好是交朋友，不要結仇人。」[4]此外，他們也仰賴谷歌協助創造流量，畢竟谷歌是主要的搜尋高速公路，絕大部分消費者上網的起點就是谷歌，這都得歸功於科技巨頭得天獨厚的網路效應。

打從一開始，Yelp和其他這類「垂直型」搜尋引擎，所經營的搜尋業務就和谷歌大異其趣：他們處理的是極為精確、範圍狹窄的內容種類，而非谷歌那種日常生活使用的「共通型」搜尋。然而隨著本地搜尋愈來愈熱門，谷歌決定要深入這門業務，另外，智慧型手機的崛起加上亞馬遜公司的成長，也給了谷歌壓力，公司迫切想要保住科技市場老大的地位。假如谷歌想要成為整個人類生活所賴的作業系統，就經不起放棄任何一塊搜尋市場，不論多大或多小的市場，都必須死守到底。因此，與Yelp簽約兩年之後，谷歌決定加入「本地搜尋」的功能，允許自己的使用者評價本地商家的服務，做法與Yelp一模一樣。史托珀曼擔憂谷歌企圖複製他的商業模式（擔憂得真對），便決定不再續約。又過了兩年，谷歌想砸錢買下Yelp，開價令人咋舌的五億五千萬美元，但是最後並未成功。

自此谷歌和Yelp開始交惡。Yelp的政策總監羅依（Luther Lowe）說：「智慧型手機搜尋有一半背後含有某種本地意圖。」Yelp公司努力引起監管機關對谷歌反競爭實務的注意，羅伊正是其中一股推動力量。[5]根據他的說法，谷歌為了捕獲流量，開始將自家公司的本地搜尋結果，陳列在Yelp和其他競爭者的搜尋結果之上，還假裝這樣做是創造對使用者更友善的介面，可以得到「更好」的搜尋結果。[6]當然，聯邦貿易委員會大批複雜的文件清楚指陳，所謂「更好」的定義很簡單，就是對谷歌更好的任何東西。

羅伊說：「他們有巨大的誘因，在那個時點上利用自己的網路主宰力量，吸收人跨進谷歌複製的Yelp贗品。」聯邦貿易委員的幕僚寫過一張備忘錄，在一次開放記錄請求（open records request）期間，不小心洩露給《華爾街日報》。[7]幕僚在備忘錄中指出，據估計創造一個更公平的競賽場，會導致谷歌在產品查詢上「每年損失一億五千四百萬美元」。該文件指出：「在谷歌已經擁有垂直屬性的若干領域，例如採購和本地資料，谷歌看出公司迫切需要進一步投資，並且需要採取行動，增加使用者前往該領域的流量。」[8]其結果是，高層會議下達命令，公司必須設法排除競爭，哪怕有損搜尋品質也在所不惜。（文件後的一條備註寫著：「佩吉認為〔谷歌〕應該提高曝光度。」）[9]結論就是谷歌必須排列在搜尋結果的優先位置。「當谷歌的演算法推知本地網站（例如Yelp或CitySearch）和某使用者的查詢有關時，就會自動返回（搜尋結果列表）最上方的谷歌本地（Google Local）搜尋功能。」[10]

外洩文件說明了這種「採取任何必要手段」對付競爭者的態度，源自於谷歌公司的最高層。在文件的某一節中，當時任職谷歌，主管本地、地圖、定址服務部門的梅爾主張，應以對公司本身服務有利的方式計算搜尋結果。[11]而谷歌首席經濟學家范里安則在文件的另一節中承認：「從反托拉斯的角度來看，我很高興我們的市場率被（comScore分析公司）低估了。」[12]

過去幾年羅伊都在努力向歐美亞三洲的監管機關證明谷歌偏袒自家產品，他說：「谷歌的核心動機，是成為網際網路上一切活動的中間商。」谷歌在運用其網路與生態系統的過程中，明白他們可以將Yelp之類的競爭者，澈底從網際網路驅逐出境。羅伊說，有好幾年時間，「如果你打開安卓手機，上面會有事先安裝好的『谷歌去處』（Google Places）應用程式，點擊它，就可能會打開一則Yelp對某家餐廳或別的事物的評價，但是不提供任何連結或出處。」

二〇一一年情況有所改變，因為Yelp的員工開始跑到州檢查總長和其他監管官員面前告狀，指控谷歌只要是想介入某個領域，就會設法阻礙競爭者，他們說的故事真是曲折離奇。羅伊特別記得在夏威夷召開的一場會議，會中Yelp公司的幕僚對好幾位州檢查總長提出簡報（其中有些在會議後便對谷歌提起訴訟），簡報內容極為深刻，讓他們禁不住聚精會神聆聽。聽眾當中也有谷歌的員工，羅伊事後說：「他們看起來像見了鬼一樣。」那場會議之後，谷歌對於Yelp內容的處理做了些改善，然而到了那個時候，羅伊說：「傷害已經造成，谷歌已經吸收到足夠追隨者，也自己蒐集到足夠的評價貼文，再也不需要Yelp了。」Yelp雖然活了下來，但一直苦苦掙扎以維持市場占有率，那當然只有谷歌的一小部分。網路效應再次發揮效用。

此案後來撤銷了，這本身就不尋常，因為當初建議對谷歌提出訴訟的，正是聯邦貿易委員會旗下的競爭局（Bureau of Competition）。我訪談過的許多消息來源都覺得，撤案決定應該是谷歌在華府發動遊說力量促成的；谷歌公司不但派遣高層直接去向政客遊說，而且還資助對他們有利的研究，其中一些研究的主持人是賴特（Joshua Wright）之類的學者，此人在谷歌訴訟案撤銷之前不久，才進入聯邦貿易委員會任職。[13]

關於外界這些疑慮，谷歌的法務長沃克設法壓抑，卻未特別否認。「關於遊說一事，請記住，曾經審核此案的有聯邦貿易委員會專業幕僚、三個不同的委員會、競爭局、經濟局（Bureau of Economics）、總法律顧問辦公室（General Counsel's Office），他們全都認為谷歌在公司創新這方面，主要是基於消費者的利益而採取行動。」[14] 儘管我向來認為沃克是個正人君子，主要作為純粹是幫出事的公司在法律上收拾善後，不過這件事他並沒有說動我。畢竟谷歌前法律顧問海瑟（Renata Hesse）被任命為美國司法部反壟斷司司長之後（還有佩吉與聯邦貿易委員會官員會面之後），才終於撤銷這樁訴訟案件。

然而問題依然存在，事實上現在兩黨都重新呼籲審查此案。在此同時歐洲監管機構也持續進行類似的調查，目的是釐清谷歌公司是否利用其反競爭實務，剷除搜尋引擎市場中規模較小的競爭者，對此谷歌現在也在設法迎擊。舉例來說，二〇一八年谷歌繳交驚人的四十三億歐元反托拉斯罰金給歐盟，罪名是在手機市場濫用權力。一年之前，谷歌才因為在搜尋結果中獨厚自家購物服務，刻意壓低競爭者的排名而遭到控訴，結果也付出可觀罰金，大概是前述金額的一半。

那樁案子的核心是英國一對科技專家夫婦。二〇〇六年萊孚伉儷（Adam and Shivaun Raff）

聯手創業，在英國推出一個線上比價網站。這兩個人都是搞程式設計的書呆子，他們的演算法在特定購物查詢上表現十分優異，譬如說星期二從格拉斯哥飛到馬德里的哪一個航班最便宜？或是哪一種附HEPA濾網的吸塵器最好用？這聽起來很容易，其實不然；具體來說，像這樣的深度搜尋查詢遠比一般性搜尋服務困難多了，可是萊孚伉儷突破困難，他們的Foundem（諧音「找到了」）網站一上線，四十八個小時之內就湧入大量購物者，查詢的產品從電腦到電器無所不包。

二〇一七年我在《金融時報》寫了一篇文章，內容是描述科技巨頭利用網路效應攫取壟斷力量的手段。文章見報後，萊孚夫人找上我，她說他們的網站一炮而紅之後，有一天流量莫名其妙嘎然而止。說得更具體一點，從谷歌搜尋轉來的流量停止了。儘管Foundem在其他搜尋引擎（包括雅虎和MSN）上的查詢結果名列榜首，可是谷歌會刻意將它埋在搜尋結果清單的下方。研究指出搜尋引擎使用者只會注意前五項搜尋結果，[15]因此Foundem網站可說已被有效逐出網路。

谷歌將Yelp和Foundem實質趕出搜尋結果前幾名，使他們不再是谷歌的競爭者，這種能力和其他「必要的公用事業」（如早期的鐵路和電話電報線路）做法如出一轍，用網路使用權挾持競爭者和消費者，肆意索取代價，簡直是順我者昌，逆我者亡。[16]舉個例子，一九〇〇年美國六家鐵路公司擁有或控制了九成無菸煤炭市場，導致一般買家必須付出高昂價格，而鐵路公司則賺進巨額利潤，獨立經營的煤炭公司很難找到願意幫他們運煤的鐵路公司。[17]這個問題最終是靠「商品條款」（commodities clause）解決的，也就是分開平臺與商業。後來這種分離模式也應用到其他領域，譬如銀行業，以免旗下擁有公司的銀行阻撓不同產業的客戶和自家競爭（儘管有時候銀行也會鑽法規漏洞，明知故犯）。

網際網路當然就是我們這個時代的鐵路，是必要的公共基礎建設，世界上很多商業與通訊都必須仰賴它才能夠進行。十九世紀監管機關所謂的「鐵路問題」和我們當前的網路問題不謀而合，兩者相似程度高得驚人。我為了寫這本書所做的研究當中，有一部分是細讀一八七八年出版的一本薄冊子，內容意外吸引人，作者是亞當斯（Charles Francis Adams），書名為《鐵路之起源與問題》（*Railroads: Their Origins and Problems*）。[18]亞當斯曾經是鐵路公司高層，也擔任過監管工作，他在書中詳細討論歐洲和美國鐵路的興起，以及有關當局盡了多少努力，才迫使這些業者為廣大的公眾服務，而不僅是服務少數工業家。在〈鐵路的問題〉這一章，亞當斯寫道：「事情演變的結果讓大家清楚看出，對於那些擁有並壟斷現代大道（即鐵路）者如何使用它們，既有的貿易法令對監管作業的規定並不完美。」

你當然可以把同一章的標題改成「網際網路的問題」，因為當年和今天的情況實在相差不遠。亞馬遜公司現在掌握全美國三分之一以上的網路零售支出，這個數字還是該公司最近自己從二分之一往下調降的。亞馬遜的說法是因為改變第三方銷售的估算方式，可是外界依然疑心他們是刻意上下其手，以應付打算對亞馬遜提起反托拉斯訴訟的監管機關。

谷歌占有美國百分之八十八的搜索引擎市場，另加所有手機搜尋的百分之九十五。每三個美國人當中，就有兩個人使用臉書，而臉書又買下 Instagram 和 WhatsApp，所以現在市場上的八大社群媒體應用程式，其中就有四家屬於臉書。這些公司和世界第一個達到一兆美元市值的蘋果公司，利用其龐大的生態系統，獨厚自家產品和服務，還把競爭者阻絕在他們的網路之外，因此遭到外界交相撻伐。[19]問題的根源在於同時擁有平臺和在平臺上做生意。

然而不論谷歌或任何科技巨頭都不願承認的壟斷爭議，其實是有優點的。根據沃克的說法，Yelp 或 Foundem 等競爭對手的失敗其實和谷歌這家搜尋巨人的作為關係不大，他說：「非常多優質計量經濟數據顯示，多種不同服務之所以衰敗，理由五花八門，根本和谷歌搜尋結果的演進無關。」沃克指出，不僅谷歌自己的績效提高，其他諸如亞馬遜等科技巨人也蒸蒸日上。他說的固然沒錯，可是搜尋競爭愈來愈局限在科技巨人之間，就很耐人尋味了（亞馬遜已經成為谷歌在搜尋市場的主要對手），而這些科技巨人的勢力之大，已經將小公司完全趕出市場。[20]

萊孚伉儷站在自己的立場，相信谷歌是故意想害他們倒閉。Foundem 流量驟減之後，由於夫妻倆在谷歌內部有熟人，在全球科技圈的人脈也很廣，於是開始設法找谷歌公司的人幫忙，可是一無所獲。多年來谷歌一直在打造自己的「谷歌購物」（Google Shopping，以前叫做 Froogle）服務[21]，這件事並不是祕密，只是一開始萊孚夫婦並沒有把它和 Foundem 網站遭下毒手聯想在一起。

萊孚夫人說：「三年半來，我們想辦法打通關節，官方的和非官方的都有，但是對於正在發生的事情得不到任何有意義的回應。」在此同時，他們開始在程式設計者出沒的網站看見類似的故事，內容都是創業家太過接近谷歌的核心商業模式，就被搞到活不下去。有些創業家敘述自己從搜尋結果中消失的經驗，聽起來真的太熟悉了，另一些則宣稱谷歌對他們的顧客施壓，還有一些細述小公司和谷歌打官司，後來承擔不了財務損失，只好黯然倒閉。[22] 萊孚伉儷繼續奮戰，終於累積了兩百多萬使用者的基礎，可是他們也花光了積蓄；少了谷歌的流量，光是每天要達到收支平衡都很艱難。萊孚夫人說：「谷歌是入口，如果你被逐出那個生態系統，只有死路一條。」

她告訴我，最後他們決定「不再謹守英國風度」，毅然向監管機關提出控訴，Foundem因而成為歐盟委員會谷歌搜尋反托拉斯案的頭號苦主。這樁訴訟案在二〇〇九年成案，負責人是歐盟競爭事務專員維斯塔格（Margrethe Vestager），有人形容她像釘子一樣強硬。二〇一七年，這樁案子終結，維斯塔格認為谷歌有罪，為了服從歐盟法律，該公司必須在十八個月內調整演算法，去除搜尋中的偏見。然而二〇一八年底，萊孚夫婦寫信給維斯塔格，表示他們不相信谷歌的「服從機制」奏效，因為該機制再度依賴谷歌自家的黑箱演算法公式。他們在信中寫道：「一年前谷歌推出以拍賣為基礎的『解藥』，可是至今過了一年多，谷歌繼續進行非法行為，因而傷害競爭、消費者、創新的情況並未減輕。因此我們虔敬呼籲您針對谷歌啟動不遵從法規的訴訟程序。」[23]

歐盟很可能在未來的歲月中那麼做，可惜對萊孚伉儷來說恐怕為時已晚，她們已經被迫回頭從事顧問的老本行維生，如今雖然還繼續經營Foundem網站，不過與其說是為了賺錢，不如說是為了爭一口氣，表達決心打贏官司的態度。萊孚大人說：「我們不會停止，他們必須改變做法。」

生態系統的力量

谷歌本身並不煩惱來自新創事業的競爭，它擔心的是其他科技巨頭，說白了就是亞馬遜——如今真的盡心盡力經營搜尋引擎，是唯一沒在這方面白花錢的公司。和那些只是隨便瀏覽普通資訊的人不同，現在許多有心採購東西的人會先從亞馬遜網站開始進行搜尋，意思是商家的廣告支出也會轉移到這家電子零售業巨人身上。全球最大的廣告採購公司WPP集團（代表全球很多大公司購買廣告）「去年替客戶在亞馬遜搜尋網站買廣告」的支出達到三億美元，大概是從預算抽出百分之七十五轉到亞馬遜來，而這筆錢原本應當是用來買谷歌的相關廣告。難怪谷歌人都緊張兮兮地緊盯貝佐斯的動態。

這一切都讓人不自在地注意到，本應地方分權的網路經濟，現在已經冒出幾家手段兇殘的寡頭公司，開始運用他們的力量，破壞新創事業的成長和新工作的誕生，也傷害了就業市場。過去二十年來，美國超過四分之三產業出現財富與影響力日益集中的現象。二次世界大戰之後美國經歷了最強勁的成長期，和目前的情況相較，對比之強令人震驚。一九五四年，美國前六十大公司營收占全國GDP的比例不到百分之二十，根據布魯金斯研究院的資料，如今美國前二十大企業就已占了GDP百分之二十以上。[24]

為什麼會這樣？因素之一當然是全球化競爭對美國企業施壓日甚，促使企業偏離戰後比較公平的分配——當年勞工、企業和當地社區三者較為平衡。另一個因素是反托拉斯法的改變。此外還有一個較不為人所知的因素，那就是跟隨平臺科技商業模式發展的網路效應。[25]現在到處都有集中化的現象，可是最明顯的領域卻是資訊經濟（根據麥肯錫全球研究院〔McKinsey Global Institute〕的分析，科技、製藥、金融這些以數據和智慧財產為基礎的產業，可以壟斷市場，也能搬遷到全世界各地，是最傾向集中化的行業）。[26]

集中化是我們這個時代的經濟與政治挑戰。經濟顧問委員會前任主席傅爾曼（Jason Furman）相信，集中化為想要進入許多重要市場的新業者設下障礙。[27]學者奧妥（David Autor）認為公司整併和勞工收入減少有關。[28]麥肯錫全球研究院也有同樣的觀察，尤其是科技拉低了勞工占整體經濟大餅的比率。[29]另外還有證據顯示，一小群「超級巨星」公司遙遙領先群倫，不僅利潤超高，生產力也超越其他同行。[30]換句話說，規模最大的公司，尤其是那些與數位經濟關聯最深（科技、金融、媒體業）的大公司，生產力高得驚人，反觀其他產業則遜色多了。這樣所產生的結果是總體經濟的成長困頓不前。[31]

二〇一八年麥肯錫全球研究院分析將近六千家全世界規模最大的公開上市與私人公司，發現這種巨人對抗巨人的態勢。麥肯錫分析的六千家公司年營收都超過十億美元，加起來占了全球公司稅前盈餘的百分之六十五。其中，前百分之十的「超級巨星」公司吃掉百分之八十的經濟利潤（經濟利潤的定義是一家公司投資的資金乘以扣除該資金成本之後的報酬，前百分之一公司就已經占去整塊大餅的百分之三十六）。[32]我們已經知道前百分之十的公司大概有哪些：包括高利潤的科技巨頭公司（臉書、蘋果、亞馬遜、谷歌），以及一些得以利用無形資產價值的公司，也就是善用軟體、數據、專利、品牌者（不僅是科技公司，很多金融、生物科技、製藥公司也榜上有名）。我們還曉得，網路效應容許這類公司迅速、大量攫取市場，新創事業圈稱為「率先擴張者優勢」（first scaler advantages）。

由於我們已經從「有形」經濟（以實體物品為基礎），轉變到比較無形的經濟（也就是智慧財產、創意、數據），大企業的擴張過程更是如虎添翼。英國學者哈斯克爾（Jonathan Haskel）與韋斯萊克（Stian Westlake）在他們的傑作《沒有資本的資本主義》（*Capitalism Without Capital*）中詳細解說這種現象，他們相信這項改變顛覆了平常的經濟引力法則。谷歌和臉書不需要蓋更多工廠、投資更多原物料，也不必雇用更多生產線員工，就能夠占有更多市場，所以才有能力比從前的企業巨人成長得更快速。在今天的經濟中，輸家似乎都擁有比較多東西，也就是工廠、設備之類的有形資產，反觀贏家則更懂得利用無形資產。

網路效應就位在這場轉變的中心。不論網路的構成分子是推特使用者、優步司機、空中食宿屋主，還是Instagram網紅，網路整體價值都高於網路內部任何單一節點的價值。關鍵是使用者會吸引更多使用者上門，這使得業者可以迅速奪取最大的市場，看似一夕之間就主宰整個產業，谷歌只是其中一個例子。如果你的規模龐大，能夠利用整個網路的資料和智慧財產，那麼現在你想搶奪市場就更容易了，因為這類無形資產比舊時代的產品和服務擴張得更快速、更無遠弗屆。[33]研究企業規模如何變得更大，而且愈來愈大時，網路化企業是必然的研究個案。

不過就像范里安和夏皮羅（Carl Shapiro）所指出的，反饋迴路有其陰暗面：「（平臺內部的）正向回饋也會使弱者愈弱。」換言之，網路時代即使超級巨星也可能殞落，只不過通常是被其他巨星打敗，而不是被新創事業迎頭趕上。[34]

這項轉變對於傳統公司的影響極其深遠，只消看看汽車產業就明白了。目前一部汽車的價值大約有九成是硬體，然而隨著自動駕駛與數位應用程式興起，預料這個比率將會大幅改變。根據摩根史丹利的預測，自動駕駛汽車有百分之四十的價值來自硬體，百分之四十來自軟體，另外百分之二十則是通過網路串流進入汽車的內容，[35]包括由軟體控制的遊戲、廣告、新聞。這項改變有一部分來自千禧世代希望車子提升配備，加入他們最喜歡的應用程式，但它也反映另一個概念：當你乘坐自動駕駛車輛時，品牌認同就消失了。

Applico顧問公司的平臺事業負責人江森（Nick Johnson）為大汽車廠提供關於這項產業變動的諮詢，他的著作《現代壟斷企業》（*Modern Monopolies*）探討矽谷巨人對其他公司和產業所造成的影響。當今世界的汽車已經不再像奢侈衣飾那樣，讓人想要觸摸、感受或「穿戴」，而是普普通通的用品，就像手機一樣。如果這種說法成立，那麼真正重要不是它們寄身的塑膠和金屬外殼，而是軟體平臺所開發出來的軟體和應用程式，這一點手機製造商諾基亞（Nokia）和黑莓（BlackBerry）都已見證。事實上，最近寶馬汽車（BMW）的意見調查就揭露，百分之七十三受訪者表示，如果可以將自己的數位生活帶進新車中，他們不在乎開什麼品牌的車子，隨便調換也無所謂。

這正是通用汽車所面臨的挑戰。二〇一八年，該公司關閉美國和加拿大的五座工廠，繼而對一萬四千三百個汽車工人進行資遣或自願離職計畫，遭到川普和勞動官員抨擊。川普總統和工會的焦點放在通用汽車把工作機會送給中國和墨西哥，但是通用汽車面臨的最大挑戰並不是勞工成本、工作外包或鋼鐵關稅，而是它有沒有能力在汽車產業繼續擁有龐大市場占有率，因為在網路化的時代，汽車正逐漸變成智慧型裝置。其實所有的產業都面臨同樣的問題，從零售業（早就遭到亞馬遜公司傾軋）到保健業（遭受亞馬遜和谷歌的競爭威脅）、金融業（面臨金融科技的威脅，而金融科技就是科技平臺技術與銀行業整併）到製造業，全部都躲不掉。

不出所料，擁有汽車軟體與應用程式最佳技術的企業，正是谷歌、蘋果、中國百度這類公司，他們全都豪擲千金，投資自動駕駛汽車技術與支援平臺。現在，開車的人可以聆聽即時串流音樂、接收衛星導航系統資訊，任何可以透過手機連結的系統，他們都能使用。一旦汽車內建的平臺更加深入，顧客就能獲得所有相關訊息，從液面高度、引擎溫度到安全資訊，全都一目瞭然，而目前這些都是汽車製造商管轄的範疇。如果能夠透過新產品和新服務，把所有資料貨幣化，那將是極為龐大的利益。

在這樣的世界裏，公司應該怎麼看待競爭？以諾基亞為主題的個案研究，告訴我們什麼事「不應該」做。還記得這家曾經雄霸一方的手機製造商嗎？很多人在一九九〇年代用過狀似磚塊的諾基亞手機，當時還需要用鍵盤打字，發送簡訊。後來蘋果公司的iPhone問世，然後是谷歌公司的安卓作業系統，這兩家公司不僅提供時髦的產品，也為開發者提供成功的平臺。應用軟體的生態系統以數位平臺為中心，相較之下，諾基亞的Symbian作業系統就過時了，再無轉圜餘地。到了二〇一一年，這家公司像是自由落體直線下墜，再也沒有恢復過來。[36]

負責Symbian作業系統的哈爾洛（Jo Harlow）當時對《金融時報》說，該公司從「裝置導向」轉變為「軟體導向」的速度實在太慢了。[37]這話十分真實，可是更大的問題是，諾基亞和之前與之後的多家公司一樣，無法從更深層處理解：絕大部分的價值不僅將從硬體轉移到軟體，更具體來說，是**轉移到軟體作業的平臺**。開發者和使用者環繞著那些平臺所引發的網路效應，將會創造價值，而那樣的價值遠遠超過產品本身。

汽車製造業並沒有故步自封。通用汽車執行長芭萊（Mary Barra）多年來都自許公司是科技業，愈來愈依賴資料，而非鋼鐵或人力。二〇一八年，她公然怪罪通用汽車的大裁員導因於資源轉向電動車和自動駕駛車輛的開發。汽車業有一些新誕生的合夥計畫，例如福特汽車的「智慧裝置聯盟」（SmartDeviceLink Consortium），這是由一個開放源碼社群透過標準通訊協定，連結智慧型手機應用軟體與車輛的車載系統。然而汽車大廠卻未展現能力或意願，去打造科技大廠創造的那種平臺生態系統，這就形成問題，因為唯有一家公司控制三、四成市場後，網路效應才能真正起作用，意謂著世界上的大汽車公司需要組隊合作，才能夠達到足夠的市場占有率。當然，要一家公司把攻擊性最強的競爭對手轉而視為合作夥伴，肯定是莫大的改變，但是他們別無選擇。開發生態系統和擁有系統內部的軟體與資料，將是成功的關鍵——不僅對汽車業如此，對很多產業也一樣。

吃大補丸的新自由主義

網路效應威力強大，想要了解谷歌或臉書等平臺公司簡直無法阻攔的成長，就必須檢視矽谷的政治如何從嬉皮理想主義的年代（以賈伯斯為代表），轉變為提爾之流的放任自由主義時代。在科技界浸淫長達四十幾年的麥納爾說：「這是巨大無比的改變。矽谷的普通員工雖然都屬於自由派，但是一流公司的高層主管卻都相信貪婪是好事。」

他們怎麼可能不貪婪？打從一九八〇年代開始，大部分美國企業都信奉涓滴理論那則「市場最懂」的教條，這是所謂的芝加哥經濟學派打響的理論。芝加哥學派的反托拉斯哲學對網路平臺貢獻尤其巨大，因為這一派主張只要產品價廉甚至免費，就沒有壟斷的問題。麥納爾在著作

*Zucked*中闡釋：「谷歌利用它在搜尋市場的獨大地位，在電子郵件、照片、地圖、視訊、生產力與各種應用軟體等領域建立龐大的企業。大部分情況，谷歌都能夠將壟斷勢力的利益從現有企業移轉給新生企業。」當你回顧經濟史的書籍，就會發現這一點也不奇怪——對於發明資訊科技經濟學的公司來說，壟斷力量並非其目標，而是核心特質。

大者如何變得更大

經濟學家范里安在二〇〇二年進入谷歌公司擔任顧問，他的作品反映了矽谷的新自由派政治。早在二〇〇一年，史密特就在亞斯平研究所（Aspen Institute）認識范里安，那兒是科技巨頭和他們的仰慕者齊聚一堂，討論「大創意」（Big Ideas）的地方。史密特告訴范里安，谷歌擁有一個拍賣商業模式，「有可能會賺一點錢」，他問范里安願不願意來幫谷歌完善這個模式。[38]范里安原本在柏克萊資訊學院（Berkeley School of Information）當院長，是當時研究數據市場的頂尖經濟學家，寫過一本頗具影響力的書，書名叫《資訊主宰：網路經濟策略指南》（*Information Rules: A Strategic Guide to the Network Economy*），影響力大到有人拿他的名字為數位時代的一種涓滴理論法則命名，這條「范里安法則」斷言（此說其實是錯誤的），拜科技的壓價效果之賜，當今世上富人擁有的每一樣東西，明天中產階級也會擁有，最後勞工階級終究也會享受到。（經常批評科技巨頭的作家莫羅佐夫〔Evgeny Morozov〕後來把這種說法用更貼近事實的方式修改成：「奢華早就在這裡，只是分配得不怎麼均勻罷了。」）

那段期間范里安發表一系列演講，也寫很多論文，解說衍生自數據經濟學這個新興領域的關鍵理念。這些理念令人很難相信，當今平臺科技公司的高層竟然不了解他們的創新可能會對我們的經濟、政治、社會造成無遠弗屆的擾亂效果。

和大多數經濟學家一樣，范里安深信芝加哥學派的理論，並且在那個知識架構上，疊加網路效應和大數據力量的觀念。他明白能夠駕馭網路效應的公司「握有非凡的市場力量」，特別是他們所獲取的數據「允許對消費行為進行細部觀察與分析。」[39]這些公司建立規模之後，隨之獲得以該關係為基礎的某種壟斷勢力。誠如范里安所說的：「這種延伸的關係容許賣家比競爭者更加了解『他們顧客』的購買習慣與需求。亞馬遜的個人化推薦服務很適合我，因為以前我跟他們買過書。新的賣家不了解我的購買歷史，也就無從取得這種廣泛的經驗，因此提供給我的服務也就比較遜色。」[40]（尤其是那個賣家如果無法涉足強勢平臺，就更加束手無策；谷歌和Foundem的衝突就是這樣發生的。）

范里安最終成了谷歌的首席經濟學家，他在公司裡很快建立起名聲，被譽為這門新資訊經濟學的務實佈道家。范里安雇用一整個團隊的「計量經濟學者」，他們融合新自由派理論、數學觀念和數據，幫助谷歌盡可能大賺其錢，然後又去幫佩吉、布林和史密特開發更有效率的拍賣演算法，建立了堪稱谷歌金礦的拍賣模式。

范里安的任務之一是在谷歌蒐集到的所有數據裡，分析噪音中的訊號，他將數據經濟學的新效率帶進公司本身的資源配置；他所開發出來的拍賣模式，就像任何華爾街交易計畫一樣，敏銳計算與配置內部的演算力量（根據他的這些經驗所產生的論文，題為〈利用市場經濟提供全球集叢之運算資源〉〔Using a Market Economy to Provision Compute Resources Across Planet-Wide Clusters〕）。[41]可以料想得到，范里安的新數據經濟學理論偏袒他的老闆，誠如祖博夫所寫的，谷歌和其他科技巨頭公司所實踐的那種監控資本主義，「契約與法律規則被一隻新品種的看不見的手在獎懲之間取而代之。」[42]那隻手便是矽谷的演算法。

范里安和他的團隊別樹一幟，預示一個新時代的到來，在這個新時代中，多數大公司都將大量雇用數據科學家和數據經濟學家。至於監管商業行為的現行法律，就像事關科技巨頭的大部分法律一樣，勢必有人違反。

信任管理人？

說句公道話，范里安這樣的先驅者，早就提出谷歌與矽谷無數科技巨人所追逐的新網路化商業模式確實有許多缺點，包括隱私這個大問題。令人驚訝的是，范里安在二〇一一年就承認過，身為使用者，他不希望平臺在他不同意的情況下和別人分享他的個人資訊。[43]不過范里安的結論是，這應該不是什麼太大的危險，因為未得到消費者同意就將資訊賣給第三方，並不具有經濟效率，畢竟這麼做會違背消費者的信任。

范里安這個立場只比上司史密特多了一點點自覺。二〇〇九年消費者新聞與商業頻道（CNBC）播出紀錄片《谷歌探祕》（*Inside the Mind of Google*），片中採訪者詢問史密特，人應該信任谷歌，把自己最私人的祕密交給谷歌嗎？史密特回答：「我認為判斷力很重要。如果你有不願讓任何人知道的隱私，也許一開始就不應該那麼做。」翻譯成白話：你的隱私不是我們的問題。

諾貝爾經濟學獎得主羅莫（Paul Romer）認為，我們心甘情願拿自己的隱私權去交換最酷炫的新款蘋果手機，其中有很大因素是「這些市場裡存在極大的資訊不對稱。這種交易是否合乎彼此的利益？消費者和科技公司雙方都清楚嗎？」羅莫提出上述質疑。他（和我一樣）認為消費者和科技公司並不清楚，而且他相信就當今數據市場的複雜程度而言，「『同意』之類的說詞已經沒有意義」，他指的是消費者同意平臺公司所揭露將會如何使用顧客資料的冗長而複雜的陳述。雙方所知的內容差距太大，根本就是破壞市場本身的公平運作。二〇一八年羅莫獲頒諾貝爾獎，不久之後他對我說：「我和范里安那些人討論過很多次，結果愈來愈灰心。給普通人長達一萬八千字的文件，指望他們詳細閱讀並了解內容，是不誠實的行徑。」

那麼有解決辦法嗎？羅莫說，第一步是不要再用「隱私」這個詞。他指出：「隱私已經不真的存在了。」我們更應該關心的是透明度和明確度。「假如沒有人（假設不到百分之五的使用者好了）了解交易條款，甚至連了解一部分都做不到」，羅莫說那麼公司根本就不應該進行交易。更甚者，「我們應該讓公司自己負擔舉證責任」，而不是任由他們透過「虛偽的揭露」來逃避責任。[44]

有些公司（例如蘋果甚至ＩＢＭ，後者依然是科技界的要角）終於開始醒悟，保護使用者隱私是一種競爭優勢。[45]例如蘋果公司已經推出一個新網站，示範更得宜的隱私功能，該公司相信他們在這方面勝過競爭者；蘋果的一種演算功能將搜尋資料儲存在使用者的個人裝置而非「雲端」，這樣一來使用者就更容易控制蘋果公司能看見什麼內容。

蘋果公司也在推銷一種稱為「差分隱私」（differential privacy）的技術，它讓公司能夠洞察使用者的行動，同時卻又保持若干程度的隱私，方法是在數據離開使用者的裝置之前進行加密，這樣蘋果公司就不能將收到的數據和任何特定使用者連結起來。蒐集數據的目的，是用來改善蘋果生態系統內所販售的裝置與服務，並非用來賣其他公司的超目標式廣告給蘋果使用者，畢竟使用者根本不知道自己的資料被蒐集。蘋果公司在這方面的做法確實和谷歌、臉書截然不同，但是這樣能解決所有問題嗎？不能，不過從另一方面來看，蘋果的商業模式並未促使它影響選舉，反觀俄羅斯就透過臉書企圖干預美國選舉。當蘋果公司執行長庫克說，他相信「隱私權是基本人權」時，確實讓人耳目一新。

ＩＢＭ執行長羅梅蒂（Ginni Rometty）也宣布，為了增加民眾對科技巨頭的信任感，公司已推行一套關於顧客資料的新原則與實務，譬如宣示ＩＢＭ伺服器保存專屬數據的時間，不會超過合約指定時間；絕不將客戶資料交給任何國家的任何政府監視計畫；承諾客戶不僅擁有自己末端資料的所有權，也擁有任何從經由演算法從個人資料中「學習」得來的數據。

二〇一七年我電話採訪羅梅蒂時，她對我說：「我們正跨入一個時代，在這個時代裡，數據可以用來解決各種最迫切的問題，但前提是世人必須信任資料處理的方式。我們將自己視為客戶資料的管理人，不需要監管機關來監督我們做正確的事。正確的事，我們已經做了一百年了。」

講明了，不論蘋果或ＩＢＭ都不是完美的信任管理人，他們各自擁有追蹤資料的應用程式，而且ＩＢＭ還有其他優勢，他們有很多企業和政府客戶，遠超過直接面對消費者的數量。不過他們的做法也顯示，公司可以開始解決這類問題。

外界對於隱私權、透明度、壟斷勢力的憂慮愈來愈深，未來究竟有多少公司能夠成功弭平這樣的憂慮？這些對於市場、消費者、公民將造成什麼影響？新平臺巨人的規模已經成長太過度，以至於平常的經濟引力法則再難運作，將來應該要怎麼監管這些公司？凡此種種皆是迫切的問題，因為我們已經從亞馬遜、谷歌，甚至是空中食宿和優步這些新創事業看出，數位巨人可能憑空誕生，一下子破壞現有的公司、消費者、勞工，速度之快是從前完全無法想像的。

第八章　一切優步化

對優步公司執行長卡拉尼克來說，二〇一七年二月不是個好月份。他所創辦的這家行遍天下的叫車服務公司，多年來頻頻招致批評，從都市（尤其是紐約和舊金山等大城市）立法人士到工會活動分子莫不予以撻伐。不過這一次，在爆發一連串醜聞之後，優步公司的公關危機已經到達沸騰的地步。醜聞的起源是優步前工程師芙樂（Susan Fowler）在部落格貼文，指控優步公司內性騷擾和性別歧視十分猖獗。消息像野火燎原一般瘋狂傳出去，同樣在二月，谷歌母公司字母控股旗下專門研發自動駕駛汽車的子公司Waymo對優步提出法律訴訟，指控自家一個軟體工程師盜走公司的商業機密後投效優步，彼時優步公司也在開發自己的自動駕駛車。

短短五天之後，一段驚人的影片流了出來，內容是總裁本人對一位抱怨公司支付系統的優步司機大發雷霆。[1] 這是優步自己的儀表板攝影機所錄下來的互動畫面：司機宣稱投資九萬七千美元買了一輛高檔轎車，目的是為了成為「尊榮優步」（uberBlack）的駕駛，沒想到車資開始下滑，最後公司撤銷這項服務，改用比較便宜的汽車，害他因此破產。影片中卡拉尼克惱怒地說：

「你曉得嗎？有些人不喜歡為自己的狗屁倒灶事負責，生活裡任何事情不如意就怪到別人身上。你自求多福吧！」司機回他：「你也自求多福吧，我曉得你不會得意太久的。」[2]

至少在那輛車裡卡拉尼克得意不起來，接下來事情的演變，證明身為優步執行長的他運氣也不怎麼樣。後來優步公司遭揭發更多起性騷擾事件，司法部也介入調查該公司是否利用軟體規避市政當局監督，以建立優步在許多城市的網絡，這一來，卡拉尼克就更耍不了威風了。二〇一七年六月，卡拉尼克宣布將要請假，[3]那個月稍晚，優步公司因為多項問題遭到調查，必須應付無數件民事訴訟，包括導致駕駛人不安全的工作條件、洩露資訊缺失，還要面對沸沸揚揚的刪除優步運動（#DeleteUber），最後投資人終於受不了，將卡拉尼克趕下執行長寶座，改任命伊朗裔美國籍前銀行家霍斯勞沙希（Dara Khosrowshahi），他是網路旅遊公司智遊網（Expedia）老闆迪勒（Barry Diller）的門徒。迪勒不希望弟子接下優步的工作，二〇一八年《紐約時報》刊登一篇關於優步公司的報導，迪勒在訪問中透露：「我對他說：『老天哪，你一定瘋了，那是個非常危險的地方。』」[4]

不過那也是個有錢的地方，至少帳面上看起來如此。儘管發生一堆亂七八糟的事，優步依然自誇是有史以來首次公開發行股票之前估價最高的公司——金額達到嚇人的七百億美元，然而實際上這家公司在二〇一八年的每一季都虧損十幾億美元，至今仍未獲利過。[5]卡拉尼克下臺並未改變優步的基礎商業模式，就像矽谷眾多「獨角獸」公司一樣，優步也是依賴成長而非獲利，才建立起自己的聲譽和規模。問題是當企業公開發行股票時，投資人一般都會想看到一些利潤。優步公司在二〇一九年五月十日首次公開上市，外界全都殷殷期待，誰想得到居然慘遭滑鐵盧。上市交易頭幾天，優步公司的股價下跌百分之十九，讓投入數十億美元的投資人血本無歸。問題的一部份出在優步在上市之前擴張得太快——早在公司未上市之前，已經有許多法人投入資金，所以沒有意願買進更多股票。可是上市後股價表現不佳，也象徵許多投資人感覺科技股的股價已經到頂了，哪怕科技公司的規模龐大、破壞力強，股票價格卻漲不動了。[6]

「永遠保持忙碌」

我跟大多數人一樣，是因為搭乘優步車才開始熟悉它的。我也跟大部分人一樣，非常驚愕地發現優步車竟然那麼快就占領我住的布魯克林區街坊，以及紐約和其他都會地區，這一點令熱愛便利的乘客欣喜若狂。不過這家公司的服務蔚為風氣之後，市區交通量大增，經常塞車，搞得官員和民眾一肚子火。二〇一五年，卡拉尼克入選《時代》雜誌年度人物的決選名單，我才有機會採訪他本人（我當時是該雜誌的助理總編輯），並得以深入優步園地（Uberland）。[7]

我花了好多工夫，才說服卡拉尼克的公關主任魏慈敦（Rachel Whetstone，她是不苟言笑的英國人，以前在谷歌和臉書工作過），讓我去優步公司內部待幾天將對公司大有益處。魏慈敦擔心曝光的後果，說起來理由相當充分：儘管卡拉尼克還沒有自爆，可是他顯然是一尊自走砲，經常惹麻煩。所幸卡拉尼克和很多心比天高的商人沒兩樣，禁不起誘惑，很想看看自己登上《時代》雜誌鑲紅邊封面的樣子。於是優步公司允許我貼身採訪卡拉尼克，以蒐集我撰寫深度人物特寫所需要的資料，屆時魏慈敦將會守在一旁，設法調控卡拉尼克的自我表現。

卡拉尼克滔滔不絕談論自己熱愛的漢彌爾頓（Alexander Hamilton），優步網站上，他將漢彌爾頓的人像當作自己的化身。卡拉尼克說：「漢彌爾頓是我最喜歡的政治企業家。」他指出這位堅毅、白手起家（有些人可能會說他追逐私利）的前財政部長，抵擋惡毒的反對勢力，幫助建立起美國的財政制度。卡拉尼克說：「漢彌爾頓可以看見未來，也了解如何將未來聯繫到眼前的現實。他還是偉大的雄辯家，可能太傑出，可能說得太多。」

我也給卡拉尼克相同的評價。在我採訪他的過程中，印象最深的幾次正好凸顯了大多數人對這家公司愛恨交加的感覺。第一次是在波士頓優步公司總部舉辦的一場會議上，與會者是二十餘位公司的全職員工，大多是菁英大學畢業的年輕人，身穿連帽上衣，一看就是科技專才的樣子，他們崇拜卡拉尼克如神明。房裡充滿生猛活力，光是能和「優步哥兒們」（uber-Bro）共處一室，就足以令他們無比亢奮。我們在公司餐廳裡享受高檔點心，卡拉尼克則在琢磨怎麼回答各種問題，包括他的事業生涯歷史、優步新投資的自動駕駛汽車，以及公司考不考慮像其他大型科技公司一樣增加津貼，例如資助員工攻讀企管碩士學位，讓原本就優渥的薪水和福利（矽谷自動駕駛車工程師的年薪大約是兩百萬美元）更上一層樓？卡拉尼克對著四周圍員工的笑聲和表示贊同的熱切點頭，一語雙關地笑道：「噢……這裡愈來愈熱了喲。」

可是另一場會議卻暴露了這家公司的另一面。優步在臨水岸的地方租了一個大禮堂，招待一群精挑細選出來的業務頂尖司機。儘管他們的正式身分並非員工，而是承包商，但是這些人具體展現的形象，正是優步想要對世界展現的意象，也就是公司大膽重新發明工作，給任何擁有駕照和汽車的人機會，讓他們成為享有彈性、控制權、隨自己高興調整時間賺錢的「企業家」（來參加會議的司機中，有開車賺子女教育費的單親媽媽，也有兼差賺學費的大學生）。

然而即使經過審慎安排，這群司機當中也有人內心隱藏著不滿。到了提問與回答的議程，卡拉尼克顯得對這群人沒那麼自在了，有個耳熟能詳的問題拋了出來：公司什麼時候要公開上市？承包商能分一杯羹嗎？卡拉尼克停頓了一下，似乎在小心翼翼斟酌字句，他躲躲閃閃地說：「我們有把這個放在心上。從監管的立場來說，我們必須小心謹慎。公開上市公司有一堆官僚作業。」卡拉尼克的聲音放低了，也許是曉得一旦公司發放股份給司機，等於是支持那些力主將司機地位提升為員工的聲音——成了員工之後，就可以享受加班費、最低薪資保障、健保福利等等，而優步公司一直花費大把時間金錢，就是為了規避這些要求。

接下來的情況甚至更彆扭，卡拉尼克想幫優步當時禁止給小費的規定講好話，他說允許給小費的產業通常發給員工的薪資過低。這項說法並不討喜（儘管實證顯示是正確的），原因很可能是隨著優步的成長，司機的利潤已經受到壓縮。一位中年女司機喃喃自語：「這太可笑了。」她顯然不吃卡拉尼克那一套，另一些坐在我附近的司機也嘟囔著贊同女司機的話。執行長很快就被送下講臺，司機和他們的家屬則靠免費披薩和爆米花緩和情緒。

現在優步准許司機收小費了，也頒發數量有限的股票選擇權給資深駕駛。[8] 新執行長霍斯勞沙希顯然比創辦人卡拉尼克更適任公司領導人，他試圖解決自己接收的各種企業文化問題，不過也有些人對他的治理極為不滿（最明顯的例子是，優步公司一輛自動駕駛汽車在亞利桑那州，以每小時四十英里的速度撞死一個正在過馬路的婦女）。霍斯勞沙希無疑對公司做了些改善，可是並未真正改變優步的基礎商業模式，也就是快速變動、打破現狀的模式，譬如以更廉價的自由執業司機，取代傳統計程車司機，改變既有的都市交通基礎建設。優步的確做到快速變動，打從二〇一〇年以來，該公司從舊金山一個只擁有兩輛車子的營業據點，已經變身為在全世界各地雇用（優步討厭這個詞）三百萬個營業駕駛人的大企業。[9]

卡拉尼克的非官方座右銘是「永遠保持忙碌」，外界對他的評語包括有遠見、破壞狂、天才、混蛋。有一點很確定，他的公司是全世界前所未見的；優步這個名字不僅被當作動詞（就像谷歌一樣），還創造了一種產業簡稱，促使無數企業家跑去董事會宣揚要成為「XX業的優步」理念。這家公司自己的野心宏大，包括自動駕駛汽車和氣墊船都是他們的目標（優步飛行車預計二〇二〇年在洛杉磯、達拉斯、杜拜起飛）。在法國，優步已經可以替顧客招租直升機；在舊金山，優步美食外送（Uber Eats）可以在十分鐘內替顧客將外賣餐點直接送到府。卡拉尼克有一次相當隨興地對我說：「隨便哪樣東西，只要是從城裡的甲地移動到乙地，就是我們的心頭好。」

不過優步公司不只破壞交通，它正在改寫雇主與勞工之間的契約。過去幾年來，優步穩居「零工經濟」公司當中最多產、最好鬥者，其他從事零工經濟的知名業者，還包括空中食宿、任務兔（TaskRabbit）等數十家公司。這些公司都象徵工作的方式正在加速改變，新工作每天二十四小時、每週七天不間斷，由科技主導；中產階級不像過去那樣，已經沒有太多傳統保護和福利。一方面，這些公司的商業模式很神奇：他們容許人將自己既有的資源貨幣化——住家、汽車、閒暇時間都能拿來賺錢。另一方面，有些人主張這種模式是每況愈下的滑坡，最終勞工將被占盡便宜。很多專家相信，零工經濟的興起是薪資停滯的主要因素，因為它凸顯過去四十年來勞工和公司之間的權力失衡，這段期間工會勢力衰頹，產業大多已解除管制。

零工的困境

優步之類的公司興起，使得「零工」經濟似乎達到了新顛峰。想想看，紐約市典型的無牌計程車司機，可能同時替三家以上的公司打工，其中可能有優步、來福車，甚至是沒有執照的計程車公司。有人宣稱這一類人本質上都是創業家，因為他們擁有自雇業者本來就享有的自由，這種說法倒是不假。替優步公司工作的司機自己安排工作時間，就某種意義來說也算是自己的老闆，這正是卡拉尼克讚不絕口的高度賦權（highly empowering）。二〇一五年卡拉尼克告訴我：「當你可以掌握自己的時間，就會得到關鍵的獨立與尊嚴。」言之成理，不過優步司機能夠掌握的，也只有時間而已，他們對公司的訂價無置喙餘地，只能任由公司視需求水準的波動時時進行調整價格，但這往往意謂調低車資，以吸引更多人搭乘優步車輛。至於需求水準，依據演算法所得到的結果也有差異：按照我自己在紐約市對計程車司機的非正式訪談，優步目前已經建立大約百分之二十的市占率，而本地獨立計程車業者的市占率大約是百分之三十，有些市民仍然選擇搭乘傳統計程車，整體來說對優步的市場需求正在降低中。

優步推銷自己的司機是「自由、獨立」的承包者，但是公司在自動化演算法管理系統的輔佐之下，能夠掌控司機的工作方式，萬一司機的行為偏差，以致不能獲得最高利潤（對優步而言）時，這套系統也會幫助公司懲罰司機。[10] 優步公司能夠利用人工智慧辨認特定消費族群，譬如住在某個街區的人可能願意花更多錢雇用優步計程車，優步就能收取差額，而不必付給司機更多車資；司機拿到的錢，基本上可能和乘客付的錢完全脫鉤。此外，由於優步自認是科技公司而非交通公司，所以逃避遵守若干保護法規，例如美國身心障礙法案（Americans with Disabilities Act），一般來說這項法案適用於計程車駕駛從業人員，但卻對優步公司無效。社會科學家蘿森布萊（Alex Rosenblat）寫了一本書，叫做《優步園地》（*Uberland*）。這位科學家在美國和加拿大二十五個城市搭過優步計程車，被無數個優步司機載過，總里程數高達五千英里。她毫不訝異地發現，優步公司自己吃香喝辣，但司機的收入卻幾乎不敷成本，獨自承擔這項破壞性科技的負面結果。

來福車是優步最大的競爭者，一直被譽為更善良、更溫和的共乘（ridesharing）公司，部分原因是執行長葛林（Logan Green）一向樂於用體貼、開放的方式，討論共享經濟的缺點（當然他也沒有被車內攝影機拍到對自家司機飆罵）。舉例來說，葛林關心美國可能會有大量駕駛人遭到自動駕駛汽車取代（車輛駕駛是高中或以下文憑的男性人口之中，最多人從事的單一職業類別）。根據司機自己的說法，替來福車工作賺的錢比優步車多，工作滿足感也比較高（來福車率先准予司機拿小費）。[11]遺憾的是，這些都起不了什麼作用，到頭來兩家公司的商業模式幾乎一模一樣；他們都創造出公司和勞工間極為不對稱的關係，使得後者愈來愈沒有保障。這說明了一項事實：共享經濟公司的問題和誰當執行長的關係不大，更關鍵的問題在於他們的基本商業模式。

演算法破壞工作

靠演算法管理或許新鮮，但是副作用大家卻耳熟能詳，那就是歷史上科技對勞動力的典型衝擊。如今演算法管理不僅影響計程車司機的生活，也影響其他行業不計其數的勞工，譬如星巴克咖啡（Starbucks）的咖啡調理師不能指望每星期固定排班時間；送貨員如果不想在某個時間接某個地區的工作，合約就可能廢止。從英國紡織工人到旅行社，新科技破壞工作類別的速度和它創造新工作類別的速度相當。歷史證明，新科技興起後所創造的工作，永遠多於它所消滅的工作，問題是這種創造性破壞的過程會維持多久。如今科技破壞工作的速度，看起來已經超越我們的政治與經濟制度能夠應付的極限了。零工經濟影響的變革深度、廣度前所未見，儘管與傳統經濟相比，只找得到零工職缺的勞工人數並不如學術界原先預測的那麼多，[12]可是這些改變依然天天在各行各業發生，地點也遍及世界各個角落。

當每個人或多或少都變成自由職業者時，會發生什麼事？當只幹一份工作提供不了足夠的保障，搞得每個人都必須做副業時，又會發生什麼事？這是優步給很多人帶來的一大憂慮，哪怕身為消費者可以享受優步帶來的巨大便利與成本降低，也抵消不了心中的這股煩憂。

零工經濟公司愈來愈膨風，誇稱他們希望員工表現得像企業家，卻沒有明說他們真正的意思是希望員工努力工作、不眠不休、不拿獎賞（譬如一點股份或績效獎金），就像企業家一樣。按照邏輯推演，我的結論是很難想像還有什麼工作不能優步化。現在已經有很多優步化的工作，從雜工到放射線技師都不例外。可是這一來人人都必須有需求才有工作，沒有安全網，時時刻刻被打分數，就業市場開始感覺像達爾文的物競天擇競賽場，實在讓人筋疲力竭。《連線》雜誌創刊時出過力的貝特勒，現在開了一家叫做NewCo的會展公司，他說：「這就是大家如此熱烈討論優步的原因。這不是科技故事，是社會故事——講的是我們如何適應新的可能性，公司、政府、社會之間的社會契約又將如何發展。」

這個問題影響的對象不僅是共享經濟公司與其員工，還有許許多多在線上或離線監控勞工的公司，他們運用科技，以侵犯力道更強的方式監督、控制員工。亞馬遜公司對待倉庫員工十分殘暴，已經是惡名昭彰，二〇一八年還被全國職業安全與健康委員會（National Council for Occupational Safety and Health）列入美國最危險的工作場所。很多亞馬遜員工表示，不間斷的數位監控害他們的壓力和健康問題都比平均水準嚴重。[13]《衛報》（*The Guradian*）的調查發現，意外和傷害事件在亞馬遜倉庫都很尋常，有一個案例是某員工受傷之後，公司先將其解雇，才肯授權醫療。對於其他受傷員工，據說亞馬遜公司不批准員工補償金，不然就是縮短醫療病假——既然他們的管理方式是拿人當機器對待，難怪會有這樣的結果。[14]

有一次我訪問知名人工智慧科學家閔恩（Vivienne Ming）。先前亞馬遜公司想聘請她擔任首席科學家，但是她拒絕了，理由正是上述這些問題。閔恩回憶，貝佐斯告訴她，聘請她的目的是進行即時實驗，以了解「科技如何讓人的生活變得更好」。閔恩說：「最後我決定，貝佐斯和我對於『更好』的定義有差別……而且是根源上的差別。」怎麼說？她給了我一個例子：當時亞馬遜公司剛剛取得一項小手環的專利，配戴手環的工廠員工只要伸手拿錯誤的包裹，手環就會嗶嗶作響。閔恩說：「我心想，我絕對不要打造那種東西！」[15]

即使是號稱對員工很體貼的星巴克公司（兼差員工也享有健康保險，公司還出錢讓所有員工在網路上攻讀大學課程），也因為使用演算法排班軟體遭到抨擊，因為這種排班方式強迫員工隨時待命，只要店裡來客人數增加，就必須趕來上班，如此一來員工的生活大亂；反觀過去採用的每週、每月固定排班方式，員工可以安排自己的生活。二〇一四年，《紐約時報》記者康特兒（Jodi Kantor）寫了一條頭版新聞揭露此事後，當時星巴克董事長舒茲（Howard Schultz）被迫出面道歉，並承諾修改公司的排班制度。[16]然而不管是星巴克或是大部份其他零售業者，如今使用演算法排班都已經是常態——就像優步或來福車的「浮動式」定價一樣司空見慣。

顯然，高科技零工經濟的到來，對不同種類的勞工具有不同的意義。對優步司機或送貨員來說，可能感覺像是進到某種新奴役（neo-serfdom）時代；他們沒有退休金，沒有健康保險，也沒有工作權利保障，至於有沒有工作機會，全都靠數字決定。蘿森布萊在書裡描寫的許多司機，工作非常辛苦，可是收入扣除車子開銷、汽油錢、保養費、自雇稅金等等支出之後，賺到的錢並不比最低工資多太多。當然，我自己採訪優步司機時，也發現大部分司機認為理論上他們享受到自由，可是有鑑於監視科技永不放鬆，意謂他們的工作彈性可能小於一份優質工作，兩相權衡之後，其實利弊得失的差距並不大。許多車資最貴的車程，是落在對司機而言最不方便或壓力最大的地點和時間，如果拒絕接這些客人，就沒有收入可言。當然，絕大多數幫助創立這家公司的司機，也無法分享與股票價值相應的酬勞。

新經濟思維研究所（Institute for New Economic Thinking）是研究優步之類的公司對本土經濟有何影響的眾多非營利組織之一，該智庫董事長透納（Adair Turner）說，對大量低階勞工（零工經濟的大多數從業者）而言，結果是「勞動市場愈來愈像封建時代農莊招募人手的集市，領主現身，指著現場的待業人手說：『我今天要你、你，還有你。』」

透納的結論呼應愈來愈多經濟學家的看法，也就是零工經濟減少了勞動市場內的摩擦，意思是解決真正的需求，創造便利，但也製造對雇主較有利的零碎化（fragmentation），畢竟雇主能利用比勞工優越的科技與資訊。另一個非營利組織資料與社會研究所（Data & Society Research Institute）所進行的研究亦發現，所有的資料都歸優步公司而非司機所有，司機連看都不能看一眼，這項事實也造成勞工和公司之間巨大的資訊不對稱。

司機若膽敢取消無利可圖的車班，可能有遭「停權」的風險，以及吸收未知車資的風險，「不過優步公司向來都推銷司機是企業家的理念，認為他們是心甘情願投資這樣的風險。」聯邦貿易委員會指出優步公司形容自己的司機是「有企業家冒險精神的消費者」[17]（這是採納公司的用語，將司機歸為優步價值的消費者，而非製造者），對於公司賴以發大財、豐富的消費者資訊，司機完全接觸不到。蘿森布萊指出，這種資源不對稱現象，和其他科技巨頭大同小異，譬如亞馬遜可以透過排名將消費者導引到更昂貴的產品，又如谷歌雖然自誇是中立的資訊仲裁者，可是他們的網頁排名演算法依然是黑箱作業，只有谷歌公司本身知道究竟是否存在偏見。[18]

哈佛商學院的串流有聲節目（podcast，又稱播客）有一次請到美國勞工聯合會與產業工會聯合會（AFL-CIO）的政策主管希爾佛斯（Damon Silvers），請他談談工作的未來。希爾佛斯說，這些策略只容許「職場上再無權利問題的幻想，但事實上，優步之類的公司對員工瞭若指掌，對他們的行為控制更是嚴格，程度超越過去的任何鋼鐵公司或汽車公司。在勞工缺少集體權力的情況下，數位科技、人工智慧、廉價監視技術將會合為一體，製造對雇主有利的資訊優勢……其規模與強度都是我們前所未見的。」[19]

超級巨星贏家通吃

毫無疑問，打零工的低階從業人員（雜工、瑜珈老師、保母等等）在數位經濟中處於弱勢，反觀受高等教育的專業人士，數位零工經濟對他們只有好處：花更少時間就能賺更多錢，而且彈性更大。想一想自雇管理顧問的生活：他對每一位客戶的收費可能高達每天一萬美元，由於懂得使用雲端運算、智慧型手機、社群網路平臺、視訊會議，不管在什麼地點、什麼時間都能工作，相對容易賺到六位數甚至七位數年薪。而同樣這些科技也降低他的營運成本，幾乎趨近於零。對這個新加入的高端自由職業者來說，設在印度的虛擬助理價格微不足道，而且他可以在自己家裡工作，或是透過WeWork公司這樣的會員制辦公室分享計畫，租到很便宜的工作空間。

原來數位零工經濟和類比型態的零工經濟一樣，也是呈現類似的兩頭分歧現象。從麥肯錫到經濟合作暨開發組織（Organization for Economic Co-operation and Development，簡稱OECD），許多不同組織所做的很多新研究都指出一件值得關切的事實，那就是未來十年到二十年，就業市場將會增加大量自由職業者、獨立承包商、同時替好幾個老闆打工的兼差人員。以美國而言，目前已經有百分之三十五的勞動人口屬於上述型態。假如未來真的是「自由職業的國度」，那麼將新世界一分為二的兩頭分歧現象，只會促使贏家通吃的趨勢更加嚴重——這項趨勢正是目前政治兩極化背後的始作俑者。

更廣義的數位經濟早已擴大有產階級與無產階級之間的鴻溝，贏家是那些能夠接觸、掌握、利用科技的人，而這些能力本身就和教育密不可分，意即和金錢、階級連結在一起。哈佛學者郭汀（Claudia Goldin）和凱茲（Lawrence Katz）在兩人合著的《教育與科技之間的競賽》（*The Race Between Education and Technology*）中描述，唯有人掌握到利用科技的機會與技能時，科技發達才會讓沾到邊的人水漲船高。[20]

在新的數位經濟中，網路平臺和軟體讓消費者享受較低廉的價格，讓雇主的成本得以降低，讓技能與教育程度最高的勞工獲得更高薪資，因為他們可以在更短時間內完成酬勞更高的工作。然而當今財富之所以集中在更少數的人手中，網路平臺和軟體也是罪魁禍首之一，部分原因是教育程度較低的大量人口，只能任由科技（和那些善用科技的人）擺布他們的命運。[21]

麥肯錫全球研究院董事曼尼卡（James Manyika）指出：「想想看，一個懂得運用最先進視訊會議技術的頂尖外科醫生，現在能夠為很多不同國家、不同類型的客戶提供諮詢服務。相較之下，一個零售服務業的員工可能因為公司使用排班軟體，不斷改變班表，害他的生活秩序大亂。」[22]

其實這樣強力的論述並不新奇，一九八一年，經濟學家羅森（Sherwin Rosen）便發表論文「超級巨星經濟學」（The Economics of Superstars），主張科技帶來的破壞在任何市場中都給予少數業者大到不成比例的權力。舉例來說，電視造就了全世界酬勞最高的運動員和流行巨星，他們賺的錢遠遠超過同行。羅森當時預測超級巨星的崛起，對於其他廣大群眾的收入會有負面效應，果真一語成讖。[23]如今勞工分享經濟大餅的比率之低，是半世紀以來僅見。反觀矽谷公司如優步、谷歌、蘋果、臉書、亞馬遜，以及他們的高階員工，都在享受超級巨星效應帶來的龐大財富。[24]

這種分歧現象已經造成巨大的衝擊，只不過狀況還未完全釐清；衝擊的對象不僅是打零工的個體，更遍及整體經濟。很多經濟學家相信，這些年來薪資成長近乎停滯，原因之一就是破壞工作的科技本身。達拉斯聯邦儲備銀行（Dallas Fed）執行長卡普蘭（Rob Kaplan）深信，科技（尤其是滲透非科技產業既深且廣的科技）是如今薪資不動如山的主要原因，那怕失業率已經回到金融危機以前的低點，也無法改變薪資停滯的現實。更甚者，卡普蘭相信川普降低公司稅只會讓情況雪上加霜，因為公司在進行長期投資時，花錢買科技的誘因高於花在人事費用上。

卡普蘭說：「每個月我會聯繫三十到三十五位企業執行長，其中有科技業者，也有非科技業者，我想了解非科技業者如何落實技術（以取代人力）。」他相信不久的將來，我們將會目睹電話客服中心、航空公司行李裝卸人員、代理訂位專員，甚至汽車經銷商，一一被科技取而代之。[25]

現在數字證明他的預測是正確的。維斯伍德資本公司（Westwood Capital）的艾爾波特（Daniel Alpert）彙整的資料指出，一九九八年，也就是上一波經濟擴張期即將結束時，企業有百分之四十八點三的投資金額流入新結構和工業設備（工廠、機械和其他必要基礎設施），大約百分之三十投資科技，像是資訊處理設備，以及不同種類的智慧財產。到了二〇一八年，新資金中只有百分之二十八點六投資在結構和工業設備上，而科技和智慧財產的投資比率則已上升至百分之五十二。

這項差異凸顯資金已經從有形的投資轉移到無形的投資，這項趨勢不僅發生在美國，其他富裕國家（例如英國和瑞典）也沒有兩樣，對無形資產的投資金額都已超越有形資產。問題是新的工廠和機械多半會創造新的工作，反觀目前的科技相關支出，很大一部分是投資在軟體升級和購買資料處理設備，不但不會創造新工作，還很可能會扼殺既有工作，至少短期看來如此。我們已經曉得，一旦員工有能力運用科技，進而提高自己的生產力，就能夠保住工作。可惜這樣的結果，只會發生在教育程度和技能水準良好的員工身上，他們能夠與時俱進，跟上科技變革的腳步。令人傷心的是，美國教育在這方面遙遙落後，被數位革命悽慘地拋在後頭。[26]

有一些產業部門薪水確實上漲了，例如金融業和資訊科技業，可是他們創造的工作機會相對稀少。以金融業為例，他們占據所有公司利潤的百分之二十五，卻只創造大約百分之四的工作機會。儘管美國利潤率達百分之二十五以上的公司當中，有一半是科技公司，可是和過去的大型工業集團（如通用汽車、奇異電器）相較，今日的科技巨頭（臉書、谷歌、亞馬遜）所創造的工作數量，遠遠不如那些老前輩，甚至比不上前一代科技公司，例如ＩＢＭ和微軟公司。

此外，愈來愈多人害怕白領工作也將毀在科技巨頭的手中。最近有一項針對全球高階主管所做的研究發現，絕大多數受訪的高階主管相信，由於數位科技的破壞，未來他們將會重新訓練或資遣三分之二的人力。

我在二〇一八年訪問閔恩時，這位人工智慧專家說：「我認為全球的專業中產階級即將遭到措手不及的打擊。」閔恩提到哥倫比亞大學最近有一場比賽，雙方各是真人律師和人工智慧律師，他們比的是哪一組能在一系列非公開協議中找出最多漏洞。閔恩說：「結果人工智慧組找到百分之九十五的漏洞，而真人組則找到百分之八十八。可是真人組花費九十分鐘閱讀協議，人工智慧組只花了二十二秒。」競賽開打，機器人勝出。這是閔恩之所以和埃森哲（Accenture）顧問公司之類業者合作的原因之一；她想要了解這些公司如何重新訓練員工，以從事更有創意的工作——也就是那種結合人類情緒智商和機器智商的工作，如果做得到，他們就不需要資遣數十萬名會計師和後勤業務人員；未來甚至低階的程式設計師也會有工作不保之虞。[27]

在此同時，贏家和輸家之間愈來愈擴大的鴻溝，也反映在員工薪資上。美國最賺錢的百分之十企業，利潤是平均公司的八倍（一九九〇年代只有區區三倍）。這些超級賺錢的企業，員工的薪酬也極為優渥，反觀他們的競爭者就付不起相同薪資。德國波昂的勞動經濟研究所（Institute of Labor Economics）做過一份研究，發現不同公司（而非同一家公司內部）的薪資差異，是造成勞工酬勞懸殊的主要因素。另一項研究來自倫敦的經濟績效中心（Centre for Economic Performance），研究結果顯示，一流公司與其餘公司給員工的薪資差異，是美國絕大多數薪資不平等的元兇。

不出所料，占據那麼大一塊經濟大餅的賺錢行業與頂尖企業，多半是數位化程度最高的產業和公司。麥肯錫全球研究院分析數位化美國的普通有產階級和鉅富，顯示愈快採納新科技的產業，賺的錢愈多，高踞榜首的是科技業和金融業。至於真正創造最多工作機會的，例如零售、教育、政府部門，薪資水準全都瞠乎其後。這意謂經濟分成兩層，上層的生產力非常高、拿走大部分財富、創造的工作很少，而下層則是一潭死水。[28]

不同地理區也呈現巨大的數位分歧，更進一步深化贏家通吃的趨勢。不論屬於哪個產業，一家公司想要利用創業性更強的數位化經濟，就需要接近高速寬頻，而配備高速寬頻建設的機率，都會地區是鄉下地方的三倍。如果以個別城市來看，這個差距更大，譬如紐約市繁華的曼哈頓區（Manhattan），有百分之八十居民已經擁有寬頻網路，至於較貧窮的布朗克斯區（Bronx），只有百分之六十五的居民擁有寬頻網路。[29]這樣的結果是，少數超級巨星公司集中在少數網路高密度連結的城市（為超級巨星員工創造新工作）。事實上，根據經濟創新集團二〇一六年的報告，美國總共有三千多個郡，但是其中七十五個郡就占去所有新成長工作機會的一半以上。這種趨勢像滾雪球一樣，因為最有才華的求職者會湧向少數城市，推升當地的不動產價格，使得不屬於超級巨星俱樂部的分子更難進入那些地方。貧富差距向來是美國兩黨政治的核心議題，現在當然又因為這個現象更形惡化，許多國家的遭遇也很類似。[30]

想要了解這一切所造成的衝擊，只有親自造訪舊金山、西雅圖（或是以色列的特拉維夫、中國的深圳）這些科技溫床，親眼瞧瞧當地不僅房價節節上升，人民無家可歸的問題也愈形嚴重。不過有一樣你看不到，那就是普通的美國中產階級，因為現在中產階級的收入已經負擔不了中產階級的基本配備：房屋、健保、退休儲蓄，這都要怪科技公司創造出來的大批紙上百萬富翁，他們對當地政府愈來愈予取予求。舉例來說，西雅圖市議會提案對本地企業課稅，金額是每一員工五百美元，並不算多，目的是協助解決這個都市日益嚴重的人民無家可歸問題。然而在星巴克、亞馬遜等公司抱怨之下，稅金很快就降到兩百七十五美元。[31]二〇一八年，舊金山政府計畫投票決定是否對年營收超過五千萬美元的公司，課徵區區百分之零點五的稅金，以挹注當地住宅服務與協助無家可歸的人。沒想到計畫一公布，舊金山的科技億萬富翁如推特的鐸西（Jack Dorsey）、金流服務公司Stripe的共同創辦人寇里森（Patrick Collison）、線上遊戲公司星佳

（Zynga）的創辦人平克斯（Mark Pincus）竟然跳出來激烈抗爭（最後該措施雖然通過了，但後續又轉移到法院進行攻防）。

二〇一八年亞馬遜公司物色第二總部的新聞炒得沸沸揚揚，連帶使得舊金山這件事備受關注。亞馬遜公司的成長太快，無法在西雅圖繼續擴充規模，只好另覓他處；就連該公司自己的員工，也快承受不了物價上漲和壅塞的交通。第一輪勝出的城市是紐約市和華盛頓特區，亞馬遜宣稱挑選標準是城市的基礎建設、人力資本、交通等項目的品質，可是也不乏條件更好的城市遭到拒絕。進入決賽名單的城市，最要緊的是屬於哪些美國資深參議員的地盤，以及哪個城市出價較高，願意給亞馬遜數十億美元的稅收減免，再加上其他的補貼（紐約市和華盛頓特區都同意給予這兩項優惠）。

紐約市和華盛頓特區在這件事上吵得很兇，地方政客向選民推銷此案的說詞是，亞馬遜公司創造很多就業機會。可是紐約市民不買帳，其實還滿有道理的：研究顯示給予補貼以吸引設立龐大總部的社區，可能在媒體上風光一陣，短期也會得到好處，可是站在經濟的角度看，最後結果幾乎總是弊多於利。最近有一項研究顯示，這種城市補貼中，有百分之七十屬於不動產稅減稅和創造工作稅收減免的類別，意思是大公司買不動產時可以少花錢，可是人力資本卻受到損害，因為徵收不動產稅的受益者是學校和各種公共服務項目。換句話說，需要技術勞工和良好基礎建設的雇主，反過頭來貶損創造這些條件的稅基。儘管如此，打從一九九〇年代以來，這類補貼已經成長三倍，加上城市債務的增加，使得各州碰到經濟下滑時，比往年更措手不及。由於民眾對紐約市打算補貼亞馬遜的金額之高怒火中燒，群眾抗議事件不斷，最後貝佐斯決定撤銷此案，離開紐約市。

亞馬遜已經比公部門或任何零售業競爭對手擁有更龐大的市場資料，因為敲定第二總部的過程中規定密封投標，而且該公司要求官方簽署非公開協議，所以現在亞馬遜的手中也握有大量關於競標城市的專有資訊，未來可以隨心所欲地運用，以增加任何幅度的財務利益。

勞工反擊

亞馬遜公司有大棒子，可是在未來的歲月中，民粹主義分子手中揮舞的棒子很可能更粗壯。優步公司已經感受到那根棒子尖利的一端：該公司擴張到墨西哥市與巴黎時引發暴力抗爭，可是出了名嫻熟監管障礙並樂於接受挑戰的卡拉尼克一點都不擔心。他在二〇一五年對我說：「城市裡有很多法規，都是為了保護特定在位者設計的，不是為了要推動城市選民、公民和城市本身向前進。這是個問題，我們需要想辦法結合政治進步與實際進步。」優步所想的進步概念簡單而有說服力：交通就像自來水一樣，無所不在、可靠、每個地方的每個人都能享用。

當然，那個願景的一部分是重寫城市運作的規矩，必要時就無情地輾壓過去。我為了寫卡拉尼克的人物專訪，曾在二〇一五年採訪史密特，當時他說：「誰會因為缺錢，而給予政府創造貨幣價值的權利？」（谷歌創投〔Google Ventures〕在二〇一三年投資優步公司兩億五千八百萬美元，金額高得嚇人，等於送給卡拉尼克一張空白支票，條件隨便他開）。[32]「計程車司機買不起價值百萬美元的牌照，所以最後等於是替金融公司工作。」這話說得挺中肯；雖然計程車業老是怪罪優步公司和來福車，可是最近《紐約時報》指出，多年來紐約市官員自己就是高風險貸款業者的同謀，他們合力炒作計程車牌照的價格，後來價格崩跌，害慘很多司機。[33]四年前史密特告訴我，他相信要打破制度，就必須靠卡拉尼克那樣的人。史密特說：「他屈居劣勢卻敢對抗產業結構。他是那種有本事從零開始闖出一片天的人；這種人討厭（現狀），才引起別人的討厭。」[34]

這當然是事實。四年前我在波士頓旁觀卡拉尼克對當地企業領袖演講，他在演講中大膽宣示：「我預見五年後的波士頓，將是一個沒有交通問題的世界。」優步公司現任執行長霍斯勞沙希時時盛讚公司在都市地區營運，實際降低交通壅塞和空氣汙染。然而最近卻出現令人困擾的研究，顯示共乘制度固然可能促使消費者減少購置私家汽車，但卻也可能增加都市內交通往來的里程數，導致交通壅塞和汙染的問題不減反增。[35]

許多年前我開始報導優步公司時，這類問題就已慢慢浮現，不過卡拉尼克這個人是典型的急性子，只喜歡衝鋒陷陣，沒有興趣討論問題。事實上，拿任何這類議題去問卡拉尼克，他都不怎麼自在。我認識很多矽谷型人士，如果你企圖誘使他們討論有關科技巨頭論辯的爭議部分，他們會迅速進入戰鬥模式，卡拉尼克也一樣。當我拿別人批評他和優步公司的話問他時，卡拉尼克的身體語言會改變，眼睛馬上瞇起來，就算地點在矽谷內也不例外。

卡拉尼克說：「那些人不了解我。我的動力來自過去不曾解決的困難問題，因為想要找出真正有趣、影響力大的解決辦法。對我來說，問題是什麼甚至都不重要，我就是深受吸引，可能是這樣，結果就變成稍微不同的風格。」他有一點不情願地說道：「我正在學習怎樣釋放本身的急躁，可是我也了解，當你變得愈大，就愈需要傾聽，愈需要受歡迎，行事更加謹慎。」在卡拉尼克卸下心防的時候，曾告訴我他有時候覺得自己「在濃霧中開車，我的手放在方向盤上，車速快到沒辦法看後方，就是前方也看不遠。」

比喻得很好，其實也適用所有科技巨頭。畢竟光是優步一家公司，不至於造成天翻地覆的經濟轉變，撼動每個地方勞工的生活。可是無論如何，優步公司確實從這場經濟轉變中得利。諷刺的是，零工經濟造成的改變竟對另一個族群起了正面影響，那就是勞工運動。如今勞工占整個經濟大餅的比率之低，是二次世界大戰之後僅見，對於七成靠消費支出的美國經濟而言，這是極為嚴重的問題。傳統工會的滅亡是這個問題的最大推手；工會的會員費是法律規定收取的，而工會的勞工大概都從事公共服務或藍領工作，例如營建業和製造業。由於工會僅代表美國總勞動人口的百分之十點七（一九八〇年代初期是這個數字的兩倍），如今勞工根本沒有和雇主討價還價的實力，加上零工經濟和自動化的影響，問題又進一步惡化。

儘管如此，跡象顯示一種新的勞工運動可能正在醞釀成形，基礎更廣、更有彈性，也更數位化。紐約最近出資兩百萬美元，目的是協助發展數位合作公司，譬如印刷行、街坊咖啡店、高檔精品工匠。自由職業者工會（Freelancers Union）聚集被零工經濟傷害的高階服務業者（作家、繪圖師、攝影師等），目前擁有三十七萬五千個會員，有助於抵銷傳統工會逐漸沒落。

在科技巨頭塑造的世界裡，這個現象凸顯「勞工階級」的本質正在改變。如果只用時薪作為標準，那麼許多白領自由職業者就不能算是勞工。可是如果採用愈來愈多左派經濟學家的定義，以職業保障和福利衡量，那麼這些白領勞工絕對和傳統勞工階級面對相似的挑戰和憂慮，也就是沒有退休金，沒有健康保險，被科技搶走工作——如今被科技取代的工作愈來愈往經濟食物鏈的上游走了。

這種混雜情勢的潛在經濟與政治力量，吸引了自由職業者工會的發起人霍蘿薇茲（Sara Horowitz）的興趣。她說：「意識形態上，我的淵源來自一九二〇年代的猶太勞工運動，參與者不僅有成衣工廠的工人，還有小企業主。」霍蘿薇茲的確為她的社群帶來一股混合企業家幹勁和策略性思考的有趣內涵。舉例來說，自由職業者工會協助紐約市通過一條法律，容許獨立承包商在客戶不付帳時提起訴訟，要求對方支付損害賠償和打官司的費用。接著霍蘿薇茲的團隊開發出一款應用程式，幫助會員找律師替他們打官司，由於這些法律專業人士多半獨立執業或是替小公司工作，她也開始組織這些人（霍蘿薇茲計畫將這項策略帶到其他領域，包括會計專業）。她說：「當勞工運動的範疇界定得太狹隘時，我感到擔憂。」她希望民主黨多想一些辦法，化解各行各業勞工共同的憂慮，不管他們的收入是高還是低。

這個時機可能恰恰好。皮尤基金會（Pew Foundation）所做的一項研究指出，千禧世代對工會的看法和上一輩不同。大概在二〇一〇年，千禧世代對工會的好感掉到最低點，可是之後便穩定回升，如今全美總人口中有百分之四十八相信工會是好事，其中又以千禧世代的評價最正面。電視節目《諾亞每日秀》（*The Daily Show with Trevor Noah*）的撰稿人郭麗（Kashana Cauley）在《紐約時報》社論版上寫道，當「政府想要剝奪公營和私營健康照護，當薪資持續下滑」，千禧世代現在開始關注反擊的呼聲，方式是加入「工會或自組工會」。有趣的是，這項觀點同時吸引兩黨陣營的年輕人。半數政治立場保守的千禧世代實質支持有組織的勞工，和年紀較長的共和黨支持者相比，後者的支持比率只有百分之二十四。這對於民主黨二〇二〇年大選是絕佳機會，只要努力不讓矽谷或華爾街的自由放任派綁架，他們大有可為。[36]

我最後一次訪問卡拉尼克時，他對另一時期的勞動力破壞開始感興趣：一八〇〇年代末期，也就是所謂的鍍金時代。也很巧，他正在閱讀契諾（Ron Chemo）所寫的洛克斐勒（John D. Rockefeller）傳記《洛克斐勒：美國第一個億萬富豪》（*Titan*）。和卡拉尼克一樣，洛克斐勒也是白手起家，最終創造全世界規模最大、最有勢力的壟斷企業標準石油公司，過程中一路過關斬將，打敗了監管機關、工會和政治官員。[37]這是當前眾多政治人物和監管人員都在關注的故事，因為他們角力的對象正是科技巨頭這些新壟斷勢力。

第九章　新壟斷企業

十年前我曾短暫琢磨過要不要去谷歌工作，後來再次踏入這家公司的紐約辦公室，已經是二〇一七年的事了——之前不久我才接下《金融時報》全球財經專欄的撰稿工作。谷歌公司的餐廳依然供應美味飲食，不過谷歌人對公司的看法，和很多外界人士對它的看法，兩者之間呈現更極端的認知失調。我對這次拜會的谷歌公共政策幕僚提到壟斷勢力的議題，她坦然流露訝異之色：「我們覺得自己一直都面對威脅，來自其他人科技公司的威脅。我們實在不明白，怎麼會有人說市場上競爭不足。」

我能理解她的觀點，因為從前文已經知道，如今亞馬遜已經成了谷歌的主要競爭對手。問題是兩家或三家龐大企業彼此競爭，並不能真正算是競爭的經濟型態，因為唯有各種類別、各種規模的公司都能夠進入市場，並且生意興旺，才能稱為競爭的經濟型態。現在這種情況愈來愈少見了，因為科技巨頭擁有好幾種天生的優勢，培養出他們的壟斷力量：資訊不對稱；網路效應；能夠在開放源碼的環境下輕易抄襲小型競爭者的創意；收取過路費（哪怕只是資料而非現金）；

擁有平臺的雙重優勢（一來其他公司需要使用平臺，二來自家公司能夠在平臺上做生意）；規模最大的業者在華盛頓能夠施展法律和政治實力以遂行其願望。那一年接下來的日子，我親眼目睹那股政治力量的運作，因為我盯著史密特的動態：身為舉足輕重的華府智庫新美國基金會（New America Foundation）的大金主，他成功壓制一位政策專家，因為他覺得對方的思想具威脅性。

我之所以認識學者林恩（Barry Lynn），是因為拜讀他針對供應鏈經濟學所撰寫的先知之作，在那些文章中，他檢討了美國的製造競爭力是怎麼輸給中國的。[1] 林恩和我都擁護地方主義和小企業，最近他開始研究科技巨頭主宰經濟的方式，以及因而造成的創業活力與成長受阻現象。林恩的研究團隊「開放市場部」在智庫的網站上張貼一篇文章，盛讚歐盟對抗谷歌的反托拉斯法令，當時身為谷歌母公司字母控股執行董事長的史密特旋即召見新美國基金會的主席斯勞特（Anne-Marie Slaughter），她在希拉蕊當國務卿時，曾擔任政策計畫主任。史密特召見她的意思很清楚，就是要表達不贊成刊登那篇文章。

正因為如此，斯勞特才會對林恩說：「開放市場與新美國分道揚鑣的時候到了」。《紐約時報》檢視她寫的一封電子郵件，信中強調問題不是出在林恩的作品，而是出在他「欠缺同事之間的互動合作」，以致危害到整個組織。這件事讓林恩回想起一年前（二〇一六年）斯勞特寫給他的一封電子郵件，那是在林恩組織的一場備受好評的會議之前發生的事，那場會議的主題是關於谷歌、亞馬遜、臉書的市場獨霸現象。斯勞特在那封郵件中指出，谷歌顯然很關切這場會議沒有人替自己的立場發聲。斯勞特在信中對林恩說：「我們目前正在針對一些關鍵重點，嘗試拓展與谷歌的關係。」她催促林恩「只要思考如何破壞別人籌資就行了。」[2]

最後林恩還是被趕出智庫（不過谷歌和斯勞特都否認是因為史密特施壓），[3]他隨後自行創辦一個更有影響力的獨立智庫，名為「開放市場研究所」（Open Markets Institute，在此充分揭露資訊：我在這個新智庫中擔任諮詢委員）。林恩對科技巨頭壟斷勢力的關切，已經走到華府政策對話的最前線，同時影響自由派和保守派。和這個智庫有關聯的作品當中，最富影響力的一篇出自年輕的女法律學者肯安（Lina Khan），她寫的那篇〈亞馬遜的反托拉斯弔詭〉，於二〇一七年一月刊登在《耶魯法學期刊》（*Yale Law Journal*）上，文中詳細闡述為何關於壟斷力量的舊思維，到了數位時代已經不夠用了[4]（肯安與開放市場研究所合作兩年之後，才去念法學院，畢業後又在該組織工作了一年）。

這個年僅三十歲、為人隨和的學者，專精領域是長期以來遭到忽視的反托拉斯法，誰想得到在全球科技巨頭的眼裡，她竟然是頭號公敵（也有人認為她排第二名，歐盟競爭事務專員維斯塔格才是頭號公敵，不過她也從肯安那裏擷取一些想法）。肯安的突破來自她「對那些真正研究權力的經濟學家產生興趣……在當代版的經濟學中，將那些塵封的思想挖掘出來，是一件大事。」這是二〇一九年我採訪肯安時，她自己的說法。

一般來說學術論文不會受到讀者瘋狂轉傳，可是政策制定者對這篇文章的興趣之高，幾乎達到前所未見的地步。在不到一百頁的篇幅中，肯安擲地有聲地論斷，美國反托拉斯法的宗旨是監管競爭與遏阻壟斷實務，可是當前該法律的詮釋，完全不合適現代經濟的架構。

過去近四十年來，反托拉斯學者（依循柏爾克一九七八年的著作《反托拉斯悖論》）已經把壟斷力量的定義鎖死在短期價格效應；所以假如亞馬遜為了消費者而把價格壓得更低，那麼市場想必運作得很有效。肯安陳述一個簡單有力的反擊論點：像亞馬遜之類的公司，只要是利用掠奪性定價（Predatory Pricing）策略操縱多個產業，扼殺競爭與選擇性，那麼不管有沒有把價格降得更低，都算是壟斷。肯安說：「華爾街對亞馬遜的觀點與傳統經濟理論對這家公司的評價，兩者差距之大，令我嘆為觀止。」

她重新建構這個問題，有醍醐灌頂之效，現在大西洋兩岸有多起針對科技巨頭的反托拉斯行動，都以肯安的立論作為行動的核心。多年來專家一直告訴我們，權力集中在少數幾家超大型公司手中，是很多問題的關鍵因素，包括薪水停滯、貧富差距日益擴大、政治民粹主義等等。[5]現在肯安的論文橫空出世，忽然攤開一張釐清問題的地圖，以及處理這個問題的潛在法律工具。

肯安說：「基本上，我感興趣的是市場力量的不均衡，以及這些失衡現象如何具體展現；不僅科技業，很多產業都有這種現象。」肯安寫過許多尖銳的文章，討論諸多產業的壟斷力量，譬如航空業和農業。她說：「很多人討論市場的時候，把這些力量當作全球化和科技的產物，以為這些事情毫無根源，完全脫離法律和法律組織。」而肯安和她的很多追隨者則持相反的信念：

「如果市場引領我們（民主社會）前進的方向，使我們覺得不符合大家對自由或民主的願景，那麼政府就該義不容辭採取行動。」[6]

讓肯安聲名大噪的那篇論文，講的正是亞馬遜的獨大勢力，從很多標準來看，它都是FAANG科技巨頭中實力最強、最具優勢的公司。如今亞馬遜掌握了美國最大一塊電子商務市場，名符其實成了史東筆下那家《什麼都能賣！》的商店。不過大家可能還記得，這家公司最初只是一家賣廉價書籍的供應商，威脅要弄垮出版商，更別說傳統的實體書店，當時亞馬遜的定價策略只能用掠奪來形容。亞馬遜火力全開攻擊書籍產業時所採取的戰略，不久就成為標準作業程序，隨著公司在其他無數的產業和市場中攻城掠地。

「便宜」的錯覺

假如亞馬遜挑戰書籍產業的方法有什麼過人之處，那可能就是勝在「微妙」兩字。誠如史東在《什麼都能賣！》裡說明的，[7]貝佐斯指示員工「像獵豹接近病弱的瞪羚那般，伏擊小型出版商。」[8]亞馬遜的「瞪羚計畫」（Gazelle Project）名符其實，推出折扣超低的暢銷書，以建立它在電子書市場的主宰地位，方式和蘋果電腦主宰數位音樂市場如出一轍；亞馬遜也以低於成本的價格，販售自己的Kindle電子書閱讀器。這兩項技術都有助於建立消費者網絡，一而再、再而三吸引他們回到這家電子零售商的網站購物。在此同時，亞馬遜公司也在網路上打折出售實體書本，用的正是肯安在論文中描述的那種掠奪性定價策略。亞馬遜公司每賣出一本電子書，賺到的利潤或許微不足道，可是策略奏效：到了二〇〇九年，也就是Kindle電子書上市大約兩年之後，亞馬遜賣出的電子書已占據所有電子書的九成之多。

大出版商深恐亞馬遜的定價策略會改變消費者對電子書「正常」售價的印象，一個不慎就會永遠改變書籍產業的經濟，因此奮力想要奪回一些控制權。「六大書商」（二〇一三年企鵝〔Penguin〕併購藍燈書屋〔Random House〕之前，出版規模最大的六家）當中的五家，決定要嘗試改和蘋果公司交易，蘋果公司同意由出版商訂定消費者該支付的價格（意思就是蘋果不能隨心所欲將電子書照售價打五折賣出），同時按照出版商認為公平的價格打七折出售。六大書商之一的麥克米倫（Macmillan）催促亞馬遜這邊也接受同樣的交易，沒想到亞馬遜倒打一耙，指控麥克米倫祭出壟斷力量。

一家出版商的實力根本遠遠比不上亞馬遜，怎麼可能在市場上發揮任何壟斷力量？可是司法部無視這樣的諷刺，在二〇一二年決定對蘋果公司和幾家出版商提起反托拉斯訴訟，指稱這些被告公司都是同謀。外界有許多專家和政客抱怨司法部告錯人了，畢竟若非亞馬遜企圖攫取愈來愈大的市場占有率，怎麼會有那樣的定價策略？可是調查人員卻發現缺乏「具有說服力的證據」，可以證明亞馬遜公司從事掠奪性定價，因為這家公司的生意一直都很賺錢，那怕書籍折扣打得很低也不影響生意。

根據肯安的說法，問題出在這種方式沒有考慮到兩件事。第一，在亞馬遜這樣的數位平臺上，產品打折售出給予平臺主人某種優勢，這是傳統零售店家販賣打折商品時享受不到的；這種優勢就是憑藉超低售價所蒐集到的資料（哪怕顧客只是在亞馬遜網站瀏覽，沒有真正下單購物，個人資料照樣被亞馬遜收入囊中）。第二，亞馬遜有許多手段可以彌補它自願承受的電子書虧損（這個時候它早就大到足以凌駕其他零售業者了）。司法部採用極為線性思考的方式審查定價力量：某一條特定的事業線（譬如書籍、尿布、傳統家電）是否為了削價競爭而承受虧損？這麼做是否造成消費者的痛苦？

可是平臺技術已經改變了出版業，事實上是改變了每一種零售業，改變之澈底，讓定價的老式思維統統不管用了。肯安解釋說：「司法部忽略了，低於成本的售價反而加強了亞馬遜主宰市場的力量，反觀如果實體零售商這樣做產生虧損，是無法彌補回來的。」

亞馬遜的這項策略告捷，自此之後就利用類似手段操縱其他非常多領域，最終他們以削價競爭打敗的對手，不僅是傳統零售業者，連電子商務業者也遭到毒手。舉例來說，亞馬遜利用自動執行重複功能程式，監視嬰兒用品市場龍頭業者Quidsi的價格，然後在第一時間調低自家賣場中相同產品的售價，金額則是精算過的最合適價位。最後Quidsi被擠出領導地位，不得不賣給亞馬遜，就像很多競爭對手的下場那樣，鞋子零售商Zappos則是另一個例子。

根據一項研究，亞馬遜現在是網路購物的預設起點，美國有百分之四十四的消費者想要買東西時，第一個搜尋的就是亞馬遜網站。[9] 亞馬遜公司除了是零售商，還身兼行銷平臺、貨運與物流網路、支付服務、信貸業者、拍賣所、大出版商、電視與電影製片商、服裝設計者、硬體製造商、雲端服務與電腦運算力主機領導業者。[10] 連續好幾年，亞馬遜淨銷售額都是兩位數成長，但是為了在更多產業爭取更高的市場占有率，依然接受營運虧損或低利潤。

亞馬遜的價格很有誘惑力——說實話，我自己也常常在這個網站買東西，我猜本書的許多讀者也一樣。可是有能力加強競爭態勢的並非消費者，而是監管機關。如果監管機關更仔細審查亞馬遜，就會發現這家公司其實有很多行為違反競爭，甚至達到讓人毛骨悚然的地步。舉例來說，亞馬遜的 Alexa 聲控助理能夠引導我們接近若干產品、遠離其他產品。某項研究發現，這種提示可以替亞馬遜增加百分之二十九的營收。[11]

可是要記得一件事：有鑑於你所放棄的資料價值不斐，亞馬遜的價格其實並沒有那麼便宜。根據保守估計，谷歌、臉書、亞馬遜這些平臺公司，加上其他大型資料蒐集者如徵信機關，二〇一八年他們所蒐集的全部個人資料，總價值大概是七百六十億美元。[12] 這等於是幫忙剷平障礙，容許這類公司銷售目標式廣告（占平臺業者整體廣告營收的一半），[13] 而且該數字還沒有算上其他利用方式，譬如整合所有個人資料以增加價值，或是被這些公司拿來用各種手段提示消費者做某些採購決定。

仔細閱讀谷歌首席經濟學家范里安一九九八年的著作《資訊主宰：網路經濟策略指南》，就很清楚這類公司的負責人其實心知肚明，使用者以為產品「免費」，根本就是錯覺。問題是我們不清楚自己的資料究竟在這些公司心裡值多少錢？二〇〇九年范里安登在《連線》雜誌的一篇文章中雄辯滔滔，他問道：「谷歌為什麼要免費送你產品？包括他們的瀏覽器、應用程式，還有安卓手機作業系統？任何可以增加網路使用量的東西，最終都是谷歌賺到了。」[14]經由「奉送」以換取更有價值的東西，使得谷歌和亞馬遜之類的公司賺進龐大利潤，同時也為自己的企業打造了堅不可摧的護城河。

如今亞馬遜對物流業的控制程度之深，已經可以向優比速之類的公司索求大幅度折扣（有些甚至低到一般價格的三折）。為了彌補這部分的利潤，貨運公司只好向其他小顧客收取較高費用。[15]為此亞馬遜祭出另一項驚人的競爭招數，他們成立新貨運事業，目標客戶正是那些因為亞馬遜而被優比速和聯邦快遞收取較高費用的小零售商。簽約的商家大多數本來就與亞馬遜互為業務競爭關係，現在他們的相對競爭優勢更差了，反觀亞馬遜則在過程中更上一層樓。

亞馬遜公司就像賭場的莊家——永遠都是贏家。二〇一五年有個商家對《華爾街日報》投訴：「如果不在亞馬遜的網路商城開店，業績就沒辦法真的衝高，可是賣家心裡都很清楚，亞馬遜也是他們的頭號競爭者。」[16]最終結果是亞馬遜在愈來愈多市場裡的控制比重愈來愈大。貝佐斯的零售巨獸現在是訂單履行與物流管理的主宰，擁有成千上萬貨車、貨櫃船、飛機、無人飛機，可以任意調派。已離職的亞馬遜員工說過，它的終極目標是擠掉所有的運送服務，屆時就不僅什麼都能賣，而且是什麼都能運送了。[17]

科技平臺的崛起和新企業的成長趨緩、創業家的機會減少有關聯，[18]部分原因是平臺能夠迅速進入新的事業線，這是傳統企業，尤其是小企業做不到的。還記得嗎？第七章講過谷歌有能力抄襲Yelp網站的地方搜尋商業模式，並且迅速採取行動，自己吃下對方的地盤（和隨之而來的廣告收益）。科技巨頭就像從前的鐵路或電信公司一樣，有能力創造市場，而且在市場中做生意，顯然擁有不公平的優勢。

外界普遍明白科技公司因為握有壟斷力量，而享有非比尋常的利潤，很多人因此覺得並不公平。二〇一八年，《經濟學人》（*The Economist*）雜誌估計公司集中化現象加深，創造了總數六億六千萬美元的不正常利潤，其中三分之二來自美國，而美國的三分之一又來自科技業。[19]這是科技公司能夠顛覆平常經濟引力法則並施展手段的直接結果。

科技巨頭竭力否認這一切。二〇〇九年谷歌的史密特說：「我們離失去一個客戶只有一次點擊之遙，所以我們很難用傳統公司的辦法，綁住顧客不讓他跑掉。」[20]然而大量研究顯示，平臺一旦在市場中達到主宰地位，既有顧客幾乎不會再轉到別的平臺，因為「轉移成本」相當高——從一個平臺換到另一個平臺會產生認知上的痛苦，這和決定去哪一家實體商店買東西是不一樣的（光是想到要重新記住密碼就頭痛）。[21]真相是哪怕有一天谷歌突然雄風不再，我們大多數人寧願出去附近街上蹓躂，也不願意放棄谷歌，改用微軟的Bing搜尋引擎。平常的競爭法則在平臺世界中根本不管用。

反托拉斯弔詭

當一家公司不但是市場中的競賽者，而且本身擁有那個市場時，從競爭的立場來看顯然是有問題的。正因為如此，金融業才會設立法規，防止公司持有自家負責交易的資產，也不得在他們所創造的市場中參與買賣（不過偶爾有精明的律師和遊說人士會鑽漏洞，逃避這些法規）。截至目前，科技公司都避開了這類專門的限制，即使早已成為世界最大、權力最集中的公司，既有限制仍然管不動他們。[22]部分原因是科技公司的商業模式不透明，外界連理解都很困難，更不要說監管了。不過還有另一部分原因：可能羈束他們力量的監管人員手上，只有過時的壟斷勢力模式，這套法令已經四十年未曾修改過了。

事實上，上一次大動作重啟美國反托拉斯政策，是柏爾克在一九七八年出版《反托拉斯悖論》。柏爾克主張反托拉斯政策的主要目標，應該是刺激「企業效率」，於是從一九八〇年代以降，就開始以消費價格衡量企業效率。這一來，美國的反托拉斯政策就從「公民」福利為基礎，明顯轉變成替雷根政府的自由放任主義服務。問題是在今天的世界中，資料成為新貨幣，只拿價格作衡量標準已經不足夠（甚至不相干）了，因此引發外界呼籲，希望大幅翻修反托拉斯政策，比照美國在十九世紀末葉通過的《謝爾曼法》。當初設計《謝爾曼法》，目的是確保大公司的經濟力量不會導致政治過程的貪汙腐敗。

這項呼籲發出的時機正好。美國所得不均和公司整併程度之烈，已經到達鍍金時代以來前所僅見，因為和當年相比，我們的壟斷法律已經變得太弱勢、效率太差。二十世紀初期，寡頭壟斷公司如標準石油公司和美國鋼鐵公司（U.S. Steel）在許多方面力量甚至超越政府。他們經常自掏腰包賄賂政客，麥金利總統（William McKinley）便曾「默認華爾街對經濟的實質控制力比白宮更大」，[23]這和當今科技界許多公司的行為如出一轍。

鍍金時代的強盜大亨（robber barons，譯按：本意指強徵過路費的地主，十九世紀末用來指美國一些手腕卑鄙的商人）最後被布蘭迪斯（Louis Brandeis）攔了下來。十九世紀中葉，布蘭迪斯生於肯德基州路易斯威爾鎮（Louisville），身兼倡議者、改革家、最高法院法官多個角色。路易斯威爾鎮是個文化多元、地方分權的美國中型城鎮，布蘭迪斯稱讚它「寧靜質樸」，遠離「大規模的詛咒（curse of bigness）」（這是哥倫比亞大學法律學者吳修銘重新捧紅的用詞，他提倡重返上個世紀初所詮釋的反托拉斯意涵）。[24]

布蘭迪斯年輕時，路易斯威爾鎮很繁華，較少受到美國海岸區和某些地方那種工業集中化的影響。在那個地方營生的多半是小農、零售商、專業人士、製造商，大家互相認識，協力合作，具有共通的道德架構，也就是亞當斯密所認定的市場運作良好的關鍵。然而後來布蘭迪斯成為波士頓的律師時，寡頭壟斷企業家洛克斐勒和摩根（J. P. Morgan）已經開始建立自己的帝國（洛克斐勒的石油王朝，和摩根的鐵路壟斷事業），不僅不道德，也缺乏效率。然而這些大亨早已收買立法人士，誰也沒有足夠的力量制住他們。

布蘭迪斯大膽向對方挑戰，他提告「摩根的紐黑文鐵路（New Haven Railroad）」一案暴露出壟斷力量的黑暗面：卡特爾定價（cartel pricing，編按：多個寡頭廠商針對同類產品協議定價及產量，以謀取權益）、賄賂官員、會計舞弊等等。這樁案子的結果不僅瓦解鐵路壟斷，而且奠定新的反托拉斯方式，更讓民眾相信政府應該有所作為，如同吳修銘所說的：「懲罰那些為了成功，不惜使用凌虐、壓制、不公平商業手段的人。」布蘭迪斯相信，超大公司限制個人發揮工作、競爭、致富的能力，就是剝奪對方的人性。他寫道：「比壓制競爭更嚴重的，是壓制產業自由，事實上就是壓制人的本性。」

這套哲學被立場矛盾的老羅斯福總統（Theodore Roosevelt）帶進主流思想，他本人對權力又愛又恨，但是希望公司受到政府抑制，堪稱打擊托拉斯的高手，從他的時代一直到整個一九六〇年代，都盛行布蘭迪斯的思想。然而隨著保守的芝加哥學派興起，特別是柏爾克，以前認為公司權力過大便是問題的主張，不久就失寵了。反托拉斯政策趨向技術治國論，軟弱無力，而且固守一個概念：只要公司降價嘉惠消費者，就可以隨心所欲擴大規模、發展勢力。

那種根本的轉變當然容許各種產業達到前所未有的整併程度，從航空業、媒體業到製藥業莫不如此，不過程度最烈的當屬科技業，他們的產品與服務不只是廉價，而且是「免費」的，說得更準確一點，是拿個人資料在不透明的交易中換來的——這說明壟斷力量需要新的詮釋。

對吳修銘、肯安、林恩和愈來愈多專家來說，谷歌、臉書、亞馬遜就是當今的標準石油或美國鋼鐵，除非秉持更廣義的壟斷思想加以遏阻，否則他們已是比政府更強大的公司，對自由民主構成威脅。有鑑於科技巨頭形成獨特的挑戰，新的反托拉斯行動準則不僅應該納入更廣義的消費者價格與福祉的觀點，而且必須考量新公司是否有能力進入科技壟斷企業所把持的市場，讓他們的產品得以發揮實力、參與競爭。

肯安說：「很多時候，那都是做不到的。」[25] 她檢討了很多舊案，從鐵路反托拉斯訴訟案，到商業金融與商品所有權的分離都有，然後提出主張：「如果你從事基礎建設，就不應該獲准和那些依賴你的基礎建設的企業競爭。」[26]

新法規緩不濟急，因為科技巨頭已經在經濟的其他部分引發集中化的骨牌效應，許多經濟學家相信這將使分享式成長（sharing growth，譯按：指經濟參與者皆共享成長的發展模式），速度減緩。一九九七年到二〇一二年間，政府普查的九百個行業當中，有三分之二的公司集中化程度增加，每一個行業排名前四家公司的加權平均市場占有率，從百分之二十六提高到百分之三十二。[27] 這背後的原因是各行各業的公司都相信，他們必須壯大起來，才能抵擋FAANG這些科技巨頭。

過去幾年來，即使是傳統產業的巨頭公司也拚命保持規模，因為相信要競爭就必須靠規模取勝。二〇一八年公司合併、購併的件數之多也打破歷史紀錄，其中許多牽涉到大公司苦於本身商業模式遭規模更大的數位公司破壞，只好企圖藉購併擴充來和對方較量。以ＣＶＳ連鎖藥局買下安泰人壽（Aetna）為例，起因是谷歌和亞馬遜進軍醫療保健領域。超市龍頭沃爾瑪（Walmart）也是在亞馬遜併吞全食超市之後，才買下印度的主要電子商務公司Flipkart。

企業合併、購併現象最明顯的產業，非媒體業與電訊業莫屬。[28]迪士尼和康卡斯特競價爭購二十一世紀福斯公司（21st Century Fox）的資產；二〇一八年電信業者T-Mobile和斯普林特（Sprint）籌畫合併，已經向聯邦通訊委員會遞案。也許最重要的是，一向好辯的美國聯邦地區法院（U.S. District Court）在二〇一八年准許AT&T和時代華納公司合併，開啟一連串新購併交易的閘門。[29]地方法院法官黎昂（Richard J. Leon）同意該合併案，在他撰寫的一百七十二頁判決文中指出：「假如有哪一宗反托拉斯案的當事人，對於相應市場的現狀評估天差地遠，對於未來發展願景的看法也截然不同，非這件案子莫屬。難怪兩造必須打官司解決！」

兩家有線電視巨人聯手，實在很難辯稱是對消費者有利。然而這樁交易凸顯一件事實：過去幾年來，媒體態勢已經產生劇烈變化。也許大家很難相信，儘管AT&T和時代華納兩家公司合併後創造出數十億美元的媒體集團，但是和他們的矽谷新競爭者相比，依然是小巫見大巫；這些競爭者包括串流服務業者網飛、亞馬遜、臉書、谷歌，連蘋果公司也在二〇一九年宣布大舉進軍娛樂業和媒體業。

司法部反托拉斯部門負責人德萊希姆（Makan Delrahim）主張，應該阻止AT&T購併時代華納，因為兩家公司的合併將會導致美國消費者負擔更高昂的有線電視費率。然而法官卻採華納公司的說詞，為了抵禦更大競爭者的壓力，合併勢在必行；谷歌為付費版 YouTube（Premium）定價每個月四十九點九九美元，最多可看五十個頻道。亞馬遜和網飛則重資自製原創內容（網飛光是二〇一八年就花了一百三十億美元開發內容），目標對象是有線電影頻道ＨＢＯ，此舉一來拉攏對方的觀眾，二來意在向ＨＢＯ挖角。同樣是二〇一八年，蘋果和臉書也各花了十億美元製作原創影視內容。

二〇一七年，谷歌和臉書吃下百分之八十四的數位廣告市場。誠如黎昂法官在他的時代華納判決文第二頁所寫的：「臉書和谷歌在數位廣告平臺的主宰地位，已經超越電視廣告的收益」，使得時代華納之類的公司更難維持低收視費率。難怪同一年美國有兩千兩百萬有線電視訂戶「剪線」，或乾脆拋棄有線電視盒，這個數字比二〇一六年高出百分之三十三。[30] 在這個數位媒體的世界，假如說有哪一家公司掌握了壟斷勢力，那絕不是傳統媒體業者。

然而這波浪潮可能要開始調頭了，因為監管機關終於對公司集中化所造成的競爭威脅心生覺醒。二〇一七年，歐盟率先對壟斷議題發難，開出史上最高反托拉斯罰單給谷歌，罰金高達二十七億美元，罪名是獨厚自家服務，對競爭對手不公平。投訴谷歌的抱怨主要來自英國的購物服務網站Foundem（詳見第七章），不過這件案子也觸及其他相關問題，也就是Yelp與谷歌的衝突，以及二〇一二年美國聯邦貿易委員會撤銷控訴谷歌的案件。歐盟競爭事務專員維斯塔格在一封措辭強硬的信中，一針見血地指控谷歌公司「摧毀工作、扼殺創新」。翌年歐盟開給谷歌的罰單金額甚至更高，大約是五十億美元，罪名是濫用該公司在手機市場的支配地位。[31]

反托拉斯立法的過程顯然緩慢且複雜，但即使是二十幾年不見大型反托拉斯訴訟案的美國，也終於出現改變的契機。聯邦貿易委員會主席西蒙斯（Joseph Simons）誓言將採取反托拉斯的「強力」執法，他在二〇一八年召開競爭與消費者保護聽證會；自從一九九五年以來，這是第一次針對該主題所舉辦的廣泛策略聽證會。眾議院民主黨員對此議題尤其興奮，即便共和黨立法人士也加入民主黨的行列，呼籲聯邦貿易委員會和司法部調查規模最大的幾家科技公司。二〇一九年七月，臉書透露聯邦貿易委員會確實已經開始針對反托拉斯案調查該公司。不過聯邦貿易委員會和司法部目前也在研究，能否對其他涉案的科技巨頭採取行動。

司法部反托拉斯部門負責人德萊希姆企圖阻止AT&T和時代華納兩家公司合併，他告訴我，他相信價格不是衡量消費者福祉的唯一標準，還說「資料是重要資產」。儘管德萊希姆原則上不反對科技巨頭的商業模式或交易方式，他仍然擔心對方會濫用自己的獨大地位。許多批評家如今也看出谷歌行為的證據，德萊希姆告訴我司法部正在密切關注。[32]他問道：「你可以利用自己的地位，去打擊、排擠將來會挑戰壟斷地位的新科技嗎？當我們注意谷歌或其他公司正在從事的實務型態時，我認為這是重要的考核點，也是值得很多人觀察的好指標。」

為資料標價？

現在的大問題是，政策應該「如何」改變？新的反托拉斯和壟斷案件，應該在什麼基礎上論辯？有些人相信，芝加哥學派的消費者定價哲學可以用來抑制科技巨頭的勢力。德萊希姆說：「隨著資料變得愈重要，為消費者製造的產品也變得愈有效率，然而你也可能遭到若干（競爭）阻力。」他暗示選擇性（而不僅是價格）應該也是衡量消費者福利的一部分標準。[33] 證券交易委員會的委員傑克森（Robert Jackson）說，他相信公司應該在呈交證券交易委員會的報告中，明確申報資料的價值，就像申報公司擁有的任何原物料一樣。假如大眾可以取得這項資料，對於釐清科技巨頭在市場上的真正力量，就會往前邁進一步。

那麼做當然就需要為資料公開標價，現在已經有人在努力了。誠如風險投資業者麥納彌指出的，資料和網路效應結合的力量為消費者創造價值，不過它為科技巨頭公司所創造的價值，更是呈幾何倍數增加。麥納彌說：「每次谷歌推出新的服務，消費者就得到階梯函數式（step function）增加的價值，不過僅止於此。對使用者來說，每一次新的搜尋、電子郵件訊息、地圖查詢，大概都會製造相同的價值。在此同時，谷歌卻收穫至少三種型態的價值：從該資訊萃取出來的廣告價值、經由綜合資料集（data sets）所得到的幾何式增加廣告價值、綜合資料集所得到的使用者資料又創造出新的使用案例。將資料集綜合起來所產生的使用案例，價值最高的其中一種，是根據使用者過去行為的詳細歷史，預測其未來購物的意圖。當使用者剛剛還在說要買什麼東西，馬上就看到相關的廣告，背後關鍵的推手就是根據綜合資料集所做的行為預測。[34]

結論是什麼？消費者正在放棄更有價值的個人資料，不明白個人資料的價值比他們得到的服務價值高出太多太多了。這意謂科技巨頭讓我們所有人付出的真正代價節節攀升——過去二十年我們在自己的裝置上花費的時間有多少，製造出來的資料量就有多少。如果這種說法成立，即使在目前的芝加哥學派架構下，監管機關依然可以強力主張：谷歌、臉書、亞馬遜和其他巨頭並未達到消費者福祉的標準，因此應該用新的方式加以監管，或是拆散成規模較小的組織。

不過還有其他很多人（包括我在內）相信，我們需要超越芝加哥學派，更深入思考科技巨頭的勢力扭曲市場與政治經濟的方式。學者吳修銘在著作《大規模的詛咒》（*The Curse of Bigness*）中有理有據地倡議新布蘭迪斯式（neo-Brandeisian）改革，未來針對大型合併案將舉辦更廣泛的民眾公聽會與辯論，如果最後證明沒有競爭性，便會強迫拆散合併案（吳修銘主張將Instagram和WhatsApp從臉書分離出去）；另外，新法規將允許監管機關調查個別公司和整體經濟態勢（英國便是採用這種方式，裁定倫敦的希斯洛〔Heathrow〕、蓋威克〔Gatwick〕、斯坦斯特〔Stansted〕

三座機場若歸於共同所有權，對公眾並沒有好處）。[35]

吳修銘和其他人，包括開放市場研究所的林恩和肯安，也主張以「公民福祉」取代消費者福祉，作為企業合併的標準。吳修銘寫道：「數十年的實務已經證明，芝加哥那一套辦法所承諾的科學確定性，到頭來並未實現，因為經濟不產生答案，只產生論辯。」

說得真好。事實上，如果二〇〇八年的經濟危機未能讓芝加哥學派的經濟壟斷思想倒臺，那麼數位巨頭的崛起肯定做得到。這兩者都使許多美國民眾感到制度崩壞，對經濟或對我們的民主都不是好事。肯安說：「新布蘭迪斯運動不僅是反托拉斯」，而且攸關價值觀。她說：「反托拉斯法過去曾經反映一套價值觀，接著價值觀改變了，將我們帶到截然不同的地方。」如今美國的公司勢力已經達到鍍金時代以來前所未見的強度，另一次改變應該上路了。

華府聽不聽得進去，還有待觀察，不過有一件事很清楚：這裡關係到的不僅是經濟活力。為了避免我們在代價極為高昂的民主壓力測試中宣告失敗，矽谷的經濟與政治勢力應該受到抑制——不論要靠反托拉斯政策、靠監管機關，還是要靠某種新的福祉哲學，此舉皆勢在必行。

第十章　快到不能倒

已故管理學大師杜拉克（Peter Drucker）曾說過：「美國歷史上每一次發生重大經濟衰退，『壞人』都是先前景氣繁榮時的那些『英雄』。」[1] 我忍不住懷疑，未來幾年歷史會不會重演？因為美國（也許全世界）正在朝下一波大衰退前進。從歷史來看，經濟衰退大概每十年發生一次，如今離二〇〇八年的金融危機已經十幾年了。回顧當年，銀行這些「大到不能倒」的機構，正是民眾投資的股票下挫、房屋價格下跌、薪資直直落的罪魁禍首。相形之下，科技公司在過去十年來引領股票市場直線飆升，可是這次的衰退，科技巨頭公司卻可能扮演砸場子的角色。

當你觀察當今規模最大、最有錢的科技公司時，大概不相信這事會發生。就拿蘋果公司來說吧，巴菲特（Warren Buffett）說他但願能持有更多蘋果公司股票（他的波克夏海瑟威公司〔Berkshire Hathaway〕擁有蘋果公司百分之五的股權）。這家在二〇一八年成為史上第一家市值破一兆美元的科技巨人，最近和高盛銀行聯手，發行新的信用卡。然而在這些行情熱絡的新聞標題背後，隱藏著許多令人煩惱的經濟趨勢，而蘋果公司正是這些趨勢的典範。如果你研究這家公司，就會開始了解科技巨頭公司（大到不能倒的新品種機構）怎樣播撒下一波危機的種子。

首先要考慮的，是這類公司公司所從事的金融工程。蘋果公司和大多數規模最大、利潤最高的跨國企業一樣，擁有大量現金（兩千八百五十億美元），也欠了很多債務（將近一千兩百二十億美元），原因是過去十年來，它將大部分閒錢暫時停留在境外債券投資組合——大概每兩家有錢的大公司當中，就有一家採用相同的招數。在此同時，打從二〇〇八年金融危機以來，蘋果公司就以很低的利率發行公司債，然後買回數量破紀錄的庫藏股票，以及發放股東紅利。自從二〇一七年十二月川普的稅法通過之後，企業每一季買回四千零七十億美元庫藏股，其中四分之一都是蘋果公司自己買回的。[2]

回購股票的主要得利者，是美國最有錢的百分之十人口，他們所擁有的股票占總體股票的百分之八十四。[3] 十幾年來，回購自家公司股票已經成為企業現金的最大支出項目，這件事實拉抬了股票市場，不過也擴大了貧富懸殊的距離。很多經濟學家相信，貧富差距擴大不僅是預估成長率低於歷史均值的最大因素，也是政治民粹主義的推手，而政治民粹主義到頭來又威脅市場制度本身。

蘋果公司也是另一項趨勢的縮影，進一步助長上述現象。這項趨勢就是無形資產興起，例如智慧財產和品牌（蘋果公司這兩方面都很豐沛）在全球經濟的比重愈來愈高，反觀有形資產的比重則相對下滑。誠如哈斯克爾與韋斯萊克在著作《沒有資本的資本主義》中說明的，這種改變在二〇〇〇年左右逐漸變得明顯，不過真正突飛猛進，則是二〇〇七年蘋果推出iPhone智慧型手機之後。數位經濟有創造超級巨星的趨勢，因為軟體和網路服務的規模很容易擴大，而且有網路效應相助。不過根據哈斯克爾與韋斯萊克的說法，這種趨勢也使得整體經濟的投資額減少了，不僅因為銀行不願意借錢給那些一旦經營失敗，無形資產恐怕一夕之間化為烏有的公司；另外也因為贏家通吃的效應，只有少數公司從中得利（包括蘋果、亞馬遜和谷歌）。

上一章提到，這種趨勢還可能是一堆問題的主要肇因，像是新創事業稀少、新工作機會減少、需求降低，以及我們呈兩頭分歧的經濟中多項令人煩惱的趨勢。蘋果和亞馬遜所享受的權力集中化，是企業合併與購併件數創下歷史新高的關鍵因素，尤其是電信業和媒體業；許多公司為了壯大實力，以期在串流影音與數位媒體的新環境中競爭，不惜大幅舉債支應。

有些高收益債現在看起來搖搖欲墜，凸顯下一波危機恐怕不會肇因於銀行，而是企業界。歷史上預測危機將至最準確的指標，就是債務迅速成長。過去幾年來，公司債市場異常活躍，發達經濟體發行的公司債創下新高紀錄；過去十年間，公司債市場成長了百分之七十，於二〇一八年達到十點一七兆美元，[4] 即使經營績效平庸的公司，也能輕鬆借到錢。然而隨著利率環境改變（來得可能比預期更快），很多公司可能禁不起考驗。國際清算銀行（Bank for International Settlements）已經提出警告，利率長期維持在低檔已經製造出數量高於尋常的「殭屍」公司，假如利率升高，他們將無法賺到足夠的利潤償債。國際清算銀行警告，一旦利率真的攀升，公司虧損和漣漪效應很可能比平常更加嚴重。

當然，下一波危機果真來襲時，科技公司表率（比如蘋果）的通貨緊縮力道，會造成因應措施更難以實行，那就是值得考慮的最後一項趨勢。科技公司把很多東西的價格拉低了，而與科技相關的通貨緊縮則是利率之所以維持這麼低、這麼久的重要因素，它不僅抑制價格，也限制薪水成長。利率如此之低有一部分要感謝由科技推動的通貨緊縮，意思是如果各國中央銀行在未來發生任何危機，操作的空間變得很小。蘋果和其他無形資產供應商在過去十年利率低、借錢便宜、股價高的環境中，獲得的利益高於其他公司。可是他們的力量也播下種子，未來可能長出令市場劇烈震盪的果實。[5]

新一批大到不能倒的公司

這一切令我回想起一段精采對話，那是我幾年前和美國財政部金融研究辦公室（Office of Financial Research）一位經濟學家的對談。金融研究辦公室是個小單位，但是很重要，二〇〇八年金融危機之後才創立，宗旨是研究市場問題，不過後來被川普總統大刀闊斧砍掉很多經費。我當時正在搜尋關於金融風險的資訊，想知道風險可能會在哪裡。那位經濟學家告訴我，不妨研究世界上最大、最有錢的那些公司（例如蘋果或谷歌）發行債券和購買公司債的情況，這些公司的市場價值現在早已遠遠超過最大的銀行和投資公司。[6]

在低利率的環境中，這些一流公司每年收益達數十億美元，它們自己先發行低利息債券，然後把錢拿去買其他公司發行的高收益公司債。一方面尋找報酬較高的投資，一方面為自己那麼多現金找出路，這種作法從某方面來看與銀行無異——在新公司債發行上占好錨位（anchor positions），基本上也像摩根大通銀行或高盛銀行那樣承銷債券。可是值得注意的是，因為這類公司並不是銀行業，也就不適用銀行的監管法規，所以很難追蹤他們究竟買了什麼、買了多少，又會對市場造成什麼影響。它們的行為不像銀行業那樣，有諸多白紙黑字的線索可考。儘管如此，大家依然忍不住會想，這些現金充沛的科技公司可能成為新的系統重要性機構（systemically important institution）。

我接著更深入挖掘這個主題，大約過了兩年之後，也就是二〇一八年，我偶然看到瑞士信貸銀行一份令人吃驚的報告，不但證實我的猜想，而且有量化證據。撰寫這篇報告的經濟學家波札爾（Zoltan Pozsar）一絲不苟地分析被公司存在海外帳戶的那一兆美元，那些錢大多屬於科技巨頭公司。這一大筆儲蓄，有八成控制在規模最大、擁有最多智慧財產的一成公司手中，也就是蘋果、微軟、思科、甲骨文、字母控股等公司。[7]

波札爾估計，那些錢絕大部分並非現金，而是債券，其中半數是公司債。由美國最富裕公司持有的這些境外「現金」備受吹捧，川普麾下的共和黨員視其為寶藏，國會通過輕率的稅務「改革」計畫時，就是以它為主要理由，但實際上這些錢根本就是巨大的債券投資組合。此外，一般來說這麼龐大的金融產權是由銀行或投資基金所擁有，可是現在情況不同，擁有者是舉世最大的科技公司。矽谷巨頭不但是地球上最賺錢、最不受監管的產業，而且成為市場上系統重要性最高的機構，假如持有的資產售出或遭到降級，將會造成市場本身傾覆。看似平凡的現象後面藏著驚人的新發現：如今新一批大到不能倒的產業已經不是大銀行，而是科技巨頭了。

重成長輕治理

我開始思考金融業與科技業的異同時，發現兩者的共通點愈來愈多，其中有一些相似處是他們的態度。舉例來說，觀察科技業因應二〇一六年總統大選危機的手法，簡直和金融界在二〇〇八年金融危機之後的行為如出一轍，真叫人嘖嘖稱奇。當初華爾街使出渾身解數，模糊金融業者在危機前後的所作所為，科技巨頭也不遑多讓，事涉干預選舉的任何一丁點有用的資訊，都必須一一剷除。

首先，他們堅持自己沒有錯，那些說他們錯了的人，都不了解科技產業。這種說法和金融業面對批評時，所持的「你們根本不懂」的態度完全吻合。在媒體和監管機關的極度壓力下，臉書的祖克柏終於將三千則與俄羅斯有關聯的廣告交給國會。谷歌和其他科技公司推諉的態度，也只比臉書稍微輕一些。科技巨頭在二〇一六年大選後幾年的行為，和華爾街金融業者在美國次貸危機時類似，主要是反應性姿態（reactive posture），盡可能提供最少的細節，企圖保持在他們的商業模式下資訊不對稱的優勢，當初銀行業也一樣，這麼做幫助它們製造巨幅利潤。科技巨頭這種「否認和轉向」的態度，與二〇〇八年金融業者的表現無比類似，最後結果都是罪有應得的公關災難。

除此之外，兩者還有更實質的相似處。我從較高的視野，看出金融鉅子和科技巨頭有四大相似之處：公司神話、不透明度、複雜度、規模。說到神話，二〇〇八年之前華爾街一直向我們推銷一些概念：某某東西對金融業有益，某某東西對經濟有好處；直到不久前，科技巨頭也企圖說服我們相信類似的概念。不過事情總有兩面，這兩個產業都遲遲不願承認「創新」的壞處，也不願負責任。

大量研究告訴我們，隨著社群媒體的使用量攀升，大家對於自由民主制度、政府、媒體、非政府組織的信任度都下降了。[8]在緬甸，臉書被利用來支持種族滅絕；在中國，蘋果和谷歌面對政府的審查要求都屈服了；在美國，個人資料被科技公司蒐集、貨幣化、武器化，我們才剛剛開始了解他們使的各種手段，此外科技壟斷企業還摧毀新工作的產生與創新。此時此刻，我們已經愈來愈難申辯科技平臺的好處遠遠大於其代價。

科技巨頭和大銀行的營運都不透明，複雜度高。就像那些大到不能倒的銀行在次級貸款時代所從事的複雜證券化業務一樣，科技公司的數據演算用途也異常複雜。這些產業利用資訊不對稱來隱藏風險，還做出圖利公司的惡劣行徑（譬如可疑的政治廣告），可是唯有業內專家才大致了解是怎麼回事。

不過複雜度也可能產生反作用。正如同二〇〇八年以前，許多大銀行的風險經理對於銀行的黑箱作業毫無所悉，如今科技巨頭的高階主管，也可能對於公司技術遭誤用的方式一頭霧水。[9]舉個例子，二〇一八年《紐約時報》的調查揭露，臉書一方面承諾要保護隱私權，另一方面卻容許其他幾家科技巨頭公司利用敏感的使用者資料，這些公司包括蘋果、亞馬遜和微軟在內。[10]

臉書在二〇一〇年到二〇一七年間曾與其他科技巨頭公司達成資料分享交易，目的是盡快擴張其社群網路，這對科技巨頭來說是雙贏局面，因為不同平臺之間可以互通有無，增加流量。然而臉書和其他公司都無法追蹤這些安排對使用者隱私的全部影響。蘋果公司甚至宣稱他們不清楚自己和臉書有這樣的交易，有鑑於蘋果自我標榜是使用者隱私權的捍衛者，居然承認公司不清楚狀況，實在是令人震驚。至於臉書這方面，《紐約時報》的同一篇報導一針見血地指出：「有些工程師和高階主管……認為檢討隱私權會阻礙迅速創新與成長。」他們的成長果真驚人：二〇一七年臉書的營收超過四百億美元，比二〇一五年申報的一百七十九億美元多出一倍以上。

臉書優先考慮成長，治理擺在後面，這種作法固然可議，卻非獨一無二。在華爾街的推波助瀾之下，如今短視近利的趨勢蔚為風行，也就是把股票價格當作價值的唯一指標，而且程度已經超越金融業的範疇。[11]科技公司高階主管竟然做出這些交易，讓我回想起當初的銀行高層主管，他們不了解自家公司的資產負債表內建什麼樣的風險，直到二〇〇八年金融危機爆發時，市場開始崩潰，他們才赫然清醒過來。公司往往優先考慮可以量化的東西，例如每股盈餘、本益比，至於比較難測量的營運風險則遭忽視，等到回過神來，早就大勢已去。

貪婪世代

我們世界的大部分財富被數目愈來愈少的富人與公司所把持，這並不是偶然；他們利用離岸稅負豁免或回購公司股票等金融奇技，確保政府摸不到這些錢。過去五十年芝加哥學派經濟思想在意識形態上勝出，將我們都教育成認同上述行為，覺得那是正常現象。這個學派不斷對我們洗腦，堅持公司的唯一目標應該是利益極大化。

簡而言之這派理念就是宣揚「股東價值」。[12]股東價值最大化是更大範圍「金融化」過程的一部分，我的上一本書《大掠奪》中業已闡述。[13]一九八〇年代以來，芝加哥學派思想受到青睞，與金融化過程崛起的時間相吻合，後者創造的情境並未讓市場成為支持實體經濟的管道（如同亞當斯密可能會認可的那樣），反而變得本末倒置。

在這一派思想下，我們關心的主要是「消費者福祉」，而不是**公民**福祉。我們以為股價上升代表對經濟整體有益，沒想到那只有利於擁有股票的人增加財富。在金融化的過程中，我們已經從市場經濟，轉變到哈佛大學法學教授桑德爾（Michael Sandel）所謂的「市場社會」（market society），對於生活中的每一個層面，都只斤斤計較利潤最大化。民眾能不能享受基本生活要素（包括醫療保健、教育、公平正義），取決於個人財富的多寡。我們與周遭的人之間的經驗被視為交易，可以論斤秤兩，這一點從日常用語便足以反映，例如時間「最大化」，關係「貨幣化」。

現在，科技巨頭所實踐的監控資本主義崛起，為了利潤，反而是**我們自己**被最大化了。記住一件事：我們的個人資料是科技公司和其他收穫資料者的主要營運投入（business input）。有一次有人問：「谷歌是什麼？」佩吉自己說：「如果真的要歸類，應該算是個人資訊……你看過的地方。通訊……偵測器真的很便宜……儲存很便宜。照相機很便宜。人會製造數量龐大的資料……你所聽過、見過或體驗過的一切事物，都將搜索得到。你的整個人生都將搜索得到。」[14]

各位讀者，想想看，你是被用來製造產品的原料，那個產品會將你賣給廣告主。沒錯，我們真的都活在電影《駭客任務》（*Matrix*）的場景裡。[15]

金融市場也助長這種改變，使我們更傾向侵犯式、短期、自私的資本主義，它與全球化、科技進步齊頭並進，創造一個不斷循環的迴圈，使我們深陷其中，不斷和愈來愈多人競爭，在更短的時間內競逐更多消費產品。雖然因為工作外包和科技破壞而催生的通貨緊縮效應，可能讓消費產品愈來愈便宜，但是無法彌補我們所付出的代價：收入停滯不前、生活壓力沉重等等。

你也可以更深入地論辯，主張矽谷代表朝向金融化移動的高峰，這裡說的不是那個到處看得見在車庫搞新創事業和貨真價實創新人物的老矽谷，而是當今被金融推著走的矽谷。現在經營大型科技公司的這一代企業領導者，當年踏入社會、創辦公司的時候，視政府為敵人，他們普遍認為利潤最大化是促進經濟（以及社會）進步的最佳方式。監管和限制公司行為，在他們眼裡是專制甚至獨裁的作風。「自制」成為常態，「消費者」取代公民。[16]

這一切都反映在矽谷的「大破壞」心態上，科技鉅子皆已視其為既成事實。正如同史密特與柯恩（Jared Cohen）合著書籍的平裝版問世時，於後記中所寫的：「悲嘆科技部門的規模與影響力無可避免地變大，只會讓我們失去重心，忽略真正的問題……我們所討論的很多改變都是無可避免的，它們就要來了。」[17]

監控資本主義的代價

也許吧。不過要是以為無可避免，就應該排除討論科技業對一般民眾的影響，那也太狂妄了。這一條思考路線的成本十分巨大，想一想，美國的前幾大公司（多半是擁有豐富智慧財產的公司）將一兆美元存放在海外，這可不是一筆小數目，相當於美國全年國內生產毛額（GDP）的十八分之一，而且其中很大一部分，來自政府資助的核心研究與創新者所研發出來的產品與服務。然而因為離岸稅負豁免，美國公民未能分享這筆投資的利益。值得注意的是，美國的公司稅率最近才從百分之三十五降低到百分之二十一，可是規模最大的公司多年來所繳的稅，只占所得的百分之二十左右，這都要歸功他們會鑽各種漏洞。科技產業繳的稅甚至更低，大概只有百分之十一到百分之十五，理由也是一樣：資料和智慧財產可以輕易搬到海外，但是工廠或雜貨店辦不到。

這又指向另一個新自由主義的迷思——我們只要降低美國的稅率，那麼這些「美國」公司就會帶著錢回國投資，創造工作機會，在美國境內製造產品與提供服務。然而美國最大、最有錢的公司打從一九八〇年代起，就一直站在全球化的第一線，雖然過去兩年海外營收稍有下滑，可是標準普爾（S&P）五百大企業仍有將近一半的營收來自海外。既然如此，這樣的公司怎麼可能對美國「全心全意」？事實上，他們不管對哪一個國家都不可能全心全意。[18]至少從當今美國資本主義的實踐方式看來，這些公司的承諾對象是顧客和投資人，當這兩者都變得愈來愈國際化時，公司董事就很難特別考慮美國勞工或社區的立場。

科技公司比任何其他種類的公司都**更有能力**移往海外經營，因為他們大部分的財富都不是「固定資產」，而是資料、人力資本、專利和軟體，不必像工廠或零售店面那樣和實體位置綁在一起，可以遷移到任何地點。誠如我們已經知道的，儘管無形資產確實代表財富，但它們不像舊時代的投資，並不會在經濟中創造廣泛的需求成長。

康乃爾大學教授艾爾波特本身也是資本家，他研究這種投資轉變的影響，表示：「假如蘋果公司為它在中國生產的手機取得某項技術的執照，這執照在美國不會創造就業，如果授權技術的創作人住在美國，頂多是這個人受惠罷了。應用軟體、網飛、亞馬遜電影所創造的工作機會，也不像蓋一座新工廠那麼多。」或者像我《金融時報》的同事沃爾夫（Martin Wolf）說的：「（蘋果公司）現在是附加在一部創新機器上的投資基金，它是總合需求的黑洞。降低公司稅就會增加這類企業投資的想法，實在是荒誕不經。」[19]簡言之，現金充沛的公司（特別是科技公司）已經成了我們這個時代的金融工程師。[20]

莊家永遠是贏家

我們已經探討過，科技巨頭利用不同方式帶動全球市場的大趨勢，科技公司還有辦法讓那些市場偏袒他們，給予他們不公平的優勢，使消費者落於下風。舉例來說，谷歌、臉書和亞馬遜如今擁有數位廣告市場，可以任意對顧客提條件。他們的演算法不透明，加上在個別市場擁有支配地位，使得顧客根本不可能和他們公平對壘。這又導致科技公司的剝奪式定價與行為，危及我們的隱私權。想想看優步公司如何利用「高峰動態定價」（surge pricing），以顧客付錢的意願作為設定車資的基礎；臉書彙整使用者的「影子檔案」（shadow profiles）；谷歌和萬事達卡（Mastercard）聯手追蹤網路廣告是否促成實體店面的銷售，但是不讓萬事達卡的使用者知道自己被追蹤了。[21]

亞馬遜和本地政府敲定罕見的採購合約，手段很是了得。二〇一八年，亞馬遜公司獲准為一千五百個公家機關採購所有辦公室和教室用品，這些地方政府與學校遍及全國，但是合約內容並未保證固定採購價格。這些採購獲准透過「動態定價」方式履約，基本上就是另一種高峰動態定價，價格反映市場可以承受的任何上限，最後收費則取決於亞馬遜平臺上的供應商如何投標。這一手絕招令人瞠目結舌，因為大量採購合約最基本的用意，就是確保公共部門藉由綁定需求，可以拿到有競爭力的採購價格。雖然亞馬遜的折扣售價備受吹捧，由非營利組織「地方自力更生研究所」（Institute for Local Self-Reliance）主持的研究卻得到一個結論：如果加州某學區向亞馬遜採購，將會多付百分之十到百分之十二價款，而有些想要繼續向現有供應商採購的城市，因為供應商本來並未在亞馬遜這個零售巨人的平臺上開店，這種合約一簽訂，也將被迫把生意轉到亞馬遜上，因為那份政府採購合約就是這麼規定的。[22]

二〇〇八年市場崩跌之前，金融集團操作貸款的手段和現在亞馬遜的行為如此雷同，實在讓人難以忽略。當時金融集團也採用動態定價，形式是以多種利率操作次級貸款，還利用巨大的資訊不對稱，銷售不動產貸款抵押證券和複雜的債務交易給沒有戒心的投資人，受害者不僅是一般散戶，還包括底特律等城市。亞馬遜所掌握的市場資料數量，遠遠超過它打算牽線的供應商和公共部門採購單位，而在任何交易中，握有最多情報的一方就能得到最有利的條件。追根究柢，大型科技平臺業者和大型金融機構都在資訊與商務沙漏的中間點卡位，不論誰路過都要被刮下一層皮。他們就是莊家，而莊家永遠都是贏家。

系統性監管很可能是阻止科技巨頭不公平利用這些優勢的唯一方法，和阻止銀行的辦法一樣。第九章談到的反托拉斯律師肯安刊登在《哥倫比亞法律評論》（*Columbia Law Review*）的一篇論文[23]中，探討這種可能性；她主張創造市場或平臺的公司若也在其中做生意，就是擁有不公平優勢。肯安的論文有一部分擷取康乃爾大學法學教授歐莫洛娃（Saule Omarova）的先見之明。我最先注意到歐莫洛娃教授，是為了寫《大掠奪》做研究時。當年為了高盛銀行囤積鋁材一事，國會召開聽證會，主要證人就是歐莫洛娃。大家可能還記得這件事：由於法律禁止大型金融機構為了推升價格而囤積鋁材之類的原物料，高盛銀行想出了一個陰招，不斷把大宗商品從倉庫搬進搬出，以確保供應不受干擾。《紐約時報》的頭版新聞揭露高盛逃避法規的辦法，就是用堆高機把鋁材從一座倉庫搬到短短幾英尺外的另一座倉庫，如此這般不斷轉換位置。

歐莫洛娃的論文旨在探討金融機構同時擁有並交易大宗商品的問題，文章題目是〈華爾街的商人：銀行業務、商業與商品〉（The Merchants of Wall Street: Banking Commerce, and Commodities），激起大眾對這個主題的深切興趣。儘管高盛銀行最後出清持有的鋁材，並未採取任何法律行動便全身而退，可是歐莫洛娃說：「我確信高盛利用手中關於鋁材的資訊，影響市場。」她強調不透明和複雜的問題，反問：「我能夠證明嗎？不能。主管商品交易的商品期貨交易委員能證明嗎？我很懷疑。如果是這樣，那高盛銀行應該幹這些勾當嗎？絕對不應該。」[24]

現在歐莫洛娃相信科技界正在玩同樣的把戲，因為大平臺不但擁有市場，而且在市場中進行交易。她最近的研究提出一些疑問：大型科技平臺公司構成的威脅是否歷史重演？不僅重演十九世紀鐵路公司的歷史（我們已經說過，這些鐵路公司也是一面擁有平臺，一面又在平臺上做生意），並且重演大到不能倒的銀行的歷史。[25]歐莫洛娃特別擔心科技巨頭公司和金融結合，原因不難想像。歐莫洛娃問道：「假如亞馬遜能看到你的銀行資料和資產，知道你的負擔上限是多少，那還有什麼能阻止亞馬遜以你所能負擔的最高利息借錢給你？」

擔心的不只有歐莫洛娃一人。二〇一九年六月，國際貨幣基金組織（IMF）總裁拉加德（Christine Lagarde）發出關於科技巨頭的警示，質疑規模最大的科技平臺公司恐將動搖全球金融系統[26]。二〇一八年十二月，國際清算銀行總裁卡斯滕斯（Agustín Carstens）談及谷歌、阿里巴巴、臉書、騰訊、百度、eBay等公司在全球信用市場中崛起，他說這些公司是當今金融監管機構「最大的挑戰之一」。卡斯滕斯問道：「科技巨頭介入金融將會造成金融系統更多樣化、競爭更激烈？還是造成新型態的集中化、市場力量和系統重要性？」「科技巨頭的擴張是因為效率提升推動的嗎？還是因為使計規避現有監管制度，獲得成本優勢才得以擴張？」當臉書企圖發行自己的加密貨幣（cryptocurrency）時，這個問題就變得比以往更迫切了。

科技巨頭將來會不會動搖全球金融，目前還有待觀察，但是在此同時，卡斯滕斯和美國、歐洲的監管機關都嚴陣以待，想知道蘋果、亞馬遜、臉書和其他進軍金融業的科技公司提供的預測性演算法與機器學習，究竟會讓金融部門的穩定性增加還是減少。有一個特別值得關切的領域，是科技巨頭公司如何利用機器而非人與人的關係來判斷顧客，因為這樣做可以巧妙迴避許多治理傳統銀行業的法規，亦即必須「了解貴公司的顧客」。數學家歐妮爾（Cathy O'Neil）在著作《大數據的傲慢與偏見》（*Weapons of Math Destruction*）中指出，信用卡公司和其他金融機構經常使用不透明的演算法吞噬網路資料（譬如使用者的網路瀏覽模式，或是位址資料），然後利用這些資料去建構顧客檔案，讓住在高級社區的富裕人士更容易點閱高檔產品廣告，譬如對方在搜尋車子時，促使他們點閱奢華的捷豹（Jaguar），而不是平價的福特汽車。接下來，資訊不對等的滾雪球循環就啟動了；套句歐妮爾的話：「住在舊金山高級住宅區的電腦使用者，比海灣另一頭貧窮的東奧克蘭區（East Oakland）住戶，顯然（信用）潛力雄厚很多。」這當然有可能是錯誤的假設，然而結果是使用者在網路上的行為，很可能嚴重影響他們在離線生活中所擁有的機會。[27]

另外的問題是，亞馬遜或臉書能否利用自己在電子商務或社群媒體的既有地位，獲取金融方面不公平的優勢：運用已經握有的資料，也就是使用者的挑選與購買模式，催促使用者購買公司希望他們買的東西。這種手段既違反競爭，而且具有掠奪性。還有別的問題：若是市場出現麻煩的端倪，科技公司會不會立刻打包落跑，並在過程中動搖信用市場的穩定性？

卡斯滕斯說：「科技巨頭放貸時，並未培養與客戶之間長期的人際關係，貸款作業完全公事公辦，一旦公司營運狀況惡化，典型的短期信用貸款額度就可能自動中斷。意思是碰到經濟衰退時，（對小型和中型公司的）授信可能大幅降低，產生龐大的社會成本。」[28]假如你認為這聽起來很像二〇〇八年的情況，一點也沒錯。

關於這一大堆問題，有的人毫不擔心，他們覺得只要一個密碼，就可以在單一平臺（蘋果、亞馬遜、谷歌或臉書）上連結所有的日常事務，為了享受這樣的便利，即使冒一點風險也算得上公平交易。可是誰也無法得知怎樣才叫「公平」，畢竟我們全都看不見那些超大型科技公司的演算法黑箱裡究竟是什麼。讓一家公司知道我的度假採購模式或喜歡什麼媒體是一回事，可是讓他們掌握我的整個財務歷史，包括我的投資內容，那又是另外一回事。很多人已經沒有信心自己做財務決策和個人理財，現在有非常多人支付高費率購買這類服務，原因還能是什麼？舉個例子，某消費者接到銀行的通知，說他的存款戶頭中有九千美元，促請他將錢挪到一種很棒的新高收益投資標的——想想看，這個消費者有多麼脆弱？再想像一下，如果你的臉書頁面內建查詢個人帳戶的功能，那會鑄成什麼大錯？

我們可能很快就會面臨那樣的情景。消費者金融保護局（Consumer Financial Protection Bureau）的創立宗旨是保護和銀行起爭執的普通民眾，但是川普政府已經下手摧折其功能。此外，川普總統的財政部急切施壓，希望科技公司和大銀行之間達成資料共享，以創造「效率、規模，並降低消費價格」。我們必須再次提問：價格降低真的值得我們付出隱藏的成本嗎？

由於川普政府大幅削減金融研究辦公室預算，現在幾乎沒有任何人在研究以下問題：世界最大的科技公司和華爾街銀行分享消費者資源之後，會產生什麼樣的系統風險和掠奪性定價實務？這類議題乏人注意並不奇怪，因為當前這個政府的監管立場本來就鬆散，儘管如此，還是值得我們警惕。

更令人警覺的是財政部的文件所勾畫的流程圖，顯示平臺業者和銀行可能聯手，以提供「個人化」產品與服務之名，分享消費者的財務資訊，這讓我回想起二〇〇八年金融危機爆發之後，我們看到的那些信用違約交換（Credit Default Swap）的複雜圖表。這兩者都是化簡為繁的哥德堡（Rube Goldberg）式風險研究。那種複雜程度總是令我緊張，因為它為掌握較多資訊的人留了太多模糊空間。或許有人會批評我反對提高機械化和自動化，我確實贊同前聯準會主席伏克爾（Paul Volcker）的話，他說自動櫃員機（ATM）是過去幾十年來金融界最有用的「創新」。

大到不能管？

不論矽谷巨人怎麼辯解，規模終歸是個問題，就像大到不能倒的銀行，問題也是出在規模上。並非因為大規模天生就是壞事，而是這些組織的複雜程度，讓它們很難受到妥善管轄。和大銀行一樣，科技巨頭想要世人接受一個想法：科技公司理應擁有不一樣的遊戲規則。

他們不應該擁有。起碼我會這麼主張：當公司變成這麼大、這麼複雜時，它們需要比其他大多數公司更多的規則。至少臉書、谷歌、亞馬遜和其他系統重要性平臺應該強制揭露政治廣告，就像對電視、印刷、廣播公司訂定的規則一樣。科技平臺既然進入金融市場，就應該強制它們和競爭者（大銀行）一樣守規矩。舉例來說，科技公司拿其他種類的私人資訊（例如醫療照護資訊）作交易時，就應該和醫療照護業者遵守相同的隱私權法規（科技業者可能透過大家都在使用的無數健康和醫護類應用軟體，蒐集與銷售這類資料）。科技巨頭並不特別，但卻擁有系統重要性，因為它們位於通訊、媒體、廣告市場的中央，如同大銀行位在金融市場中央一樣。當具有結構重要性的金融機構一方面創造市場，一方面又參與市場時，聯準會或聯邦貿易委員會可以介入干預；當科技巨頭構成類似問題時，聯邦貿易委員會也應該一視同仁。事實上，我會主張我們需要針對科技產業特別設立一個監管機構，這一點留待最後一章再討論。

用一視同仁的態度對待科技巨頭，無疑需要大幅改變科技巨頭的商業模式，改成有潛在利潤與共享價格意涵的模式。[29]科技巨頭公司之所以享有額度驚人的估值，部分原因是市場期待它們繼續保有沒人管、稅負輕的壟斷力量。[30]然而未來這些都無法保證，反托拉斯和壟斷議題在華府正迅速引來關切，不久之後科技巨頭恐怕將在那裡遭到清算。

第十一章　深陷泥淖

二〇一二年，專攻資訊法的馬里蘭大學法學教授帕斯夸里受邀演講，地點在喬治梅森大學（George Mason University），會議主題是競爭、搜尋與社群媒體，帕斯夸里以為那是一場普普通通的學術會議。當時谷歌正因為它在搜尋市場的反競爭行為，接受美國和歐洲的調查：美國方面是由聯邦貿易委員會調查Yelp公司的案子，歐洲方面則是新創立的英國比價購物網站Foundem指控谷歌利用歧視性比價演算法，挺身而出挑戰這家搜尋巨人。新興的數位經濟構成法律挑戰，每天都比前一天更加緊迫，帕斯夸里很渴望在這場會議上，和其他學者針對變遷的態勢交換意見。

資訊法學者帕斯夸里個子又高又瘦，為人和藹可親，乍看之下很像好萊塢明星詹姆斯・史都華（Jimmy Stewart）年輕的模樣，氣質也很像。帕斯夸里已經研究谷歌和其他科技巨人好一段時間，二〇一五年出版《黑箱社會》一書，不過在出書之前，他早就是很多人請益的對象，包括學者、商人、政策制定者都希望透過他，更加了解平臺科技巨人如何蒐集個人資料，又是怎麼把使用者的行為從單點連結成線，然後把那些深入的資訊賣給出價最高的人。

回到那場會議。帕斯夸里演講的題目是〈搜尋、反托拉斯與競爭政策〉（Search, Antitrust, and Competition Policy），焦點鎖定谷歌公司，更具體地說，他的演講闡述這家公司瞄準個人資料、分析使用者在網路上的一舉一動，俾使其獲得巨大的力量，這股力量雖然幫助消費者，卻也傷害消費者。

帕斯夸里說：「昨天我才在一家大尺碼男裝店購物，今天就看到航空公司向我推銷空間較寬敞的機位廣告。」帕斯夸里詳細解說谷歌的監控資本主義如何運作，他把政策制定者對這些實務睜一隻眼閉一隻眼的現象，拿來類比二〇〇八年那些假裝不知道金融業存在風險的監管機關。後來他在書裡這麼形容：「替黑箱產業遊說的人譏笑政府的能耐，笑政府搞不懂谷歌或高盛的經營實務。」然而帕斯夸里指出，複雜的產業並不少見，信手拈來就有消費產品、製藥、醫療照護，這些產業的監管都順利進行，有關的各方也都獲益。[1] 雖然這些產業也花很多錢遊說，不過監管機關依然能馴服他們——往往是危機發生之後，被憤怒的民眾催促出來的結果。

帕斯夸里並不知道，他在那場會議上的演講只是開場白，其餘與會人士都和他立場相左，根本就是設計好的一個圈套。帕斯夸里講完後，谷歌自己的WSGR法律事務所（Wilson Sonsini Goodrich & Rosati）律師薛爾（Scott Sher）上臺，可是他沒有做學術簡報，反而從頭到尾幫谷歌說話（例如「競爭只在一次點擊之遙」之類的說詞）。薛爾也措詞強硬地反駁帕斯夸里對谷歌壟斷力量的批評，宣稱在搜尋市場占據百分之六十五（谷歌當時的市占率）一事，沒什麼可擔心的。

帕斯夸里覺得自己挨了一記悶棍。一般在學術會議上，學者會發表自己的研究，你來我往辯論各種觀點，但是薛爾的發言基本上是替谷歌做公關。帕斯夸里說：「他講完後，沒有留時間讓我回應，其實我在聽他的簡報時，已經記下大約十五個疑點，打算和他爭辯一番。我真希望當時不管三七二十一要求發言，可是又怕自己被當成激進分子。」

後來帕斯夸里才發現自己中了圈套：他本人是批評谷歌的代表人物，在這場大致由谷歌規畫、收買、付錢舉辦的會議上，他的出席表面上似乎提供了若干平衡。[2]事後《華盛頓郵報》報導，谷歌高層想要扭轉首都華府反托拉斯的聲浪，而這場會議正是該運動的一部分。誠如我們在前文所提過的，當時聯邦貿易委員會正在認真考慮是否要拆散谷歌公司。有一封電子郵件便露出馬腳：谷歌高層主要「建議」這場會議應該邀請已知同情谷歌的演講者，並要求負責人與喬治梅森大學法律與經濟中心合作，設法挑選發表演講的來賓群，以便會議所呈現的谷歌公司是積極正面的形象。他們還確保聯邦貿易委員會的重要人士如薇爾金蓀（Beth Wilkinson）受到邀請，她是華府的訴訟律師，奉命領導谷歌的調查案。

谷歌的「矽塔」

我對帕斯夸里的故事感同身受，原因有很多，其中之一是我自己也曾和他的處境雷同。二〇一七年我受邀去上英國廣播公司（BBC）的《智慧平方》（*Intelligence Squared*）辯論節目，主題是科技巨頭公司是否應以反競爭壟斷的罪名被拆散。我的立場是贊成此議案的正方，而里茲大學（University of Leeds）教授艾珂蔓（Pinar Akman）則激烈反對該措施。她自然有一套合情合理的主張，但值得一提的是，她的研究有一大部分經費來自谷歌。[3]我為了研究科技產業，近幾年也拜讀過許多不同學者的作品，例如史丹佛大學法學教授萊姆利（Mark Lemley），他是個特別多產的作家，谷歌對他的作品可能很感興趣。後來我發現萊姆利的一些研究附帶字體細小的備註，顯示他也是谷歌的「顧問」。[4]

我不是故意找這些學者的麻煩，原來事實的真相是，這一切都只是冰山尖的一小角。過去十年來，科技巨頭多半收買並支付堆積如山的學術研究，尤其以谷歌為甚，這些研究都是針對與谷歌有利害關係的領域進行。二〇一七年《華爾街日報》做過相關調查，發現谷歌資助數以百計研究論文，目的都是對抗監管的挑戰，以捍衛自己在市場的獨大地位。谷歌付錢給很多學者、顧問、已卸任或未來的政府官員，每人奉送五千到四十萬美元不等。[5]

有些錢流進佛羅里達大學（University of Florida）教授索柯爾（Daniel Sokol）的口袋裡，二〇一六年他發表的論文主張谷歌利用資料完全合法。索柯爾沒有說的是，他自己在WSGR法律事務所兼職當律師，論文的共同作者則是該法律事務所的合夥人。索柯爾也不曾說明他曾在二〇一三年協助谷歌的公共政策幕僚（谷歌有數十位這方面的幕僚，以及數百位公關幕僚和數目更多的律師，全都一致努力推動攸關谷歌利益的議題），目的是說服法學教授撰寫同情谷歌觀點的論文，然後在一場關於專利的網路學術座談會上發表。那些教授並沒有拿錢，可是索柯爾確實因為自己出了力，而開給谷歌一張五千美元的帳單。

二〇一六年，對於谷歌贊助學者與政府官員的訊息最權威的兩個團體，也就是谷歌透明計畫（Google Transparency Project）和問責運動（Campaign for Accountability），出版了一篇題為〈谷歌的矽塔〉（Google's Silicon Tower）的論文，探討二〇一六年由聯邦貿易委員會、喬治梅森大學、普林斯頓大學合辦的政策會議上，接受谷歌資助的演講者的出席狀況。聯邦貿易委員會二〇一六年召開隱私權會議，四十一位演講人當中，超過半數（二十二位）接受谷歌資助；在這場會議上發表的研究論文當中，超過半數有一位作者和谷歌有財務關係——可是其中只有一人揭露自己接受該公司資助。

也許更令人震驚的是，聯邦貿易委員會當時的首席技術專家柯拉諾（Lorrie Cranor）收受這家搜尋巨人八十五萬美元，其中三十五萬美元是個人研究獎勵，四十萬美元是與他人共享的補助金。喬治梅森大學辦的那場活動的主題是谷歌受到全球反托拉斯調查，結果每五位演講人當中竟有四人接受谷歌資助。至於普林斯頓大學舉辦的寬頻隱私權工作坊上，與會的七人小組中有五人接受谷歌公司支持的資金。[6]

在此必須指出很重要的一點：〈矽塔〉這篇論文的贊助資金，有一部分是某些公司掏腰包付的，這些公司本身和谷歌或是在打官司，或是競爭對手（譬如微軟和Yelp等公司都支持谷歌透明計畫，問責運動雖然並未揭露公司贊助資訊，但多年來卻支持甲骨文的各種立場）。儘管如此，這並不代表論文的發現不真確，就像谷歌所資助的研究也不見得一無是處（只不過很難想像那些研究人員對谷歌公司毫不偏袒），兩方各有論據，但是我們已經從中探知，美國最重要的產業對於經濟政策重大議題的辯論，幾乎已經完全被口袋很深的大公司把持了。

事實上，關於壟斷、隱私權、網路安全等等議題的公共辯論，主導者大概都是置身辯論中心的公司，甚至連要不要有這些辯論，都是他們說了算。這麼做本身並不會直接得到回報，民主黨一位頗有影響力的參議員有個資深助理，專門處理這些議題的立法事宜，他說：「我和許多與谷歌有關的學者互動過，從中知曉他們多半不是為了特定報酬，真實情況更微妙，他們為的是社會與智識擄獲（social and intellectual capture），包括長期或短期，這個遠遠有效多了。谷歌支持研究人員探討對谷歌商業利益有好處的領域，或是對谷歌競爭者商業利益有壞處的領域；這類領域包括放鬆著作權法、專利改革、網路中立性（net neutrality）、自由放任經濟、隱私權、機器人、人工智慧、媒體所有權、政府監視（為了將注意力從公司廣泛追蹤使用者轉移開來，往往故意將政府監視抹黑成壞蛋）。他們的做法是直接給研究人員金錢、資助他們的中心和實驗室、舉辦會議、捐錢給公民社團、送他們去參加谷歌辦的活動。」[7]

那位助理說，谷歌公司透過這種方式不僅賺了名聲，也成功「培養學術領袖，這些傑出的學者將會帶領年輕一輩的學者，朝更有利於公司的方向走。」像帕斯夸里那種真正獨立的學者，現在看來幾乎不存在了。

追查金錢的流向

所有花費的錢當然都和控制華府的政策辯論有關。每次政客想採取行動箝制科技巨頭，這些公司就請那些收他們錢的專家上陣對抗。民主黨參議員華倫（Elizabeth Warren）呼籲拆散科技巨頭公司之後，二〇一九年國會就壟斷議題召開聽證會，[8]過程正好闡明上述的絕招。出席聽證會作證的專家之中，有一位是賴特，他曾擔任過川普的顧問，本身是喬治梅森大學教授，撰寫的學術研究論文得到谷歌的直接資助。賴特加入聯邦貿易委員會之前不久，還批評過外界嚴格檢視谷歌的反托拉斯行為，等他進入委員會之後，針對谷歌的反托拉斯訴訟案就撤銷了。

共和黨參議員霍里（Josh Hawley）在擔任密蘇里州檢察長時，對谷歌提起過訴訟案，他說「每一天都有驚悚的新內幕曝光」，從濫用消費者資訊到任用親信都有，在這種情況下，霍里質問怎麼可能會有人認為採取行動監管科技巨頭缺乏正當性？《連線》雜誌有一篇報導引述賴特的話，他說隨著反托拉斯的辯論有所進展，他的觀點已經「吸引了想法類似的支持者」。[9]

這也難怪。過去幾年來，科技產業已經悄悄成為美國最大的政治遊說勢力，不論是投入的現金數量，或是為了迴避監管破壞其商業模式而祭出的軟實力，都是首屈一指。根據反應政治中心（Center for Responsive Politics）的資料，二〇一七年網際網路和電子業一共在聯邦遊說上支出兩億一千六百四十萬美元，破了歷史紀錄，隨後又在二〇一八年支出兩億兩千四百六十萬美元進行遊說，除了大製藥商之外，是所有產業中花費最高的。[10]二〇一七和二〇一八兩年，谷歌都是支出遊說金額最高的單一公司。[11]另外，以遊說議題的數目來說，排名最高的是亞馬遜公司，該公司揭露自己在二〇一八年遊說了四十個聯邦機構，遊說的一般性議題多達二十一個，其中有些是科技巨頭經常遊說的項目，例如網路中立性、電信公司、資料標準等，但是另一些則側重亞馬遜本身，譬如特別關切自動駕駛汽車和無人飛機的議題，亞馬遜打算用它們來運輸數量極其龐大的貨物。亞馬遜的另一個遊說項目是容許雜貨零售業者參與若干政府計畫（它買下全食超市正是反映對這個領域的新興趣），該公司還推動對自己藥品事業較有利的法律（亞馬遜在二〇一八年買下網路藥局PillPack）。[12]即使在若干方面算是FAANG科技巨頭中爭議最少的網飛公司，也在美國和歐洲重金遊說某些議題，例如著作權、隱私權法規，以及各種數位監管的規定。[13]

這只是我們看得見的金錢。矽谷還資助無數不相干的非政府組織和利益團體，事後這些單位都幫他們辯護，有些是公開發聲，有些則默默放棄可能傷害科技業的議程。光是谷歌一家公司，就資助了一百四十幾個這類第三方組織，包括各式各樣的非營利機構、學術單位、媒體協會。我對於媒體被收買特別難過，理由很明顯。二〇一六年總統大選發生電子舞弊醜聞之後，臉書決定開始「為它違反新聞學的某些罪行贖罪」，這是二〇一九年《連線》雜誌以亞馬遜公司作為封面故事時所說的，[14]該公司斥資數億美元支持地方新聞業，這個行業先前被平臺巨人打擊到只剩下一口氣，因為平臺科技巨頭幾乎將新的數位廣告額度吞噬殆盡。谷歌也捐獻大筆金額給新聞組織，以開發特定內容型態[15]（許多知名出版品牌都收到平臺巨人的「賞賜」）。你可以辯解此舉證明科技巨頭企圖修補過錯，包括對真實新聞所造成的傷害，以及對自由民主制度整體的傷害。我的主張恰好相反——假如內容創作者從一開始就能因為自己的創作公平分享收益，新聞就不會變成這種樣子了。

認知擄獲（cognitive capture）是微妙的藝術，不過如果你追蹤金錢的流向夠長久，它就會引導你直接穿過華盛頓和矽谷之間的旋轉門，谷歌、臉書和其他科技巨頭經常藉此聘用具有影響力的前政府官員，他們進進出出政策圈，鼓吹對科技業友善的思想，譬如隱私權其實侵犯了公民自由，或是比較便宜的價格應該視為消費者利益的主要標準，或是會上癮的科技事實上對兒童有好處。

谷歌並不是唯一利用旋轉門的公司，只是過去幾年它的旋轉門令人歎為觀止。許多其他科技公司也渴望擁有這樣的影響力，譬如優步公司在二〇一四年雇用輔佐歐巴馬登上總統大位的普洛夫（David Plouffe），請他負責公司的公關和政治工作。接下來優步又聘用更厲害的遊說專家、研究學者，以支持公司的立場，甚至爭取到母親反酒駕組織（Mothers Against Drunk Driving）的背書。[16]

臉書也雇用數十名已卸任政客加入公司的遊說部門，包括前共和黨參議員塞申斯（Jeff Sessions）以前的立法主任盧芙（Sandy Luff）、眾議院議長裴洛西（Nancy Pelosi）的前幕僚長歐尼爾（Catlin O'Neill），還有前美國眾議院議長貝納（John Boehner）的長期助理毛瑞爾（Gary Maurer）。臉書和谷歌的旋轉門特別令人怵目驚心，因為政治人物也都是這兩家公司的顧客，不分立場右派或左派，他們在競選時都大量使用社群媒體和搜尋網站（而且程度隨著每一次的選舉更加深）。[17]

學者克萊斯（Daniel Kreiss）和瑪葛瑞格（Shannon McGregor）在兩人合寫的論文〈科技公司塑造政治傳播：微軟、臉書、推特、谷歌在二〇一六年美國總統競選期間的作為〉中指出，這些公司收買政客早已行之有年。他們不僅賣服務給政治競選活動（過程中賺足了銀子），而且積極塑造政治傳播，扮演「類數位顧問……塑造數位策略與內容，並且執行。」[18]這些公司絕非中立平臺，甚至不是傳統的媒體角色；科技巨頭已經進入政治顧問領域，成為「政治進程的積極分子」。

「地表最大的造王者」

谷歌雖然不是唯一投入大規模競選活動、爭取華府人士認同的科技公司，但是在歐巴馬主政期間，卻沒有哪一家公司像谷歌那樣，高層主管頻頻造訪白宮；那個時候的谷歌公司已經是「地表上最大的造王者（kingmaker）」了。[19]谷歌高層主管發揮影響力的方式，凸顯金錢政治已經完全扭曲我們的經濟，破壞競爭，也破壞了公眾對制度的信任。

讀者不妨思考資料隱私與反托拉斯的議題。谷歌對於這些議題的態度，在二〇〇七年購併DoubleClick廣告網時，出現重大的轉捩點。當時這家網路廣告龍頭的業務，是協助廣告主和廣告公司決定投放廣告的最佳網站。誠如李維在《谷歌總部大揭密》裡所寫的：「DoubleClick這樁交易急遽擴大谷歌所蒐集的資訊廣度，每個人在網路上的瀏覽活動盡入公司囊中。」[20]競爭者和監管機關都質疑這項交易，後來順利過關的主要原因，是芝加哥學派的思想並未真正留下任何空間，讓反對這派思想的反托拉斯精闢論點有發揮的餘地（但卻容許谷歌實質控制絕大多數網路廣告）。即便是谷歌本身也有疑慮，至少對自己的財務底線立場歧異。佩吉和布林一開始不願意放手，將經由自己平臺的訊錄所能收穫的數據和資訊，與現在可以靠DoubleClick儲存的資料結合在一起（現在這家公司當然已經變成谷歌的一部分了）。但是最終迫於公司必須成長的壓力，谷歌還是鬆口了。拜合併之賜，李維寫道：「谷歌變成唯一有能力整合使用者資料的公司，網路上搜索次數最多（fat head）的和最精確（long tail）的類別，都被它一網打盡。問題是谷歌會把那些資料都彙整起來，用來追蹤網路使用者的完整活動嗎？答案是肯定的。」[21]

長期以來，谷歌一直向使用者保證，如果用到對方的資料，只要不是使用者授權許可的用途（也就是使用者註冊使用的個人搜尋、電子郵件、社群媒體、地圖以外的功能），一定會先徵求他們的同意。誰曉得谷歌竟然開始合併並出售它所擁有的使用者資料，賣給出價最高的買方。其實不算太久之前，佩吉和布林在一九九八年的論文中，還誠惶誠恐地擔心搜尋引擎的資金若是來自目標式廣告，恐怕會造成傷害，看來他們自陳憂心「廣告與動機不純正」，也只是說說罷了。谷歌操作使用者資料的新手法並未明顯違反美國法律，不過也不是那麼透明，後來才發現谷歌有一部分做法的確違反美國和歐盟的安全港架構（U.S.-EU Safe Harbor Framework），該架構主管兩地之間應該如何轉移資料。二〇一一年谷歌推出短命的社群網路服務Buzz之後，這家公司綜合使用者資訊並對外釋出的事實暴露出來，引發外界交相指責。[22]

二〇一一年三月，聯邦貿易委員會發布一份起訴狀與雙方同意的法院決定（complaint and consent order），要求谷歌改變處理資料的方式，更指示該公司在揭露這類資料給廣告主（或任何第三方人士）之前，必須得到使用者明確表達同意。[23]然而還不到一年，谷歌公司就在一則部落格貼文裡自誇，說它將會「視閣下為跨越（谷歌）全部產品的單一使用者，打造更簡單、更直觀的谷歌經驗。」[24]非營利監督團體電子隱私資訊中心（Electronic Privacy Information Center，簡稱EPIC）向聯邦貿易委員會提出控訴，呼籲駁回谷歌這種整併個人資訊和規避隱私權的作法。[25]不出所料，大量使用者訴訟接踵而來，但是法院無法強迫聯邦貿易委員會自己採取行動。接下來的幾年，谷歌公司極力推銷一些作法，也就是橫跨數量龐大的應用軟體、平臺、裝置，綜合其監視領域，並且加以貨幣化，甚至宣稱即將能夠追蹤使用者有關去商店和打電話時的對話。[26]更多件控訴相繼提出之後，谷歌公司在二〇一二年支付聯邦貿易委員會有史以來開罰最高的民事罰金，以平息該公司遭到的控訴——它遭控利用漏洞，躲過蘋果公司網路瀏覽器Safari的隱私權設定，追蹤該瀏覽器的使用者，同時誤導使用者，讓他們以為自己並未受到監視。[27]

在此必須指出，谷歌在做這些事情之前多年，早就悄悄進行遊說，爭取有關人士支持其立場。按照慣例，那些遊說涉及捐輸大筆金錢給大學、智庫、非政府團體，到頭來這些組織都可能被找去公開支持遊說者的立場。二〇一九年，《連線》雜誌刊登一篇文章，探討谷歌影響華府對話的方式，作者訪問身兼電子隱私資訊中心主任的喬治城大學（Georgetown University）法學院教授羅騰伯格（Marc Rotenberg），他指出二〇〇七年谷歌購併DoubleClick、二〇一四年購併Nest Labs之後，電子隱私資訊中心都對該公司提出控訴，而谷歌的反應都是撒錢遊說。羅騰伯格說：「花錢買來沉默。谷歌不需要專家同意，只要他們閉嘴裝作沒看見就行。」[28]

我們很難幫監管機關辯護，說他們恪盡職責。支付龐大罰金作為經營事業的代價，已經是科技巨頭的現行狀況，大型金融機構也是如此。矽谷逐漸學會一件事：只要從不斷成長的資產中拿出現金來活動，監管問題自然迎刃而解。那些理應照顧公民利益的監管人員，根本無法也無意願促成公司行為的改變，這一點早就不是祕密。事實上，很多情況顯示公司利益和政策制定者的利益，其實是相當一致的。我採訪這本書的內容時，有一位參議員助理很沮喪地對我說：「谷歌就是歐巴馬的哈里伯頓（Halliburton，譯按：美國企業，世界數一數二的油田服務公司）。」

隨著谷歌對歐巴馬治下的白宮影響力日益增加，該公司也對一項爭議性話題興趣日濃：谷歌副總裁梅爾擔任主席的一個委員會，寫了一份關於網路未來的重量級報告，二〇〇九年由白宮發布。[29]那篇文章倡議「網路中立性」，這個詞是學者吳修銘在二〇〇〇年代早期創造的，自從那時候開始，吳修銘就經常公然批評科技巨頭。

網路中立性是數位巨人和大型電信公司在「開放取用」（Open Access）政策上，立場分歧的焦點。科技巨頭平臺業者支持立法保障網路中立性，禁止AT&T、威訊無線等網路營運商提高收費，給予特定種類的內容優先權。舉例來說，谷歌希望確保一件事：如果Hulu（收費電視聯播網站，母公司是康卡斯特有線電視公司）願意付更多錢，那麼康卡斯特播放Hulu的內容，就不能超過YouTube的內容。基本上這是公司搶地盤的戰爭，可是科技巨頭的遊說人員和政策制定者很巧妙的將它定位成保護弱小之戰。

網路中立性慢慢被理解成人人（不分貧富或公司規模大小）都應該能夠在公平的遊戲規則下使用網路。這個概念獲得美國自由派的支持，理由很明顯是為了社會平等。不過有些保守派和若干企業界人士卻主張，這樣會妨礙網路供應商的寬頻投資貨幣化（建立寬頻的是網路供應商而非谷歌之類的公司）。這話說得挺有道理，畢竟打造二十一世紀數位高速公路的電信公司，利潤率還不到百分之十，反觀谷歌和臉書只要等著某人上傳一支貓咪影片，然後利用它來銷售超目標式廣告，就能坐擁將近百分之二十的利潤。

當然，這一來中立的基礎便蕩然無存了。照理說，個別網路使用者不論使用哪些內容，負擔的費率都應該相同，而不應該有貧富的區別。此外，個別使用者的權利也不應該因為大公司爭地盤而受損，只要為個人和大公司分別設定不同規則即可。然而科技巨頭資助的團體（例如電子前哨基金會〔Electronic Frontier Foundation〕）強烈主張，有線電視業者不應該因為谷歌或網飛的網站供人下載巨量影片，就向它們多收費用。他們還主張如果網路服務提供者（ISP）的力量增強，將會扼殺網路的創新，對小企業來說是不公平的懲罰（說起來電子前哨基金會所作所為的背後也有充分支持公民自由的良善立意，但是它也向網路巨人收取數以百萬美元的資金，這些公司正是網路中立性的最大受惠者）。許多批評家會說，科技巨頭公司**本身**就有礙創新，風險比電信公司更高，主要原因是網路效應讓他們天生就是壟斷業者，而且讓他們有能力愈變愈強勢，可以使出各種手段消滅競爭。

二〇一五年，聯邦通信委員會（Federal Communications Commission，簡稱FCC）頒布開放網路命令（Open Internet Order），強迫有線電視公司把「自由」的成本轉嫁給使用者，結果造成寬頻建設的速度減緩，尤以鄉下地方為甚。[30]幾年前，谷歌自己也嘗試過在美國多個網路服務較差的地區，提高寬頻網路普及率，後來發現和透過目標式廣告出售個人資料相比，鋪設光纖不僅困難得多，利潤也少多了。[31]

二〇一七年，川普治下的聯邦通信委員會取消網路中立性的若干規定。二〇一九年，眾議院民主黨員通過法案，恢復被取消的規定，而且很積極將其當成重要的選舉議題。不過這麼做究竟是為了誰的利益，消費者的？還是大公司的？目前雙方都還沒有明確而誠懇的辯論。[32]電信方面的批評家指稱，自從二〇一七年取消若干規定之後，大型有線傳輸系統公司並未真正實現諾言，投資改善網路設備。[33]這項論點很公道，令人質疑電信公司最初對網路中立性的主張（目前資本支出減緩的其他因素有很多，例如經濟衰退的風險揮之不去，還有5G法規和監管的爭議）。不過，自從二〇一七年以來，寬頻速度提高也是不爭的事實，以那些貓咪影片的下載速度而論，至今尚未見到任何雙速網路或貧富差別的現象。[34]重點是這場抗爭和公共利益的關係不大，更要緊的是公司的相對福祉。

在公共辯論領域裡，網路中立性是我們的經濟和公民社會被擄獲的中心議題。我在第五章曾深入討論的專利，則是另一個中心議題。過去這幾年來，我聽到過來自四面八方各式各樣的抱怨，包括新創立的生物科技公司、半導體和電子公司、潔淨科技公司、資料分析團體、大學、物聯網創新者，還有投資這些領域的風險資本家，他們都抱怨專利制度和如何架構該制度的論辯，已經被美國最大的一些科技廠商把持。確實，看起來唯一不抱怨目前制度的，就是谷歌、蘋果、英特爾、思科，以及其他矽谷巨人。

雖然這些大公司都有自己的專利要保護，可是他們的商業模式涉及數百甚至數千件智慧財產，所以必須處理的專利問題愈少愈好。反觀小型和中型軟、硬體供應商，以及生命科學公司，卻擁有不同的商業模式，他們的存亡與能否保護少數幾件專利息息相關，這關係到多年的投資能否貨幣化。他們相信專利鐘擺已經盪得太遠了（美國國會一個獲得兩黨支持的小組，以及美國專利與貿易局現任局長都有同感，可惜他們吸引不了太多人的注意）。

科技巨頭當然不以為然，不過這裡的問題不是立場偏頗的論辯，而是規模最大公司的利益多麼容易就改變遊戲規則，使規則符合他們自己的利益，卻危害整個經濟生態系統。我們也可以檢視其他很多領域，來說明科技巨頭塑造公共辯論的手段，從自動駕駛汽車的監管，到公共監視，到反托拉斯，到著作權，莫不如此。持平來說，科技巨頭所利用的優勢，往往歸結到法律慣性與為保持漏洞而積極遊說。由於缺少明智的監管，科技產業繼續從數十年前所訂定的規則獲利，當年現代科技公司才剛剛起步。

事實上，主管數位商業（和大多數商業）的關鍵法律，很多都是一九八〇年代和一九九〇年代制定的，當時網際網路和如今有如天壤之別。以《傳播淨化法案》的第二百三十條為例，它賦予科技公司免責權，不必對使用者在科技公司平臺上的言行負責。這條法律是一九九六年制定的，當時沒有人預料得到，它將成為許多公司的法律漏洞，像是Backpage.com就故意創造一個網路性交易平臺，從中賺取暴利。二〇一七年八月一日，兩黨參議員支持的一個小組推出一項立法，領銜者是密蘇里州民主黨參議員麥卡絲基（Clair McCaskill）和俄亥俄州共和黨參議員波特曼（Rob Portman）。他們的目標是刪除第二百三十條中讓科技公司得以明知故犯促成性交易的漏洞，意思就是要讓科技公司負起責任來。這項法案簡稱為SESTA，全名是《禁止協助性交易法案》（Stop Enabling Sex Traffickers Act）。這項立法很罕見地獲得人人支持——唯一的例外是規模最大的科技公司與其產業遊說團體，他們擔心該法案一旦過關，將會打開潘朵拉的盒子，再也擋不住針對他們的法律問題。[35]

因此科技巨頭決定反擊。早在法案推出的幾個月之前，遊說團體就已經掌握該法案的草案，卻拒絕在草擬過程中提供修改意見。波特曼參議員的辦公室發言人史密斯（Kevin Smith）說：「我們盡職調查，每個月由兩黨代表與科技界會面，但他們就是不提建設性的回饋意見。」科技公司的意思很清楚，絕不肯修正第二百三十條，甚至建議好幾個（薄弱的）選項，例如把刑法修改得更加嚴格。網際網路協會（Internet Association）是代表谷歌、臉書和其他公司的商會組織，發言人泰倫（Noah Theran）當時對我說：「整個網際網路產業都希望終結性交易，可是要達成這個目標的方法有很多，不需要去修改合法網路服務的法律基礎。」

料想得到，這種態度對科技業的公關形象並不好，特別是《紐約時報》刊出專欄作家克里斯多福（Nicholas Kristof）的一篇文章之後，那篇文章痛斥谷歌利用遊說力量阻撓可望禁止性交易的立法。[36]二〇一六年總統大選俄羅斯介入操縱，臉書為自己在其中扮演的角色承受了好幾個月的壓力。此時臉書希望重新贏回好名聲，於是終於投降，決定支持SESTA法案。網際網路協會最後也投降了，谷歌則保持沉默，可能是因為一份譴責它的消費者監督報告，指出谷歌長期以來不顧性交易的惡劣影響，偷偷摸摸打擊國會終結第二百三十條漏洞的努力。[37]另外兩個主要遊說團體，也就是消費科技協會（Consumer Technology Association）和網路抉擇（NetChoice）也繼續反對該項立法。[38]這條顯然有益的法律最終通過了。

儘管如此，科技業還是持續找門路，想要逆轉或迴避這條法律，譬如透過交易協定重新談判。[39]電子前哨基金會不顧SESTA確實有助減少性交易與網路犯罪，執意挑戰這項法律的合法性。[40]

在這裡要非常公平地說，電子前哨基金會憂心審查的滑坡謬誤（slippery slope）是有道理的。外界要求平臺公司扮演網路警察，電子前哨基金會卻期期以為不可，他們的關切其來有自，二〇一八年該基金會的政策主管葛林（David Green）就對我說過：「這方面他們（平臺公司）糟透了。」[41]你可以從正反兩方明白這一點，可是束手不管也不是辦法，這些問題不會自己消失，事實上，目前平臺公司享有的免責權，以及他們無法妥善修正有問題的內容，在在凸顯數位經濟迫切需要新的監管架構。然而因為政客早就被科技巨頭的說法洗腦，更別提非營利智庫的專家、學者，甚至某些新聞記者的偏袒，導致新監管架構依然遙遙無期。

這些人捏造歐洲的狀況，倒是頗為發人深省。很多美國企業界人士和某些政客抱怨盛行「國家主義」的老歐洲，咬定歐洲是食古不化的地方，藉此說明監管為何是成長的敵人。我聽過許多歐洲政策制定者說過，他們很厭煩矽谷來的企業執行長「跑到這裡來說我們不是創新者，說我們沒有創造規模最大的科技公司，還說我們（對隱私權和壟斷）的擔心只是酸葡萄心理。」[42]

不過學者谷鐵雷斯（Germán Gutiérrez）和菲力彭（Thomas Philippon）一項引人入勝的研究顯示，其實從很多標準來說，歐洲市場都比美國市場更有競爭性。這項研究指出，歐盟從一九九〇年代以來，公司集中化、利潤過高、進入市場的監管障礙這三個現象都顯著減少，關鍵因素正是美國的政治遊說飆升。[43]他們還發現，一九九〇年代之後歐洲和美國兩地集中化呈現一消一長的分歧走向，背後主要因素也是美國政治遊說的支出暴增。

谷鐵雷斯和菲力彭寫道：「歐洲機構比美國機構更獨立，他們也比任何各別國家更強力落實支持競爭的政策。」如果你用GDP的數字和最大型公司的規模來檢視競爭，那麼歐洲確實落後美國。可是當今大多數經濟學家都同意，光是GDP一項指標不足以判斷人民幸福與否，公司集中程度上升，是經濟體質敗壞的象徵，而不是經濟活力的具體展現。這種看法與矽谷慣常使用的主張形成強烈對比，矽谷向來都說歐洲國家缺乏網路巨人的原因，是他們不夠創新。歐洲確實沒有可以和FAANG科技巨頭等量齊觀的公司，可是從某些角度來說，這樣反而更好。

我並不是說歐洲本身沒有監管擄獲的問題，或是沒有政府與私人企業之間不當關係的問題。舉個例子，德國銀行系統功能不彰，就完美說明了政府與私人企業的緊密連結可能創造利益衝突，最終將引起反彈——回想一下二〇〇八年德國那些高槓桿的國有銀行是怎麼引爆的，德意志銀行到今天仍然接受漫長的紓困救濟。

至於美國，少數大企業施展政治力量的強度讓人目瞪口呆。舉例來說，二〇一九年谷歌宣布將更快在古巴推出網路內容的計畫，[44]此舉似乎違逆川普總統的承諾，也就是要教訓委內瑞拉的馬杜洛（Nicolás Maduro）政權。咸認古巴替委內瑞拉提供情報服務，一旦谷歌率先進入古巴，為其架設網路，將會造成什麼後果？二〇一四年，美國仍對古巴實施禁運，但是谷歌前董事長史密特和三位高層主管照樣飛到古巴（我們已經從前文得知谷歌公司對歐巴馬政府的影響力多麼巨大）。六個月後，美國改變對古巴的政策，於是谷歌得以在川普治下將YouTube的影片送入古巴。對於谷歌來說，此舉在商業上並沒有那麼了不起，有些人也主張，與其把市場留給拉丁美洲的寡頭政府去享用，還不如谷歌自己來。話又說回來，此事鼓舞一項結論：美國比我們所喜見的更像拉丁美洲，那裡金錢和人情關係比什麼都重要。難怪千禧世代眼中的市場，比他們父母所認為的更偏向政治結構。雖然他們年紀太輕，不記得共產主義的失敗，但卻能目睹自己周遭資本主義的虛偽。[45]

我們應該記住上一次大型產業擄獲監管系統，破壞經濟安全與公眾信任的教訓，也就是二〇〇八年金融危機發生的前後幾年。多德—弗蘭克（Dodd-Frank）金融與監管改革之所以耗費經年才完成，而且並沒有真正解決市場安全的核心問題，原因之一就是牽扯太多既得利益。爭吵最激烈的監管諮詢會議，銀行本身便介入九成以上，另外還有遊說分子、七個金融監管單位、各種政治派系來插一腳，最終確立的法案簡直就像瑞士乳酪那樣百孔千瘡。川普政府能夠輕易刪除部分《多德—弗蘭克法案》(Dodd-Frank Act)，這就是原因之一，因為左派和右派都有太多人打一開始就不喜歡這個法案，而歸根究柢，是產業遊說者自己把法案變得那麼複雜，有些情況根本毫無效果可言。

今天我們看到矽谷又在走相同的路，只希望被二〇一六年大選點燃的民粹主義之火，不至於因為這些科技巨頭而火上加油。

第十二章 改變一切的二〇一六年

如果臉書是一個國家，它會是地球上最大的國家。每個月登入臉書的使用者超過二十億，是當今世界總人口的三分之一以上。除了至親好友之外，臉書對我們的了解程度比其他人都深，而親朋好友當然也和我們天天在同樣的平臺上相處。想到這裡，你曉得遲早都會有窮凶惡極之徒找到辦法，利用那些資料來破壞民主進程。

多年來政治人物老早就利用鉅細靡遺的資料和市場反饋，嘗試影響選舉的結果。可是直到二〇一六年，一般大眾才真正明白，這類技術如果再加上最大的平臺科技公司所實踐的那種監控資本主義，確實隱含極其豐富的可能性。總統大選過後的總檢討顯示，政治團體總共花費十四億美元購買網路廣告和行銷，是上一輪選舉的四倍之多。[1] 臉書和谷歌當然都是最大受惠者，可是他們還以其他方式介入選舉：「安插」（embed）員工到川普的競選活動中（後來「安插」就成了公關人員極力想從媒體報導中抹除的字眼，不過它完美捕捉到這些公司介入的深度與廣度），基本上就是提供免費幕僚，協助政客推敲怎樣才能善用平臺，把他們的訊息傳達給潛在的投票人。

雖然最後的結果史無前例，但是這種操作實務本身並不新鮮；媒體組織就經常和政治選舉合作無間。如同過去幾年大量的研究和報導所呈現的，科技巨頭公司（不僅臉書、谷歌，還包括推特、微軟、蘋果等等），已經將政治傳播拉抬到全新的高度，從二〇一二年以來，這些公司都深深介入民主、共和兩黨的競選策略。二〇一二年總統大選時，谷歌和臉書的幕僚同時與民主黨候選人歐巴馬、共和黨候選人羅姆尼（Mitt Romney）的競選團隊合作，安排採購數位廣告。二〇一四年，推特釋出一本長達一百三十六頁的手冊，指導競選團隊如何使用推特平臺，在選舉中影響投票人。同樣在二〇一四年，推特的一份策略備忘錄送到了希拉蕊的競選主任和其他資深領導人手上，內容闡述希拉蕊的競選活動可以如何和科技公司配合。「二〇一二那一年，與谷歌、臉書、蘋果和其他科技公司的工作關係，對我們很重要；到了二〇一六年，對閣下來說應該會更重要，因為他們在文化中的地位依然節節上升。這些夥伴關係能夠為競選活動帶來很多利益，包括接觸人才和潛在捐款人、搶先試用測試版產品、受邀參加前導計畫。」[2]

不過二〇一六年是科技巨頭真正打爆老派政治選舉的一年。二〇一六年民主黨全國代表大會在費城舉行，而二〇一六年保守政治行動會議（Conservative Political Action Conference，簡稱CPAC）在馬里蘭州召開，這兩項活動科技巨頭公司都大舉出動。在費城那一場，谷歌頂下一整棟工業用建築，讓政治人物和幕僚能和科技公司員工打成一片。谷歌也和共和黨員合作，例如參議員保羅（Rand Paul）的數位總監哈利斯（Vincent Harris）就飛到谷歌總部，參加競選內容與廣告的「構思」（ideation）課程。臉書也在這兩場大會的會場附近買下豪華不動產，並在保守政治行動會議上致力「教導親保守派候選人，如何利用臉書平臺接觸新的選民。」[3]

科技巨頭和民主、共和兩黨的關係都很深厚，誠如克萊斯和瑪葛瑞格所說明的：「公司涉入政治界的動機是行銷、廣告收益，同時建立關係，以遂其遊說目的……臉書、推特和谷歌的所作所為已經超越促銷公司服務和推銷數位廣告的範疇，他們還積極塑造競選傳播。」這兩位學者的結論是，「這些公司扮演類數位顧問的角色」，塑造「策略、內容並且執行」。[4]

從競選的角度來說，有何不可？科技巨頭公司可以當「免費勞工」，二〇一七年推特的副傳播總監魏克斯勒（Nu Wexler）在對內溝通時，就是這麼說的。克萊斯和瑪葛瑞格訪問魏克斯勒，他指出川普的競選團隊人數特別少，需要利用科技公司的專業知識來補救，於是科技公司成為川普競選團隊的策略與傳播顧問。「川普模式是他們……租下機場旁邊一些便宜的辦公室，原本是馬路旁的一整排商店，說那個將成為『川普數位』（Trump Digital）計畫。他們有公司，包括廣告公司、社群媒體公司，親自來這裡（競選總部所在地聖安東尼奧市）把那排商店弄好。我們這樣做，臉書這樣做，谷歌也這樣做。」根據魏克斯勒的說法，他們很大一部分協助工作是打造「有效果的廣告」。

效果是一回事，可是川普競選活動玩的齷齪政治，加上從臉書和許多網站、應用軟體收穫的巨量資料，卻導致更黑暗的結果。[5] 根據《彭博商業週刊》（*Bloomberg Businessweek*）在選前整整兩個星期前刊登的一篇報導，川普知道自己需要奇蹟才能勝選，而他的競選團隊（由惡名昭彰的班農〔Steve Bannon〕領軍，其他成員包括川普女婿庫許納〔Jared Kushner〕，以及其他嫻熟社群媒體的幕僚人員）在臉書、推特和YouTube裡發現那個「奇蹟」。[6]

庫許納透過他在科技界的朋友，結識「矽谷的一些人，他們是暗中擁戴川普的粉絲，本身專精數位行銷。」這些技術專家向競選團隊展示，只要在投票前傳送目標式網路訊息，就可望瞄準特定的搖擺投票族群，要嘛催他們出來投票，要嘛阻止他們出來投票。《彭博商業週刊》的文章引述競選團隊裡一位資深主管的話，他承認「我們已經實施三項阻撓選民投票的重要行動，它們瞄準三個族群，希拉蕊若是想大贏，就必須爭取到這些族群的選票，分別是理想色彩濃厚的白人自由派人士、年輕女性、非洲裔美國人。」

川普競選陣營成功丟出很多文宣，設計宗旨就是要勸退選民出來投票給希拉蕊。他們散播反希拉蕊的影片，利用臉書籌募將近三十萬美元的競選捐款，並付錢給臉書，請它協助製造網路訊息，凸顯希拉蕊支持北美自由貿易協定（NAFTA），還操弄「伯尼兄弟」型（Bernie-Bro，譯按：指二〇一二年與希拉蕊角逐民主黨總統候選人提名的伯尼．桑德斯的死忠支持者）的厭女情結，這種思想吸引某些鐵鏽地帶的白人男性，他們雖然知道自己已經被共和黨出賣，可是也覺得民主黨的公司派背叛他們，所以樂意接納敵視希拉蕊的仇恨訊息；如果這些訊息中有隻字片語屬實，那就更好了（雖然希拉蕊在競選期間確實改變對貿易的態度，可是北美自由貿易協定畢竟是她的丈夫柯林頓總統任內一手促成的）。

有些文宣直接來自川普陣營，有些則是外國勢力煽動的，包括俄羅斯間諜在內，他們都想幫助川普這個電視實境秀明星化身的候選人贏得美國總統大位。不論川普是不是真的有把柄握在普丁手中，顯然川普比希拉蕊容易操縱多了，希拉蕊在外交政策方面的立場屬於鷹派，尤其對俄羅斯不假辭色（特別檢察官穆勒〔Robert Muller〕受命調查此案，外界期待甚久的報告出爐之後，雖然沒有正式宣稱川普與俄羅斯勾串，但卻有許多例子證實俄羅斯和川普團隊在大選之前有過可疑的通訊。穆勒的報告並未影響兩黨的信念，他們依然堅信自己原先相信的事）。[7]

正如穆勒調查所顯示的，為克林姆林宮效命的俄羅斯公司「網路研究社」（Internet Research Agency）設法從臉書和其他社群媒體平臺吸引到數百個使用者，觀看故意中傷希拉蕊的廣告。這群人隨後製造出來的內容，最終散播給數量驚人的一億五千萬個網路使用者。川普競選團隊的數位總監洪恩（Theresa Hong）直接了當地說：「假如沒有臉書，我們是選不贏的。」[8]

大約就在那個時候，身兼臉書投資人和祖克柏前職場導師的麥納彌開始注意到網路上發生的怪事。二〇一七年他動手寫*Zucked*那本書，主題就是自己發現的怪事，那時候他告訴我：「我最早是在二〇一六年二月第一次美國總統初選募款時，開始認真關心臉書的事。」麥納彌對政治很狂熱，他「每天花好幾個鐘頭閱讀新聞，也在臉書上盤桓甚久。」他寫道：「我注意到臉書上忽然出現大量令人困擾的圖片，都是朋友分享的，圖片的起源都是看似與桑德斯陣營有關的臉書群組。那些圖片都是用極為厭惡女人的角度描繪希拉蕊，我完全無法想像桑德斯陣營會容許這種事。更讓人不舒服的是，那些圖片像病毒一樣迅速傳播，我有很多朋友也在分享，而且天天都會出現新的圖片。」[9]

麥納彌愈來愈關心社群媒體對選舉結果的影響，他和大多數人一樣，對於英國公民投票同意脫離歐盟的結果深感震驚，因為這和事前所有的民意調查都不相符。儘管英國政府一開始否認有任何心懷惡意的分子藉由平臺科技影響公投，可是二〇一九年二月英國國會發布一份表達譴責的報告，顯示事實正好相反。[10]這份報告指出，脫歐投票確實可能受到俄羅斯活動分子的影響，至少凸顯一個很大的問題，那就是假新聞在選舉中持續扮演的角色，這樣的問題可能需要靠重新修訂選舉法來解決。負責調查的委員會發現，現行選舉法在應付臉書這類公司時，「已經不敷所需」，報告中指名道姓，指責臉書「蓄意違反資料隱私權和反競爭法，而且是明知故犯。」

誠如英國國會議員柯林斯（Domian Collins）所說的：「無法探知身分的來源，利用假消息和個人化『隱藏貼文廣告』（dark adverts），透過我們天天使用的主要社群媒體平臺，惡意並無情地瞄準公民，已經危及民主。這些有很多是由外國機構一手導演，包括俄羅斯在內……科技巨頭公司有失職責，既未能保護使用者抵抗有害的內容，也不尊重他們的資料隱私權。」

柯林斯還說：「我們相信，委員會看得很清楚，臉書經常故意阻撓我們的工作，針對我們提出的問題，提供不完整、虛假，有時還故意誤導我們的答案……即使祖克柏相信自己不應該被英國國會究責，他也應該對全世界數十億臉書使用者負責。本委員發掘的證據顯示，祖克柏還有一些問題尚未答覆，但他還是繼續閃躲，拒絕直接回應我們的邀請，不然就是派欠缺正確資訊的代表前來。身為全世界數一數二大公司的最高層，祖克柏一再令人失望，未能表現應有的領導水準和個人責任。」

同樣的評論自然也適用臉書對二〇一六年美國總統大選結果的反應。可是對願意費心關注此事的任何人來說，儘管證據近在眼前，大家卻視而不見。對於臉書、谷歌和其他平臺在大選中扮演什麼角色，相關的報告愈多，真相就愈清楚，原來移民之類的議題是透過網路文宣搧風點火，在投票期間被親脫歐陣營拿來利用，二〇一六年川普陣營也是利用同樣的招數。

麥納彌說：「我頭一次明白，臉書的演算法可能偏袒煽動性訊息，而不是中立的訊息。」[11] 更過分的是，情況愈來愈清楚，那些演算法可能導致世界變得更危險、更兩極化，而且更不民主。

他決定要盡一己之力。二〇一六年十月，也就是在美國總統大選前幾天，麥納彌聯絡祖克柏和桑德柏格；他把這些人當成朋友，也有無數理由相信對方會聽聽他的憂慮，畢竟多年前雅虎開價十億美元想買下臉書時，是麥納彌規勸祖克柏拒絕的（想想臉書現在的市值，那確實是明智的決定）；而當初祖克柏聘請谷歌的廣告高手桑德柏格來臉書擔任營運長，也是聽從麥納彌的建議。

後來麥納彌才曉得他高估了自己和祖克柏、桑德柏格的關係。雖然他與這兩位高階主管有點淵源，又有長期投資矽谷的圈內人身分，可是祖克柏和桑德柏格照樣對他的勸說無動於衷——過去兩年來，他們不管對誰都是這種態度。[12]

麥納彌之後在《金融時報》撰稿寫道：「他們客客氣氣地告訴我，我所見到的只是獨立事件，公司已經處理好了。二〇一六年美國總統大選過後，我花了三個月的時間乞求臉書：假如我觀察到的問題，證明是公司的基礎結構或商業模式的瑕疵所造成的，那麼就必須正視它對公司品牌的威脅。我主張若是不負起責任來，恐怕會傷害企業賴以生存的信任感。」[13]可惜對方依舊裝聾作啞。

二〇一七年我採訪麥納彌時，他告訴我桑德柏格和祖克柏已經對逐漸浮現的醜聞採取「無菌室」態度，他們打算三緘其口，不計任何代價保護自己和公司，不論後果可能會怎樣，也決計要這麼幹。他們的模式就是選擇創造最多點擊量的內容，也就是最賺錢的內容，這樣就代表公司成功了，哪怕是它們是經過設計，意圖操縱選民或煽動種族主義與仇恨的內容，也在所不惜。這說明臉書（和其他大平臺公司）太害怕損失了——二〇一二年臉書擁有十億使用者，到了二〇一六年已經擁有二十億使用者；同一時期，該公司的營收從五十億美元增加到兩百七十六億美元，到了二〇一八年底，更已暴增至五百五十八億。[14]

二〇一八年二月，美國司法部對十三個俄羅斯人和三家公司提起訴訟，罪名是操縱選舉，手段包括散播假消息和分裂內容，以幫助川普獲勝。[15]正如司法部的調查所顯示的，這些人和組織利用美國科技平臺犯下罪行，其中角色最吃重的平臺就是臉書，調查發現臉書收受俄羅斯分子十萬美元廣告費。其他的平臺還包括Instagram（臉書的子公司）、推特、YouTube（谷歌的子公司）、PayPal。[16]

即便如此，這些公司都拒絕為這一切負任何責任，幾乎毫無例外。臉書副總裁博斯沃斯（Andrew Bosworth）在二〇一六年寫的一張備忘錄遭到洩露，二〇一八年被BuzzFeed網站公開，備忘錄的內容為這些公司不肯負責的原因提供了蛛絲馬跡：「我們連結大眾。如此而已。正因為如此，我們在成長過程中所做的一切工作（意思是侵犯隱私的技術）都是合情合理的。所有導入實務的可疑聯繫；所有俾使友人搜尋得到的微妙用語；所有我們為促進更多溝通所做的努力。」博斯沃斯在備忘錄的另一部分推測，一旦連結破壞將會發生什麼事——「可能害某人被霸凌而付出生命的代價」，或是「可能有人藉用我們的工具從事恐怖攻擊活動而害死人」。[17] 顯然臉書的領導階層覺得，每一種可能發生的負外部性（negative externality，譯按：指某經濟行為造成他人或社會的損失，但行為主體卻不承擔其成本），都是值得付出的代價，因為臉書的服務負有連結世界的更高使命。

二〇一八年九月，《紐約時報》刊登新聞記者歐逸文（Evan Osnos）一篇人物特寫，將祖克柏描繪得很真實。歐逸文形容祖克柏凡事否認與轉移焦點的態度，不僅是針對操縱選舉一事，當臉書發生多起醜聞而紛擾不休時，他也是持同樣的態度，這些醜聞包括侵犯使用者資料協議、利用行為科技明知故犯操縱兒童、允許獨裁政權（譬如緬甸政府）利用平臺犯下種族滅絕的暴行。[18]對於所有危機，祖克柏的態度從頭到尾完全一致——我們統統都沒有做。

祖克柏在二〇一六年說過：「有人說臉書上的假新聞影響選舉，我不管怎麼看，都覺得這個想法荒誕不經，你曉得，那些新聞的內容都很少。」即使到了二〇一八年夏天，看見那麼多恰恰相反的證據，他的立場依然不曾改變。祖克柏告訴歐逸文：「有人說選民會因為被騙而只投某種票，我打心裡覺得這種說法令人厭惡。」如此聲明著實令人目瞪口呆，畢竟臉書公司的發展和技術運用，做的正是這種勾當。

這些問題並非空穴來風，矽谷人早在二〇一一年就開始公開對此表示憂心。當時自由派政治團體前進組織（MoveOn.org）的總裁帕瑞瑟（Eli Pariser）在Ted Talk演講，探討臉書與谷歌正在利用演算法鼓勵人轉進政治同溫層，接觸到的都是和他們想法一致的人，那席演講的題目是〈小心網路個人化資料過濾〉。[19]同一年谷歌推出自己的社群網路，要和臉書一較高下，他們創造更詳細（也就是對廣告主更有價值）的使用者網路活動檔案。一九九八年佩吉和布林曾在論文中坦然敘述他們的恐懼，擔心意圖不軌的分子會利用網路使用者謀取私利，沒想到他們所有的恐懼都逐漸實現了。

然而，如果改變商業模式會損及公司利潤，平臺業者會選哪一條路是顯而易見的事。麥納彌說：「我過了很久才接受，祖克柏和桑德柏格已經淪為過度自信的受害者。」[20]即使在美國參議院調查選舉舞弊的報告出爐後，證據堆積如山，說明臉書和其他平臺一直被利用來散播假消息和阻撓投票，麥納彌說：「我還是想要相信，他們最終會改變做法。」

他恐怕無法如願。

加強版監控資本主義

假如操縱選舉是科技巨頭破壞民主和公民自由的唯一方式，那也夠糟糕了，可惜還不僅於此，不論讀者二〇一六年有沒有去投票，你的日常生活都有被監視的危險——這個日益嚴密的監視國家所用的工具會把你當成標靶。

二〇〇二年電影《關鍵報告》（*Minority Report*）中，湯姆·克魯斯（Tom Cruise）飾演警察，在維吉尼亞州一個稱做預犯罪（PreCrime）的特別部門工作，這個部門專門逮捕即將犯案的人，心理學家預先得知對方將要犯罪，便將消息提供給預犯罪部門。電影描繪的大規模監視和科技（包括以所在地點為基礎的個人化廣告、臉部識別、自動更新的新聞報紙），今天看來早就稀鬆平常。導演史蒂芬·史匹柏（Steven Spielberg）只弄錯了一件事：電影裡警察辦案需要靠靈媒。如今的現實情況是，執法單位可以求助谷歌、臉書、亞馬遜和情報集團帕蘭提爾公司，使用他們提供的資料和技術。執法機關現在已經成為資料工具的大客戶，美國藉由資料打擊犯罪的現實，因而忠實反映出那部反烏托邦的科幻電影。

舉例來說，臉書的廣告工具被用來蒐集特定資料，像是哪些人表現對「黑人的命也是命」（Black Lives Matter）運動感興趣。根據美國公民自由聯盟（ACLU）所揭露的消息，臉書將蒐集來的資料賣給警察局，中間透過第三方資料監視與銷售公司Geofeedia。[21]這種行為太不正常了，蒐集並出售資料的不僅科技巨頭公司，還有非常多其他公司透過第三方資料仲介商進行，目前已是很普遍的實務——事實上買賣資料是當前美國經濟成長最快的一部分。[22]

民主黨戰略小組「未來多數黨」在二〇一九年發布的報告中指出：「數以千計的公司蒐集個人資訊，那些資料都是他們自己的客戶或委託人在生意往來的過程中提供的，接著這些公司將對方的資訊賣給大型資料仲介商，譬如徵信機構。[23]然後資料仲介商會分析、包裝、重新銷售那些資料，通常是以個人檔案的形式販售。向他們買資料的包括雇主、規畫行銷活動的公司、銀行和房貸業者、大學、政治選舉活動、慈善機構等等。」應該一提的是，執法單位和其他政府機關等公營組織也是購買這類資料的客戶。

「此外，信用卡公司和醫療保健資料公司也定時蒐集、分析使用者的個人資料，並且從中獲利。」有鑑於《健康保險隱私及責任法案》（Health Insurance Portability and Accountability Act，簡稱HIPAA）限制分享醫療保健資料，很多人聽到這個大概都會很吃驚，何況連信用卡持有者本身都很難取得個人信用評分與資料，沒想到這些資料居然會賣給別人。然而就像這份報告指出的：

「那些限制只適用於若干型態的財務資訊，譬如個人的銀行對帳資料，可是卻不限制貸款償付資料；對醫療保健資料的要求，也只適用醫療保健業者，而不限制藥廠或醫療儀器製造商。」意思是亞馬遜公司擁有的網路藥局根本不受這類法規限制，而Fitbit或任何健身應用程式都可能追蹤個人健康資訊和行蹤，也都不受法規管束。

所有的「個人財務和健康相關資訊都可以用匿名形式加以蒐集、分析、販售，演算法能夠將資料和大多數人進行配對，也可以只彙整詳細的財務與健康相關的個人檔案，而這些資料的基礎，正是網路平臺和資料仲介業者手中握有的廣泛資訊，每個人的資料都不放過。最後，如今固定作為商業用途的個人資料，也不限於人在網路平臺上活動時，或是購買產品與服務時自己透露的資訊。物聯網已經將個人資料蒐集的行為，注入大家生活中的各種層面，譬如智慧型電視會蒐集、分析、銷售個人資料，把主人是誰、看什麼節目統統洩露出去。智慧型汽車和智慧型手機都會蒐集、分析、銷售主人的個人資訊和他們去的每個地方。智慧型床鋪和智慧型健身手環蒐集、分析、銷售使用者的身分資料、體溫、脈搏和呼吸頻率。更甚者，新一代家用無線網路聲控設施都能補捉個人資訊（領導品牌如亞馬遜的Alexa、Echo、Dot、谷歌的Nest和Home），不但捕捉購買和安裝這些設施者的資訊，還在它們的偵測範圍內，捕捉主人所說的話。」[24]

簡言之，美國化身監視國家並非科幻作品，它已經真實存在了。

矽谷公司將自己描繪成「超自由派」（uber-liberal），盛讚「黑人的命也是命」之類的團體，在此同時卻沒有忘記貨幣化他們的監視收穫——這件事實無比諷刺，卻非絕無僅有。想想看亞馬遜的Rekognition影像處理系統，它聽起來就像歐威爾小說裡的科幻場景，最近美國公民自由聯盟去拜訪貝佐斯，請他停止販賣這套系統給執法官員，說它是「準備好讓政府拿來濫用」。該團體主張Rekognition系統特別「對社區構成嚴重危脅，包括有色民族和外來移民」，這項說法呼應一些研究的結果，也就是臉部辨識軟體在辨別有色人種時經常犯錯。[25]

不過我們不妨也想一想，大數據監控最早是幾年前在美國催生出來的，當時是旨在緩和種族主義和偏見的一部分因應之道。其實監控用的計算模型已經問世好一段時間了，從一九九四年開始，電腦統計分析（CompStat）系統便和犯罪與執法統計連結，最先是在紐約執法機關使用，然後其他地方陸續跟進。九一一恐怖攻擊事件推動新一波「由情報領軍的監控」，連結地方和聯邦執法機構，以及他們所有的資料。

紐約市警察局專員布拉頓（William Bratton）二〇〇二年遷居洛杉磯，隨同前來的還有他的「預測式監控」系統，目標是盡可能多利用資料，來源愈豐富愈好，以便在刑案發生之前就預測出來。可以用來建立個人檔案的資料來源非常多，包括犯罪報告、交通監視系統、報案電話，還有洛杉磯和各大城市如今無所不在的監視攝影機。接下來警察可以在RSS（簡易供稿機制）標記這些檔案，第一時間提供受監視者正在做什麼的資訊。結果如何？若是你今天違反交通規則，視演算法對你的了解（你去哪裡、做什麼事）而定，明天可能就會被列入警察的監視名單。

這一套模式的概念是，透過演算法監視，有助於避免人類的認知偏頗，例如將黑人與犯罪聯想在一起。可是演算法也有自己的問題。德州大學（University of Texas）的學者布萊恩（Sarah Brayne）研究洛杉磯警察局內使用大數據的情況，該警察局和帕蘭提爾公司合作（後者協助蒐集與組織大量資料），建立可能犯罪地點的預測模式。[26]布萊恩發現大數據從根本改變了警察監控的本質，變得比較不是針對犯罪採取反應行動，而是加入更多預測和大規模監視的元素。結論是，將多種資料來源併入帕蘭迪爾模式（我們的資料可能被蒐集、整理、販售，然後併入警察機關自己蒐集到的資料裡），這意謂即使從來不曾接觸過警察的人，最後也可能遭到監視——此舉有違「無罪推定」（innocent until proven guilty，譯按：亦即未經審判定讞，人人都應該被無罪看待）原則，讓人很不舒服。這套辦法的本意是減少犯罪，沒想到卻適得其反。

誠如布萊恩在她論文裡所寫的：「這份研究凸顯由資料推動的監視實務，可能產生至少三方面的不平等：加深既有嫌疑者的個人監視；擴大刑事司法網的不對稱；導致人民躲避『監視』制度，但這種制度卻是社會整合的基礎。」布萊恩還語重心長地說：「用數學方法監控的實務，使已經有嫌疑的個人面臨更新、更深入的監視型態，**表面看似客觀**，『只是數學』罷了。」

儘管這套系統聲明其意圖是避免警察執法時的偏見，但是它隱藏監控時有意和無意的偏見，還創造一個自我延續的循環：升高監視後，個人被攔阻的機會大增。這種對抗個人的實務工作在刑事司法系統底下早已存在，但卻模糊了執法者塑造風險檔案的角色，使他們在系統裡進退兩難。除此之外，在收入較低、少數民族較多的地區居住的個人，被量化的「風險」大於住在較富裕社區裡的人，警察一般不會在富裕地區實施這麼嚴密的監控。

此事關係重大，不僅因為種族歧視，也因為它錯失許多惡意的活動，這兩個問題確實綁在一起。紐約奢華的上東城公寓裡，衣冠楚楚的內線交易員很可能不會觸發監視演算法，不過他的罪行遠比街頭小混混嚴重多了，造成的社會成本也高很多，反觀穿連帽衫的青少年只是因為違反交通法規，忽然就陷入監視控管滾雪球般的迴圈，怎麼也掙脫不出來。當然這類社會控制「造成的後果超出個人範疇」。「演算種族歧視」（algoracism）這個主題現在正熱門，活動分子和民權律師努力想抗擊科技巨頭把監控制度弄得天翻地覆的做法，萬一科技巨頭得逞，恐將嚴重影響整個社會的公民自由。

這些改變固然令人心驚，卻只是個開端，現在它們即將創造的世界裡，人人的一舉一動、一言一行，不分線上或離線，都可能遭到監視和利用，而監視與利用我們的，除了科技巨頭，還有公共部門本身。以加拿大多倫多市的人行道實驗室（Sidewalk Labs）為例，這家公司是谷歌母公司字母控股旗下的「都市創新」子公司，它與地方政府合作，在城市各個角落裝設感應器和其他科技（表面上是為了改善城市服務，但當然也為了替谷歌累積資料），計畫在多倫多打造一個「智慧城市」。他們從零開始，在城裡臨水岸一塊面積十二英畝的土地上，創造一個高科技地段，設置感應器以偵查噪音和汙染，另外也為智慧型汽車加熱車道。機器人將會沿著地下廊道遞送郵件，而且城裡所用的一切材料都是環保材質。[27]

不管讀者認為這個主意聽起來令人興奮還是令人膽寒，整個計畫的規畫卻是不透明的。多倫多市政府和谷歌都沒有立刻發布計畫的所有細節，反而是新聞記者調查之後才曝光。二〇一九年二月，《多倫多星報》（*Toronto Star*）的一則報導揭露，智慧城市的計畫遠比民眾原先所以為的更廣泛：谷歌在這個地區實際計畫興建自己的大眾運輸路線，以交換政府與之分享財產稅、開發經費，正常來說土地增值應該歸城市所有，現在谷歌也要分一杯羹。[28]請暫停一分鐘，想想看：谷歌的一貫作風是向地方政府陳情，要求對方提供更好的基礎建設、教育和服務，可是這家全世界財富數一數二的公司現在居然向市政府開口，要求對方放棄本來可以拿來協助滿足那些要求的金錢。

另一個問題是由誰保管資料。人行道計畫的感應器可以追蹤個人去的每一個地方——在公園長椅上小坐、穿越街道、和家人或戀人共處。谷歌宣示會保持所有資料「匿名」，意思是不會連結到任何特定個人，它也宣稱至少會把部分資料存入一個資料庫，專門用來改善交通流量和城市服務。可是谷歌並未宣誓將資料留在當地，意思就是說，谷歌所有營運單位都可以使用這些資料。

難怪隨著愈多細節曝光之後，現在地方上的抗議群眾都義憤填膺。現場設計了一面「回饋牆」（feedback wall），讓參觀者有機會為已經寫好的題目填上答案，譬如「我對＿＿＿＿感到振奮。」有一位參觀者填上「監視國家」，另一位填寫「讓多倫多再次偉大。」[29]由於民怨愈來愈強烈，大家都興致昂然等著看人行道實驗室會不會淪落到和亞馬遜第二總部同樣的下場。

不過如果你以為這件事讓人毛骨悚然，不妨再看看谷歌的蜻蜓搜尋引擎計畫。二〇一八年八月，新聞網站「攔截」（Intercept）報導谷歌公司考慮為中國發展谷歌搜尋引擎的審查版，名為蜻蜓（Dragonfly）。[30]消息一出，不僅一般民眾大為震驚，連谷歌自己的絕大多數員工也不敢置信。這個搜尋引擎將幫助中國共產黨阻絕黨意不喜的消息，並允許共產黨根據任何搜尋結果，透過搜尋者的電話號碼追蹤到個人，似乎和谷歌的行為守則「切莫為惡」背道而馳。

有鑑於谷歌在中國的歷史，這件事尤其令人費解。谷歌曾在二〇〇六年到中國設立分公司Google.cn，但即使是那個時候，中國也不允許谷歌引導中國人民接觸政府認為有害的資訊，譬如一九八九年學生領導的天安門抗議事件，導致共產黨對自己的人民開火，殺害了一萬多人。[31]然而谷歌公司決定，光是在中國設據點，幫助如此廣大的人民接觸某些搜尋資訊，便有助於促進中國政府更加開放。

回想起來，那真是天真的假設。中國唯一的勢力就是共產黨，當新科技進入中國時，從無例外，必定是由黨對這項科技進行研究、控制，最終完善。這次也不例外，中國扶植本土版的谷歌，他們叫做百度，這個搜尋引擎在國內享有更多自由與經營能力，以交換政府控制。二〇〇九年，谷歌在中國搜尋市場的占有率只有三分之一，百度則占有百分之五十八。[32]一年之後，谷歌決定撤出中國市場，起因是遭到「極光行動」（Operation Aurora）的駭客攻擊，中國境內的駭客以谷歌的專有財產為目標，也就是它的谷歌帳戶，更重要的是那些利用谷歌平臺的人權運動分子的真實身分。獨裁政府利用平臺監控並迫害運動人士的想法，終於迫使谷歌公司撤離中國。

自從那時候開始，中國的政治態度更趨強硬，而當今的習近平政權堪稱毛澤東時期以來壓迫人民最力的中國政府。蜻蜓搜尋引擎的消息遭揭露之後，谷歌開始矢口否認，然後企圖轉移焦點，令華盛頓大為光火，尤其是消息曝光的時間，剛好碰上谷歌缺席參議會針對隱私權和反托拉斯召開公聽會，同時谷歌也拒絕和國防部官員合作推動美國的人工智慧計畫。美國副總統彭斯（Mike Pence）說蜻蜓計畫會「強化共產黨的審查，並損及中國顧客的隱私權。」

民主黨參議員華爾納與共和黨參議員魯比奧（Marco Rubio）率領一個參議員小組，在二〇一八年八月三日寫了一封信，表達嚴正關切該計畫對人權與安全可能構成的影響。

這些參議員指出：「中國當局……審查廣泛的新聞與社群媒體題材。」他們引用一個例子：「中國發生一樁嚴重的疫苗醜聞案，很可能影響數十萬中國兒童的健康」，由於「牴觸審查，新聞報導指出上週一『疫苗』是微博上受到最多限制的用詞；微博是中國類似推特的微型部落格平臺。」

參議員引述《金融時報》的報導，說明中國官方如何利用科技增加對人民的監視。中國的科技公司，包括阿里巴巴、騰訊、百度、京東，都「和國家與公安機關糾纏不清，而政府當局在雙方關係中保持強勢。」參議員的結論是：「據報導谷歌正在設計應用程式，以配合中國的審查要求，有鑑於谷歌與那些公司的關係，包括與騰訊合資的交叉許可科技事業，以及斥資五億五千萬美金投資京東，更是令人無比憂心。」那封信用一個簡單但誅心的問題做結語：「報導中的這項發展（蜻蜓）計畫……如何見容於谷歌的非正式座右銘『切勿為惡』呢？」[33]

不久之後，連谷歌自己的員工也開始問這個問題了。這家公司宣稱不能（或不願）在美國與其他許多地方監控自家平臺，如今竟然罔顧人的隱私權或公民權（這些權利在已開發世界多已享有），心甘情願和一個獨裁國家合作。

答案並不令人意外：都是為了生意。如同許多谷歌人告訴我的，中國被視為世界的數位科技培養皿，儘管政府變得更專制，科技市場卻也變得更飽和。中國擁有全球數量最龐大的網路使用者，擁有許多最創新的服務，以及世界上最有錢也最有權的一些公司，像是百度、阿里巴巴、騰訊等等，不像在美國，這些公司完全不受隱私權和反托拉斯論辯的影響。中國年輕人在數位連結上比西方年輕人更緊密，谷歌願意冒一切風險進入這個市場，搜尋部門的負責人戈梅斯（Ben Gomes）有一次說溜了嘴，證實這件事。他說：「中國堪稱今天世界上最有意思的市場」，谷歌不只想在那裡賺錢，而且「要了解那裡發生的事，以啟發我們。」就像他所說的：「中國將會教我們一些我們不懂的東西。」

儘管來自政客、安全事務鷹派、人權倡議分子的政治壓力極為龐大，可是谷歌似乎都不為所動，直到自家公司的工程師開始主張谷歌應該停止為中國設計審查版搜尋引擎，谷歌才真正肅坐傾聽。這是一場硬仗。曾在谷歌任職的工程師波爾森（Jack Poulson）原本花了一個多月時間在內部替公司說話，澄清谷歌在這項計畫上的道德界線。但二〇一九年四月，波爾森在《紐約時報》上投書，指出他離職前接受公司職員的訪談，對方告訴他：「只要你不做我們無法原諒的事，譬如接受媒體採訪，那我們就可以原諒你的政治立場，把重點放在你的技術貢獻上。」波爾森並未順從對方的建議。[34]

他自己創辦一個非營利組織，名為「科技探究」（Tech Inquiry），目標是追究科技巨頭對人權標準與民主規範的責任。波爾森和愈來愈多科技專家相信，「科技公司可以只構建工具、編寫演算法和蒐集數據，而無需考慮誰在使用這項技術及其目的的時代已經過去了。」谷歌自己的一千四百名員工簽署一封抗議信，指責公司推出蜻蜓的決策不透明。緊接著，在國防部採用谷歌的人工智慧技術前幾個月，員工又發出類似的抗議（谷歌隨後終止與國防部的合約，可是繼續與中國合作，顯得非常諷刺。不過蜻蜓計畫最後也喊停了）。

谷歌重新進入中國的決定引發內部危機，這件事令我想起歐勒塔的著作《谷歌大未來》（*Googled: The End of the World as We Know It*），那本書早在二〇〇九年就出版了，書名副標題「我們熟知的世界就此終結」是直接引述哥倫比亞大學教授兼科技專家吳修銘的話，之後他自己也寫了一本精采著作，討論科技巨頭的認知問題，書名叫《注意力商人》（*The Attention Merchants*）。

當時吳修銘便指出：「谷歌是一家早慧的公司，績效絕佳，完美的首次公開發行股票，典型的模範生。他們的基本問題是要不要忠於公司的創始哲學。我指的不僅是『切勿為惡』，還有他們會不會繼續把焦點放在搜尋上？這也是谷歌的創始精神：替你盡快找到想找的東西，解決棘手的問題，這才是工程師真正欣賞的事情。」吳修銘問，抑或谷歌將成為「內容來源和平臺，終極目標是企圖把人留在谷歌高牆內的花園？我預測谷歌最終將會發生內亂。」

多麼有先見之明！不過現在發生內亂的不僅谷歌，網際網路已經成為世界強權的新戰場，它不再是單一實體，隨著美國和中國爭奪網路經營與監管的控制權，藉此控制未來高成長、高科技產業的更大規模競賽，如今網際網路已經變成「分裂網」（splinternet）。這兩個國家都變得愈發傾向民族主義，支持本國科技巨人，設法贏得科技貿易戰，而這樣的戰爭已經演變成新冷戰，本書陳列出來的所有問題，都將因為這場戰爭更加惡化。

第十三章　新的世界大戰

二〇一八年某天我在採訪美中貿易與科技衝突升溫的新聞時，經歷了一件怪事。當時我正在華府訪問多位政治人物和顧問，想更了解不同政治派系認為應該如何因應此事。我採訪的對象包括桑德斯的一位前任幕僚，目前擔任一批革新主義者的諮詢顧問，國會議員奧卡西奧—科爾特茲（Alexandria Ocasio-Cortez）便是其中之一；同一天我也訪問了國防部的一位高階官員。這兩個人雖然代表立場分歧的政治派系，但對此事的看法卻出奇相似：中國是確實存在的威脅，美國需要設立藩籬來保護某些供應鏈，還需要準備好可能得打一場冗長的科技與貿易戰。[1] 這兩位消息來源都向我推薦同一本書：《自由鍛造場》（*Freedom's Forge*），內容闡述美國汽車工業如何在第二次世界大戰期間幫助國家。[2] 在政府官員的帶領之下，汽車工業（包括製造汽車的大廠與其供應商）在作戰期間提高產量、提供援助，創造跨供應鏈的綜效，戰後接著發揮巨大效益，使美國工業超越歐洲和亞洲——至少持續了二十年之久。

二〇一八年六月，國防大學（National Defense University）贊助的一場活動將這本書列入閱讀清單；與會軍方和民間領袖共聚一堂，討論當前的重大挑戰。數十位專家、政府官員、企業領導人聚在一起探討戰後秩序鬆散、中國崛起，還有美國應該如何加強製造業和國防工業。他們的目標是創造強韌的供應鏈，即使碰到貿易戰甚至真正的戰爭，也能夠挺下來。

在廣泛而多元的討論當中，演講者的看法大致相同，認為全球化企業（尤其是美國跨國企業）的傳統經營方式已經終結，意思是不能再像過去那樣，隨心所欲去喜歡的地點、用喜歡的方式做生意，這將對美國工業造成嚴重的後果。活動主辦人詹森（John Jansen）少將說：「如果你接受這個起始論點，也就是我們正在（對中國和俄羅斯）進行一場重大的權力鬥爭，那麼你就必須思考如何鞏固創新基地，活化工業基地，並且全盤擴大規模。」[3]

活動中許多討論的焦點鎖定美國高科技供應鏈多年來外包給中國的方式。回溯一九八〇和一九九〇年代，我們的政府決定服務業工作優先，認為它們比製造業工作更接近上層經濟食物鏈，所以准許企業將大部分產業生態系統外包到海外。在此同時，金融系統變革，工會式微，許多法規修改成重資本而輕勞工，一切以資產負債表為重的心態，造成季度股價（靠不斷削減成本來支撐）的優先性壓過長期風險。消費者和公司的地位優先，公民或勞工排在後面。

我在《大掠奪》那本書裡花了很多篇幅討論這項主題。美國的經濟在這種趨勢下形成兩頭分歧的走向，一頭是許多軟體百萬富翁，另一頭是在漢堡店打工的勞工，可是兩頭之間沒有足夠的中產階級工作。從公司的角度來看，這也導致許多美國公司在中國境外無法找到所需的產品，包括關鍵武器的主要化學組分（chemical components）。[4]

這不只是經濟問題，而且愈來愈被視作安全危機。二〇一八年五角大廈呈給白宮的一份報告發現，過去四十年的製造業外包，加上中國的工業政策、美國的理工學科和貿易技能衰退，已經讓美國的供應鏈（以及美國的公司、消費者、公民）處在脆弱的位置。[5]根據國防部的研究，[6]脆弱的地方很多：消費產品的安全性堪慮；美國在關鍵領域的創新萎靡不振，例如人工智慧；5G無線技術落後。另外，中國是很多種製造原料的唯一來源，包括多項與軍方和國防工業直接接觸的產業。這份報告裡最有趣的是所涉及的產業不僅軍事工業複合體（military-industrial complex），還包括更廣泛的製造業供應鏈：電子業、工具機、軟體業等等。

儘管美國曾經在高科技部門獨占鰲頭，但是經過幾十年的全球化和產業外包，板塊已經位移。現在中國是全世界電信設備的主要供應者，在手機應用程式和支付系統方面遙遙領先，甚至於推出新款高速5G手機服務所需的專利，中國擁有的數量也是最龐大的，有了5G就能連結物聯網，創造各行各業新的成長契機。中國還在人工智慧方面進展迅速，雖然谷歌等公司依然在純技術部分領先，可是有更多金錢流入中國的人工智慧領域；根據全球策略與研究公司13D的報告，目前全球投資人工智慧的資金，大概有百分之四十八流入中國，美國則是百分之三十八。

這就是為何過去幾年來，美國國防部、財政部、美國貿易代表署（Office of the United States Trade Representative）一直強調中國對美國構成策略威脅，如今中國已經被官方認定是美國中、長期最大的敵手。川普的中國麻煩才剛剛露出冰山一角，這是一場新的而且很可能持續很久的科技與貿易戰爭，而對手是一個經濟與政治制度從根本上和美國截然不同的國家。誠如美國前國家情報總監（Director of National Intelligence）寇茨（Daniel Coats）二〇一九年初在一篇報告所指出的：「中國領導人將會更強力主張，中國的威權式資本主義模式是海外發展的替代途徑（言下之意更優越），激化強權競爭，結果可能威脅到國際對民主、人權、法治的支持。」[7] 這項聲明不僅引起川普支持者或保守派整體的共鳴，也在民主黨圈內獲得好評。兩方陣營愈來愈認同，美國和中國之間的文化衝突無可避免。

這種想法凸顯一件讓人不自在的事實，將對民營部門產生重大衝擊。幾十年來美國的自由市場資本主義制度容許企業隨心所欲地經營，隨便他們找最便宜的國家外包，把利潤轉到國外稅制最優惠的地方。美國公司創造並引領全球化進程，可是現在美國遭到中國的挑戰，中國擁有自己的制度，不守民主資本主義常用的那一套規矩。在這樣的世界中，愈來愈多人相信為了美國的安全與經濟利益著想，美國應該解除與中國之間的投資與供應鏈連結。

此種論點通常被斥為刻意打壓中國，例子確實有不少，尤其在總統大選之前更多。然而問題並沒有那麼簡單，我們愈來愈清楚：對於新數位經濟應該用什麼法規管理，美國、歐洲和中國的看法各不相同。這意謂我們所熟知的全球化很可能會產生改變，在新的數位世界中，不同地區可能根據不同的價值觀和輕重緩急，選擇不同的網路治理制度。以中國為例，為了人工智慧的創新，可能在蒐集資料時搶快，而完全不考慮使用者的隱私。歐洲可能打造公共資料庫，企業將來必須請求使用權。美國至今對科技巨頭的監管相當鬆散，但是情況可能改變，特別是所有志在參加二〇二〇年總統大選的民主黨候選人，都已經把反托拉斯當作核心議題。

這一切的結果對你我而言代表什麼意義？現在已經出現「分裂網」，每一個國家的資訊和資料權利差異極大。公司與政府可能拿你的個人資料，放在極不相同的用途上，端視你住在哪個國家而定，而身為消費者和公民的你，根據國籍的不同，能夠依靠的法規種類也不盡相同。目前還沒有任何國家建立完美的制度，不過我傾向歐盟和加州所支持的政策，其出發點是個人擁有自己的資料，應該明確了解這些資料被拿去做什麼用途。在創新、競爭和隱私之間選擇正確的平衡，將是創造工作機會和穩定社會的關鍵。

更重要的是，未來的地緣政治戰爭將會介入網路空間。國防部工業政策副助理部長邱寧（Eric Chewning）告訴我：「為了因應國與國之間（意思是西方與中國之間）的競爭階段，美國正在重新定位策略。這種競爭承認了經濟安全和國家安全之間存在相互關係。」這段話的意思是，美國公司肆意飛到他國疆土上做生意的日子，恐怕即將結束了。全球企業本身將會改變，隨之改變的將是我們的經濟與政治本質。

新時代還沒有清楚的規矩，西方公司應該獲准像往常那樣和中國做生意嗎？如果不應該，原因是什麼？對此政客的答案各不相同，但是公司本身也會根據自己的策略利益，採取不同的方式。以亞馬遜為例，由於北京選擇支持本土電子零售巨人阿里巴巴，所以亞馬遜一直找不到門路進入中國。這意謂亞馬遜全力灌注其資源，成為美國政府的主要供應商和採購平臺，有些競爭者因此忿忿不平，覺得亞馬遜得到政府給予的不公平優勢。[8] 另一方面，臉書迫切想在中國擴大規模——據悉它將資料留在中國本地，也和當地的應用程式公司分享，這麼做不僅可能損害美國公民的隱私權，也招致各種駭客風險，就像以前谷歌在極光行動中吃的虧。即便是蘋果公司，雖然努力建立自己捍衛隱私權的品牌形象，到了中國也投降了。蘋果公司在美國盡心保護使用者資料，二〇一五年加州聖貝納迪諾市（San Bernardino）發生恐怖攻擊事件後，拒絕協助聯邦調查局（FBI）解開一支上鎖的iPhone手機，以便進行調查；可是到了中國後，蘋果完全依照當地法規辦事。舉例來說，北京強迫蘋果公司將iCloud雲端資料中心裡所有中國顧客的內容，都搬移到中國大陸，交由本地公司管理，如此一來就不需要遵從美國的資料保護法。蘋果公司口口聲聲保護隱私權，其實也就是這麼回事，至少對中國的蘋果使用者來說，只是口惠而實不至。

至於谷歌，它在中國並未像臉書那樣分享使用者的資料（該公司的公關代表堅持他們沒有在中國當地持有任何資料，而是全部放在雲端伺服器，照理來說就能脫離政府監控）。然而谷歌在北京開設一個研究中心，探索何如推出一種中國市場專用的審查版搜尋引擎，在此同時又和美國國防部合作進行多項不同的計畫。很難想像美國的國防承包商如雷神公司（Raytheon），是怎麼獲准與美國、中國簽訂同一類合約？話又說回來，在人工智慧等領域從事最先進研究的科技巨頭公司，對於國防部的重要性恐怕已經高於以雷神為代表的傳統軍事工業複合體，而且科技巨頭還可以在這場競賽中同時操縱兩邊陣營。

這些是國防部關心的頭號大事，該部已經持續和許多美國的跨國企業對話，討論如何和中國做生意。邱寧說：「根據我們的對話，公司體認到策略條件正在改變。中國持續追求『中國製造二〇二五』的細項目標，偏袒國家隊，刻意扭曲經濟競爭環境，西方企業可能需要重新評估長期在中國經商的信心。」現在有很多公司已經如他所言，重新思考貫穿南中國海的供應鏈，將生產線撤出中國，移往越南和墨西哥等地，並且考慮政治風險和兩大強權之間的衝突將會如何影響其營運。

說直白一點：我們可能正站在第二次世界大戰以來最大的地緣政治轉捩點上，而科技巨頭正處在中央位置，網際網路本身將是戰場所在。可惜那樣的場景絕非科技巨頭理想家一度夢想的那種網網相連的樂土。

科技民族主義興起

這種情況是怎麼發生的？部分原因是美國和歐洲的政策制定者在中國事務上押錯了寶。一般看法總是認為中國開發程度提高之後，也會變得比較自由。然而二〇〇八年的金融危機暴露美國系統本身固有的缺點與虛偽，中國自然會憂心（金融、經濟、政治等層面的）開放可能對本國造成什麼風險，又會害他們面對外在勢力時變得何等脆弱（譬如貪婪的華爾街銀行家可能摧毀全球金融系統）。

結果是先前幾十年的經濟開放與私有化開始縮減，中國開始展現力量，鼓吹自己的國家控制模式。中國不再走鄧小平的韜光養晦路線，習近平領導的新一批技術官僚開始鞏固力量，出口自己的政治價值、資本和技術到其他國家。

這些行動有一部分在過程中創造新的經濟與政治聯盟，譬如在非洲的新投資，以及經由舊絲路串連中國與歐洲的「一帶一路」策略，都受到稱頌（但不是所有人都讚美）。其實，有人認為中國將在別人都失敗的世界困難地區一支獨秀，建立公平且有效果的新聯盟——這個想法頂多能說天真吧。持平來說，中國的經濟外交攻勢能否成功，目前依然無法下定論，很多歐洲國家也被中國圈進其外交攻勢中，這對中國和全世界整體來說算是一樁好事。一方面，中國身為世界第二大經濟體，本來就應該在全球舞臺上扮演更吃重的角色，如此不僅公平而且正確。另一方面，在中國這個專制政權下，個人毫無隱私權可言，西方的公司和國家該如何和中國做生意，是極為棘手的難題。

可是在某些方面，中國並不真正在乎這些，因為中國和二次世界大戰後的美國十分相像——龐大、單一的成長市場，潛力無窮，將會吸引很多其他國家加入它的軌道。過去幾年來中國努力往價值鏈的上方攀爬，如今想要利用自己的國家資本主義制度袒護本土企業，其中許多在國內市場的競爭力並不亞於美國公司。事實上，我一直對於美國企業居然會相信自己能夠在中國的土地上，和中國企業完全公平的競爭感到疑惑。

我經常想起那一次去中國的經驗，當時正好發生史諾登（Edward Snowden）洩漏美國國家安全局情報的事件。我拜會人民解放軍的一位將軍（是個女將軍，挺有意思的），問她對於中國由國家贊助剽竊智慧財產的看法，以及從西方取得的技術可能用來奪取經濟與國家安全優勢的說法。女將軍相當明確地表示，「擁有中國特質的資本主義」意謂公司利益和國家利益之間沒有真正的界線。事實上，她似乎認為如果有任何人不以為然，就未免太天真了。最要緊的是國家，不是公司。

二〇一八年，中國的風險投資業者兼人工智慧專家李開復（二〇〇六年率先將谷歌引進中國的人）告訴我，他相信美國和中國將會繼續背道而馳，各自發展不同的科技生態系統，而谷歌和中國之間正在進行大賽，看誰能夠開發出最細緻的人工智慧系統（人工智慧是未來最具策略性的科技）。李開復相信，貿易戰和科技戰愈演愈烈，可能會掐斷美中兩國之間的資本流動和科技貿易。然而他說那樣也無所謂，他相信中國絕對有能力自行開發豐富的科技生態系統。李開復舉如今表現出眾的中國品牌如小米為例，小米手機在中國的銷售數量超越蘋果。他說：「未來的問題將是：『為什麼要買西方品牌？』我認為你將會看見，中國不僅會在國內，而且也會在東南亞國協（ASEAN）和許多中東國家擁有數位生態系統。」

這樣的言論其來有自。中國的網路使用者人數（大約八億人）大幅超越美國，這個國家大致上已經不使用現金，大多數人口在許多層面都使用本地開發的應用程式，從行動銀行、美食外送到自行車租借皆然。美國科技巨頭固然龐大，但是中國的科技巨人如阿里巴巴、騰訊、百度，規模甚至比它們更大。中國人從出生到長大，生活的制度中並不存在西方視為理所當然的個人自由，他們似乎樂於放棄個人隱私，以交換大數據帶來的多種便利。舉個例子，中國人會同意在身體內注入醫療感應器，以監測健康狀態；中國公民接受「社會計分卡」，他們的一舉一動幾乎都被打分數。這種科幻片似的系統，讓在大數據計分系統中得「高分」的人，申請貸款時比較容易獲准核貸，買房子時也有比較好的待遇，反之拿低分的人，就會受到歧視，甚至找不到工作。[9] 如果你以為這聽起來非常像反烏托邦的電視劇《黑鏡》（*Black Mirror*），你想的沒錯，只不過這樣的系統在中國是真實的。

不過中國的系統也有明顯的大缺點。公民可能因為微不足道的違法事件，自己的社群媒體帳號就被封鎖了；如果計分卡顯示特定失誤，他們可能得坐牢。臉部辨識掃描系統追蹤人民的一切行動，學校、醫院，甚至自家，都無所遁形。這樣的結果可能是中國在大數據方面的優勢，也可能使社會重返毛澤東時代那種完全由國家控制和壓迫的環境。

中國部落客佳佳（音譯）冒著極大的個人風險，在部落格上撰寫中國這個監視國家的興起：「中國再也沒有任何言論自由了，到頭來，誰也逃不掉。」[10]更甚者，中國已經將某些鎮壓人民的科技賣給其他國家，以期重塑地緣政治、擴大影響力。二〇一八年，非政府組織自由之家（Freedom House）發表一篇討論數位獨裁主義的論文，[11]內容指出北京對至少十八個國家輸出監視科技，讓尚比亞、越南和其他政府用來鎮壓自己的公民。[12]

由上而下抑或由下而上？

很少美國人或西歐人會說他們喜歡目前網路治理的狀態，可是如果撇開中國這個由上而下的監視國家對人權的影響，那麼仍然有一個重要的疑問：數位創新是不是最適合分權的環境？也就是眾多民營公司獲准在英明的監管下、真正的自由市場中競爭。還是說，最適合未來的數位創新模式，反而是中央集權的環境？也就是讓從上到下的監視國家隨心所欲蒐集資料，然後允許它精心挑選出來的公司任意行事。

中國顯然是對第二種比較在行。習近平上任後加緊國家對市場的控制，嚴管許多在中國營運的公司，從高通、蘋果到威士卡（Visa）、萬事達卡都不例外。北京對高成長的科技部門實施更嚴密的控制，要求外國與本國公司進行資訊審查，並需配合國家安全工作。他們的邏輯是，在人工智慧和大數據的時代，中國比美國更有優勢，因為沒有公民自由辯論妨礙監視國家。這個世界人口最多的單一國家所製造的全部資訊，都能毫無限制地取用，所以中國的科技部門將會迅速向前邁進。[13]

現在一般都假設，尚未成為大規模商業現實的5G（第五代行動科技）技術將由中國主宰。然而美國和中國之間的貿易戰爭還在進行，我們很難看出這項假設是否會成真。川普政府企圖限制中國5G晶片製造商華為在美國的業務，同時限制它與美國公司買賣，因此華為可能遭到嚴重掣肘。儘管如此，支持者認為中國迅速搶進5G科技，已建立必須的基礎建設，反觀美國，尤其歐洲，則明顯落後。華為的設備比較便宜，有很多國家打算採用；美國的晶片龍頭高通因為和蘋果打官司，涉及範圍跨越數大洲，而且打了好幾年，直到二〇一九年中才告一段落，因此高通的資源和注意力都沒有放在發展自己的5G技術上。

此事凸顯目前美中貿易和科技戰有一點非常諷刺。美國想要痛擊華為（該公司創辦人以前是人民解放軍的將領），方法是敦促歐洲盟邦和其他國家不要採用華為的設備，同時防止美國公司和華為做生意。從很多方面來說，這樣的做法情有可原，畢竟有大量報導揭露中國剽竊智慧財產，並且在網路從事間諜活動。[14]

不過華為對高通的傷害，尚且不及蘋果壟斷勢力對高通的損害，現在蘋果的壟斷力量太過強大，它乾脆決定不要付專利授權費給高通，在三大洲的法庭將高通一拖就是好多年。這一點值得我們記住：科技和貿易戰有一部分是關於中國想要自己訂定遊戲規則，但還有另一部分是美國縱容蘋果這類規模最大的公司變得這麼強勢，讓他們在市場中制定自己的條件，從某方面來看，可能破壞整個國家的經濟和政治。

儘管美國在5G技術上快速追趕，可是很多人相信，中國這類監視國家更容易擁有和駕馭資料，然後透過5G晶片轉移到安裝該晶片的各類產品上，像是輪胎、網球鞋、胎兒心跳監視器等等。這一來，北京就能從這類資料更快獲取生產力提升的好處。這種思維背後的主要想法是，我們已經離開人工智慧用途的「創新」舞臺，現在唯一重要的就是資料，不管是誰，得到最多資料的人就會勝出。

順著這條思考路線，人工智慧創新再無大幅度躍進，只看誰能創造最大的監視國。此外，中國的支持者主張共產黨有個優勢，那就是能夠指揮這類公司把資源配置到自己的產業政策目標上，譬如促使阿里巴巴之類的公司去鄉下地方建設寬頻網路。國家支持策略性產業，例如機器人、半導體、電動車。

這一切很可能證明都具有競爭優勢，可是我們也都很確定一件事，網路商業化最強的公司（不僅是美國巨人如谷歌、臉書、微軟，連中國領導廠商百度、阿里巴巴、騰訊也都是），全是在初創時期公司文化比較分權的時候，達到這個境界。很多學術證據顯示，突破性創新比較可能出自單一的學術單位，而不是組織極為龐大的公司（或國家）。[15] 如果你像李開復一樣，相信中國會贏，那麼你就必須相信我們已經離開創新的年代，而且唯一向前的道路，將是由資料推動、由大國和大公司管理的監視國家。我相信這樣的論調跨度太大了。[16] 關於創新，能確定的事只占很少數，其中一項就是創新路徑鮮少符合我們的預測。

雖然中國的集中化控制可能構成短期優勢，但你也可以質疑，長期來看究竟值不值得？佳富龍洲（Gavekal Dragonomics）公司是以中國為焦點的顧問與研究集團，相當有影響力，公司常務董事葛藝豪（Arthur Kroeber）說：「未來三、四年內，集中化會帶來好處，可是未來五到十年，就可能會開始碰到集中控制的脆弱所導致的問題。」想一想毛澤東統治下的中央計畫導致的災難，甚至是近來中國無力主宰汽車工業的例子。

歷史學者弗格森在著作《廣場與塔樓》中指出，僵化的官僚結構比較容易遭到破壞式技術（disruptive technologies）傷害。威權式資本主義和網際網路很可能並不相襯，[17] 華府智庫彼得森國際經濟研究所（Peterson Institute for International Economics）的拉迪（Nicholas Lardy）相信，自從全球金融危機以來，中國從上而下的控制和國營公司愈來愈拖沓的腳步，實際上已經造成生產力大幅減緩。如果要扭轉這種頹勢，中國需要的不是加緊國家控制，而是減少國家控制。一九八〇年代中國開放之後，引來超過一兆七千億美金的外國投資，允許私營企業多角化和成長，對全球成長貢獻卓著。如今隨著監視國家的控制愈來愈嚴苛，整體資本流動與成長都在下降。[18]

美國「國家隊」？

當然，中國可能也在轉捩點上——哪一個國家的數位策略效果最好，未來幾年就會揭曉。不過有一樣很確定：未來美國要想利用自己在歷史上傲人的實力，就必須滿足以下的條件：美國公司必須在公平的比賽環境中競爭與創新，並且利用自由市場制度的優勢，這些優勢就是分權，以及創造性破壞和大大小小公司都創新的可能性。遺憾的是，本書從頭到尾所呈現的狀況，卻與此愈來愈背道而馳。美國和中國的科技巨頭壟斷性更甚以往，製造出龐大但相對封閉的系統，如同李開復在著作《AI新世界》（*AI Superpowers*）所說的，它們企圖控制「人才和資源，以期突破性技術大部分留在公司內部。」矽谷領導者如臉書的祖克柏認為這是好事，每次面對更多監管的威脅時，就辯稱拆散科技巨獸會妨礙他們與中國競爭。

回顧二〇一八年，針對臉書公司牽扯到俄羅斯操縱選舉一事，祖克柏到國會作證。聽證會本身極為枯燥，但卻出了一則趣聞，那就是美聯社（Associated Press）拍到祖克柏演講小抄的鏡頭。[19]小抄上有一點寫得清清楚楚：假如被問到競爭的問題，祖克柏就應該辯解拆散臉書將會「使中國公司變強」。可是數年來臉書准許中國電信公司華為和其他中國集團，取用臉書使用者及其全部好友的詳細資料，包括他們的工作經歷、個人關係、所屬宗教團體等等；在此同時，美國政府已經正式把華為看作安全威脅。[20]臉書最後終止與華為的夥伴關係，不過臉書是否在中國還有其他資料夥伴，就不得而知了。

臉書和第三方公司分享個人資料的方式，使用者根本毫不知情，這件事實早就不是新聞。臉書社群網路多年來和數十家設備製造商形成資料夥伴關係，對方包括三星和蘋果（即使臉書公司承諾將保護使用者資料，但是它仍與其他公司分享使用者資料，從中獲利）。這些交易很可能違反臉書在二〇一一年與聯邦貿易委員會簽訂的協議，也就是承諾不與公司外的合夥對象分享使用者的個人資訊。正是因為這個理由，二〇一九年聯邦貿易委員會祭出五十億美元罰金懲處臉書，這是史上針對科技公司開出的最高罰單。[21]此後聯邦貿易委員會又對臉書展開新的反托拉斯調查。

臉書不僅和西方大公司與暗黑組織如劍橋分析分享資料，也和中國公司分享資料，而後者的營運環境是壓迫人民的監視國家。[22]這樣做必然危及隱私和公民自由，美國當局就是以這個理由，開始掃蕩一些在美國敏感領域中經營的中國企業。舉例來說，二〇一九年春天，美國當局要求中國籍的崑崙萬維科技公司出脫社群網路Grindr的持股，理由是這個同志約會應用軟體的資料有可能遭中國國家取得，用來勒索涉及美國安全工作的人員，進而損害美國的國家利益。

這很可能凸顯了科技巨頭最虛偽的一面：臉書、谷歌甚至蘋果公司一方面聲稱自己是美國的「國家隊」，和中國競逐控制世界上最具策略性、成長最快的產業，另一方面卻與這個獨裁政府做生意牟利。[23]我很難想像，如果美國政府準備強迫中國公司自行出售敏感的應用軟體，那為什麼美國科技公司可以在和中國交易、損害使用者資料權利的同時，卻不必接受比現在更嚴格的監管？

科技巨頭和中國這個監視國家的行為有一些類似之處。自由放任主義者如PayPal公司的提爾主張，在大數據的世界裡，「自由和民主（不再）相容了」，這一點中國領導人自己恐怕也是贊同的。另一些科技巨頭亦聲稱，如果我們未來認真要與中國競賽，就不應該讓自由妨礙競爭。

舉例來說，二〇一七年谷歌前執行長史密特發表一席主題演講，地點是在智庫新美國安全中心（Center for a New American Security）舉辦的「人工智慧與全球安全高峰會」上，他在演講中詳細闡述自己擔任國防部網路議題顧問的工作內容，升高了中國在人工智慧等最尖端科技超越美國的疑慮，史密特預測：「二〇二〇年中國將趕上美國，二〇二五年將超越美國，到了二〇三〇年更將主宰人工智慧領域。」他接著說：「等一等，那是（中國）政府的說法。難道這玩意兒不是我們發明的嗎？以我們的自大觀點來看，難道利用這項科技的各種優點來改善生活、充實美國例外論（American Exceptionalism）的，不該是我們自己嗎？相信我，這些中國人很厲害。」[24]

這裡的訊息是：中國即將超越美國，而美國想保住優越地位的唯一方法，就是讓大者恆大，讓矽谷決定如何在數位經濟中向前邁進。科技巨頭在國會強勢議員的辦公室裡、在談話節目圈中、在晚餐派對上侃侃而談表達上述立場，而這些都是他們發揮影響力的地方。谷歌就是透過學者力推這條路線，請他們針對該議題寫文章、公開發聲，此外也透過資助智庫，達到相同的目的。

資訊科技與創新基金會（Information Technology and Innovation Foundation）相當具有影響

力，主席艾特金森（Rob Atkinson）曾經盛讚中小型企業，如今卻和林德（Michael Lind）合寫了一本書，叫做《大就是美：揭開小企業的迷思》（*Big Is Beautiful: Debunking the Myth of Small Business*）。[25] 儘管資訊科技與創新基金會曾經表達立場，就不同議題反對過谷歌的路線，這一點無庸置疑；然而此書似乎刻意想要揭穿由吳修銘和林恩所提出的「新布蘭迪斯」反托拉斯理論，當年林恩被踢出任職的新美國基金會，原因就是公開讚美歐盟對抗谷歌的反托拉斯案。

中國在智慧財產、創新、經濟競爭力各方面進步快速，是不爭的事實，然而絕對還稱不上已經贏得未來的科技戰爭。過去幾年來中國已經在國際電信標準機構中安插自己的代表，在5G網路的建設上，他們已經贏在起跑點了。然而這不一定等同長期延續的科技優勢，好比中國採用3G時晚了別人一步，卻並未阻止他們在4G的進步，所以也沒有理由認定美國甚至歐洲趕不上中國在5G的腳步。由於中國政府能夠直接指導國有企業打造基礎建設，中國公司也不需在提供5G服務之前先購買頻譜，因此的確具有優勢。不過首先推出5G網路的將不是中國，而是南韓。

哪一個國家能先馳得點，確實事關重大，但跑第一不是成功的唯一變數。5G真正的優勢將會來自個別公司與產業利用5G潛在獲益的方式，而現在還很難說他們的獲利究竟會從哪裡來。佳富龍洲研究公司分析師汪丹（音譯）說：「當年沒有人預測到4G的主要用途會是拿來叫計程車，同理，5G最重要的用途是什麼，在它真正上路以前，也很難預測。」

再回顧更久遠以前，想想看工業革命是怎麼發展的：重大新發明先問世，例如電氣和內燃機，接下來才迸發大量創新產品與服務，從汽車、家用電器到風力發電機等等。在這個時間點上，我們沒有理由認為歷史會有所不同，或是認定中國、美國、歐洲不可以共分一塊大餅。5G的戰爭還未定型，不見得一定會是一場零和遊戲。

然而美國若想分到大餅，唯有政府迅速行動，為創新者創造支持力度更強的環境（例如與其他國家協調5G標準），還有，科技大廠不可以壟斷下一代創新。對於科技巨頭為什麼不該成為加強監管的對象，問題的答案應該摒除那種譏諷式的「因為要比中國更好」的論調。

臉書和谷歌**都在中國做生意**，所以若是把它們想成平衡中國科技民族主義的籌碼，實在是無稽之談。這些公司固然懂得如何將網際網路之類由美國政府贊助的創新貨幣化，可是他們畢竟是營利導向的公司，不是國家隊。事實上，過去這些公司經常揚言自己沒有責任扮演國家隊，他們說在美國這種自由市場國家，他們想要把錢匯去哪個國家，就可以匯去哪個國家，隨心所欲投資自己感興趣的東西。沒錯，美國科技遊說往往痛斥歐洲的政策制定者為本國科技公司而偏向民族主義，採取差別待遇。有鑑於這些科技現在被用來破壞自由民主，不僅在美國，還蔓延到其他國家，科技公司為了利用「是我們在對抗中國」的主張，以免受到進一步的審查或監管，他們的言行不只是虛偽，甚至到了全然憤世嫉俗的地步。

打造更好的制度

在爭奪未來高成長產業的競賽中，美國最重要的優勢是公平開放的市場制度，中國固然威脅到美國的這個優勢，但威脅程度遠不及壟斷勢力。近來美國不僅小企業遭到無情輾壓，連中型甚至大型企業也未能幸免。中國那種從上而下的競爭力，美國比不上，也不應該去比；美國可以做的是遏止那些威脅公平開放市場制度的公司，重新主張分權制度的優點。

這麼做需要的不僅是監管和政治的決心，也需要從根本上重新思考市場制度如何運作，國內和國外都要考慮。政府想要看顧國家安全利益，想要插手管理重要策略性產業，都是正確的舉動。我同意國防鷹派的看法，相信美國應該減少依賴中國設備，重新打造自己的產業基礎建設。然而為了政治效果而嘩眾取寵和打壓中國，正如同川普總統過去幾年來所做的，並不會讓美國再度偉大；真正有效的辦法，是為本土的創新生態系統添把柴薪。

美國政府過去很擅長資助天馬行空的研究，結果為民間創造了巨大的經濟利益——觸控螢幕技術、衛星定位系統、網際網路，全都是國防部的傑作。我們應該增加這樣的核心研究，而不是削減經費。如果研究成果商品化，甚至可以容許公部門分到更多利潤，北歐國家和以色列就是如此。這樣做會幫助緩和外界的批評：公部門過去所資助的基礎研究成果，讓蘋果、谷歌、高通等公司占盡便宜，沒想到他們居然把大量利潤藏到海外，難怪會招致公眾批評。

我們也應該深思中國國家制度構成的實際挑戰，並不是要模仿它，而是要想辦法解決我們自己制度內和中國相仿的問題。新自由主義架構內的裂痕再也無法掩飾，二〇二〇年多位有志角逐總統大位的民主黨候選人，都在思考如何透過不同的方式，將經濟全球化與多國企業實務帶到更樸實的層次，促使公司更重視服務公民與社會，而不是縱容他們在自私自利的短期基礎上運作。如果資本主義要長久延續下去，世人必須相信它對自己有益（當今千禧世代是人數最多的投票族群，可是他們當中只有少數自稱相信資本主義）。[26]假如中國制度有值得借鏡的地方，那就是未來想要取勝，就必須把焦點放在長期。美國的因應對策，不是藉由創造國家隊轉成社會主義式的國家計畫，而是充實整個創新生態系統，並且重新塑造市場制度，把焦點多放在所有利害關係人的福祉上，而不只是關心公司股東的福利——許多民主黨總統候選人，包括華倫在內，都已經提出這項政見。

在此同時，我們不該全盤採納科技巨頭公司是國家隊的說詞，而應該審慎檢討我們自己的數位生態系統。美國現在的大公司正在扼殺創新，教育改革刻不容緩，必須培養勞工從事將來不會被機器人取代的工作。美國最大、最有錢的公司把絕大多數現金存在海外，而這些錢本來可以拿來資助很多科技產業一直向公部門爭取的東西。刺激成長最好的方法，並非保護美國公司不被外國買家收購，而是解決上述這些問題，同時創造更公平的市場。

第十四章 如何不為惡

假如世界上有任何商品的價值超過資料，那一定是時間。我夢想早上能晚半小時起床，或是花幾個鐘頭好整以暇地看看報紙（沒錯，用紙印的那種報紙）、喝喝咖啡，而不必在心裡面盤算待辦事項清單。我也想在晚上檢查電子郵件時，發現該辦的事情都辦完了，還想擁有幾年的時間（而非區區十二個月），寫一本讀者正在閱讀的這類書籍。可悲的是，在我們分秒必爭、行色匆匆、永不停歇的數位世界中，放慢速度正是最難辦到的事。

可是假如真的有暫停喘一口氣的機會，那就是現在，因為我們開始了解科技巨頭的崛起，與之纏鬥，也努力應付它們所帶來的許多好事和壞事。問題急如星火，可是並不代表我們就應該反應激烈。事實上，我們面臨的挑戰巨大無比，如果採取錯誤行動，影響將會很可觀，所以必須花時間慎重思考整個社會的下一步該怎麼走，畢竟迅速形成概念，然後在欠缺資訊的狀況下擬定行動計畫，就是科技巨頭時代的可怕後遺症。我們太常在臉書或推特上隨便看幾眼，就堅決採取某個立場——這種立場的基礎多半來自情緒，而非事實。

我還擔心落入二〇〇八年後金融業的那種監管典範。回顧當時，民主、共和兩黨的遊說人士和既得利益者弄出一套大雜燴式的新法律，除了良莠不齊之外，其複雜程度之高，又製造出許多讓公司律師如魚得水的漏洞。雖然某些個別機構確實會遏阻風險，但是整個系統並沒有變得比較安全。面對雲山霧罩的複雜技術官僚辯論，我們看不清唯一重要的問題：怎樣才能創造一個替實體經濟服務的金融業？

此時此刻，我們就需要對身邊大量出現的新科技，提出這一個問題。經濟結構從有形轉變到無形，相形之下工業革命的改變簡直是小巫見大巫；這種結構性改變應當引發很多重大課題的深度思考：數位財產權、貿易監管、隱私法、反托拉斯規定、責任法則（liability rule）、言論自由、監視的合法性、資料對經濟競爭力與國家安全的意涵、演算法破壞勞動市場工作機會的衝擊、人工智慧的倫理、數位科技使用者的健康與福祉。

即使分開來看，這麼多議題個個都深刻且複雜，不過它們需要放在一起處理，因為相互都有影響。這項挑戰需要政策制定者和多方面的專家進行扎扎實實的對話，討論在複雜的新數位世界中，應該採用什麼新架構，才能保障經濟成長、政治穩定、個人自由、健康安全。二〇〇八年之後，試圖修正金融系統的政策制定者，反過來被華爾街俘虜了——金融危機之後制定的最具爭議性的法規，還有政策制定者所聽取的絕大部分意見，竟然都來自即將被這些法規監管的同一批人。[1]這實在很不堪，而且令美國人感到這個系統遭到操縱，導致嚴重的政治分歧，這方面需要確保不再重蹈覆轍。當我們思考如何駕馭科技的力量以增進公共福祉，而不是讓少數公司發大財時，首先必須確保那些公司的領導人不會成為制定未來規範的唯一發聲者。

這項過程當中有一步可能是創立一個全國委員會，探討資料與數位科技的未來。理想上它應該獲得兩黨支持，但是維持獨立，它要對國會提交報告，闡述所有緊急的問題。沒有錯，所謂的「藍帶級」（blue ribbon）委員會通常招致政治批評，批評它們太龐大、太模糊、動作太慢等等。我以前有個上司曾對我說：「在超級委員會裡，什麼事都辦不成。」這話說得很公道。不過想到眼前這些急迫的問題彼此牽連，既複雜又重要，我認為設立一個全國委員會並不是為了訂定規則，而只是要鋪陳這些問題，是不可或缺的第一步。我在華盛頓和政策制定者討論這些主題時，經常震驚地發現，即使是最善意、最周全的政治人物，似乎並非通盤考量所有的問題，而是只關注與科技巨頭有關的一、兩件事。當然這些公司情願保持這種情況，因為政治人物對問題的觀點愈狹隘，就對科技巨頭公司愈有利。

這正是設立全國委員會的另一項關鍵因素：它讓公民產生一種感受，覺得這些議題正在由一個**民主選舉產生的機構**進行辯論，而不是由一群權力仲介者在某個密室裡商量的結果。這樣的機構時間有限，屆時必須提出一份簡潔明晰的報告，用平鋪直敘的語言交代始末，然後廣為傳播出去，繼續進行公共辯論。我很難想像，如果不透過這樣的路線圖展開討論，政策制定者（更別提一般民眾）怎麼能夠開始理解數位時代的一切影響。

這個委員會不僅要提出問題，還要從四種利害相關族群的角度去思考問題：公民、勞工、消費者、企業。接下來應該進行盛大的全國辯論，討論如何為下一階段的經濟、政治、社會發展建立一個架構，以利國家向前邁進。此一過程可以在任何國家實施，也應該這樣做。如何才能確保數位時代提升人民福祉、創造永續成長，支持（而非侵蝕）自由民主制度？這些都是大哉問，我們應該好好發問與回答。

為了達成該目標，我不打算針對可能影響未來好幾代的複雜議題，陳列一連串簡簡單單的解決方案，而是用這一章來講述我相信值得審慎考慮的一些憂慮，以及我自己構思的一些想法，希望有助釐清如何開始思考這些憂慮。

為科技巨頭劃定界線

有件事一定要記住：資本主義的規則不是先人傳下來的法典，一個字也不能增刪；我們創造了資本主義，也能夠重新再創造。我相信如果不為科技巨頭劃定一些界線，自由民主和個人的自由與安全恐怕不保。下面我提出的一些想法，談談數位監管的規範可能是什麼樣子。

首先，大家應該記住一件早就知道卻已經遺忘的事：產業自律鮮少發揮功用。從二十世紀初的鐵路，到一九九〇年代的能源市場，再到二〇〇七年前後的金融業，有許多例子證明這項事實，科技業只不過是最新的例證。打從二〇一六年以來，科技巨頭高層已經在國會表達懺悔和抱歉無數次，可是他們的商業模式或經營哲學並未因此而顯著改變。反之，他們的承諾語焉不詳，說是將會「做得更好」，還虛情假意地宣稱不能在自己的平臺上從事監督活動，正好凸顯社會需要立場一致的監管架構，以管制握有太多權力的民營公司。

我必須提醒大家，英明的監管制度是非常難打造的，金融業正好又是完美的例子：二〇〇八年之後的監管形勢複雜與全球分化（fragmentation）現象，造成監管系統本身的風險，因此川普政府才能振振有詞地取消某些監管措施。話雖如此，這也不能充當不盡心盡力投入的理由，如果說最近幾年有什麼事比不完美的監管更糟糕，那就是完全沒有監管可言。因此該怎麼做才能打造一個政府監督科技巨頭的架構，保障消費者和社會的利益，遏阻不利於成長的壟斷勢力，並且容許我們保有不可或缺的數位便利性？

有一個辦法是重新思考科技巨頭享有的法律免責權，讓它們不能再對平臺上發生的事卸責。這個主題因為紐西蘭總理阿爾登（Jacinda Ardern）而備受矚目，二〇一九年三月，該國的基督城（Christchurch）發生兩座清真寺的五十名教徒遭到屠殺事件，當時有人將屠殺過程拍攝成一支長達十七分鐘的即時串流影片，然後在二十四小時內上傳臉書一百五十萬次，上傳 YouTube 的頻率是每秒鐘傳輸一次。[2] 阿爾登總理在該事件之後發表鏗鏘有力的演說：「我們不能只是袖手旁觀，接受這些平臺雖存在卻不必為上面所發布的言論負責。他們是出版商，不只是郵差，不可以只賺利潤，不負責任。」[3]

《傳播淨化法案》第兩百三十條所列的例外，容許平臺業者免除散播仇恨與暴力內容的罪責，這是其他型態的媒體都無法享有的優惠，如今該是檢討這一條法案的時候了。重新思考這些將會很棘手：如果平臺業者必須為了合法性，而變得過度熱心整頓仇恨言論，反而會對整個言論自由造成寒蟬效應。美國現在的方法顯然不管用，反觀德國等國家已經通過法律，要求平臺業者在二十四小時刪除不合法的內容，否則就必須面對高額罰款。另一些國家如澳洲也在考慮類似的立法。可惜美國的憲法第一修正案會使任何類似的法律狹隘很多，對內容監管不足和監管過度之間的權衡也將延續。無論如何，平臺業者應該認清現實，承認它們不是言論廣場，而是將內容貨幣化的廣告業者，和其他型態的媒體業者沒有兩樣。如果平臺業者不肯以行動配合，顯然不公平，更別提有多危險了。

另一個需要考量的重大監管改變，是分離平臺和商務，以創造更公平、更有競爭力的數位環境。科技巨頭的勢力之大，讓人禁不住想起十九世紀鐵路大亨手裡握著的權力。當年的鐵路大亨一樣主宰經濟與社會，一樣有能力哄抬價格、剷除同業競爭者、逃避稅負與監管，它們之所以能遂其所願，大致是依靠收買政治人物。然而最終鐵路大亨被一些監管變革攔了下來，包括成立州際商業委員會（Interstate Commerce Commission），納入鐵路業喜歡的條款，但同時也納入鐵路業者遊說反對的許多規定。州際商業委員會並未摧毀創新，而是允許科技利益廣讓眾人分享，繼而引領國家進入繁華的時期。

很多專家會主張，科技巨頭公司挾帶強大的網路效應，天生就屬於壟斷企業，應該像公用事業一樣受到監管，由政府監督，以確保它們不阻礙競爭者公平利用網路，也不利用掠奪性定價或不合理的服務條款，獲取對網際網路的過度控制——網際網路當然就是二十一世紀的鐵路。這可能意謂重新召回舊的反托拉斯理念，例如關鍵設施理論（essential facilities doctrine），這是一九一二年美國最高法院用來強制鐵路業者開放的手段：當時聖路易市的密西西比河上，僅有的橋梁被若干鐵路業者控制，最高法院援用這項理論，要求他們基於無差別待遇的條款，允許對手公司行駛這些橋梁。我們很容易就能看出這和當今的谷歌、亞馬遜、臉書、蘋果公司情況類似——它們全都在各自的生態系統中掌握巨大的力量。[4]當然公共對話中早就出現這項理念，許多政策制定者也已提了出來，包括麻州參議員兼民主黨總統候選人華倫，她同樣將科技巨頭比成鐵路大亨，相信全球營收超過兩百五十億美元的公司不應該一方面獲准擁有平臺「公用事業」，另一方面又參與平臺商務。

最後，我們應該考慮採用過去那種對政治力量更廣義的詮釋，用它來思考反托拉斯政策，就像我在第九章花許多篇幅所說明的，必須考量到的不僅是消費者，更是社會福祉。在大科技公司利用金錢和遊說者干預華府、鋪天蓋地控制政治經濟的時代，這是強制落實公平與經濟競爭力的唯一辦法。

誰從我們的資料獲利？我們怎樣才能分享更多好處？

我一點也不懷疑，科技巨頭公司即使受到周全的監管，照樣會賺大錢，因為我們已經知道，他們的主要原料（使用者的資料）是免費取得的。這個年代大部分財富存在於資料、智慧財產和無形資產中，所以訂定比較公平的辦法來分那塊大餅，將是重要大事。

有一些人相信，即使只是討論如何更合理地分配監控資本主義的戰利品，也是對它豎白旗的表現。你當然可以那樣主張，不過事實上監控資本主義已經是脫韁的馬。我的看法是，我們一方面要花時間釐清究竟該如何監管和遏制科技巨頭的勢力，另一方面也要確保科技巨頭並未平白開採我們最大的自然資源。

前文曾經提到，美國成長最快的產業是汲取個人資料的行業，如果目前的趨勢持續下去，到二〇二二年，資料相關行業的產值將達到一千九百七十七億美元，比美國農業生產的總產值還高。[5] 如果資料是新石油，那麼美國就是數位時代的沙烏地阿拉伯，而居領導地位的網路平臺公司，則是新的沙烏地阿拉伯國家石油公司和埃克森美孚石油公司。不過，科技平臺公司不是唯一從事數位監視的企業，還有許多資料仲介商也蒐集和販售各種敏感的使用者個人資料，包括徵信業者、醫療保健業者、信用卡公司等。他們販賣的對象則是其他規模較小、無法自己蒐集資料的企業和組織，包括零售商、銀行、房貸業者、大學、慈善機構，還有政治競選團體。

這正是在矽谷之外，看不到更多公司呼籲對大型科技公司發起反托拉斯行動的原因之一，因為他們都是矽谷產品的買家。物聯網上的物件都內嵌網路驅動的感應器，我們的周遭充斥這些物品；物聯網到來之後，汲取數位資源的機會更將以驚人的速度增加。每一家公司都在介入這樁生意，結論是監控資本主義構成的種種問題，或許不能只靠監管就全數解決。

正因為如此，那些汲取數位石油的公司是否應該支付費用，就值得好好考慮了。加州已經提案，希望資料蒐集者支付「數位紅利」給這項資源的所有權人，也就是全部的人。這項提案類似阿拉斯加和挪威等國的做法，他們創辦財富基金，將商品收益的一部分拿去投資對未來世代有益的東西。資料蒐集者負擔得起。谷歌和臉書不必支付原料（也就是資料）的費用，所以擁有兩位數的高利潤率。不過我們應該擁有自己的個人資訊，如果蒐集者拿去使用，就應該賠償我們。

收穫資料的四大類型業者——亦即平臺公司、資料仲介商、信用卡公司、醫療保健業者——可以從自己的營收中取出一定比率，支付固定費率給每一個美國的網路使用者。也可以強制資料蒐集者提撥一部份收益存入公共基金，由該基金投資教育和基礎建設。這類基金的用途放在教育領域尤為適當，因為我在本書中勾勒的所有改變，都需要重新訓練二十一世紀的人力。科技巨頭經常抱怨美國欠缺充足的教育，既然如此，由他們幫忙負擔正是最公平不過的事。在此同時，到二〇二二年時，據估計美國的基礎設施支出差額將達到一千三百五十億美元，[6] 如果能徵收百分之五十的數位收益，將可彌補大部分差額。以這樣的代價，換取准許資料蒐集者免費取用全國最有價值的資源，在我看來是很公平的交易。假如資料就是資源，也許我們需要為它設立主權財富基金。

話又說回來，對資料蒐集者課稅不能當作免罪卡，讓他們恣意破壞個人隱私或公民自由。對於平臺科技使用者來說，勾選「同意加入」（opt-in）條款可以增加透明度，讓他們對自己的資料怎樣使用有更多控制權（譬如歐盟的一般資料保護規則〔General Data Protection Regulation〕便是如此，加州的提案更嚴格）。平臺業者提供的「同意加入」條款，應該使用簡單明確的用語，若有違反，舉證責任應由公司而非個人負擔。法令也應該要求科技巨頭公司，必須就輸入演算法的資料保留稽查軌跡（audit log），並且準備好對公眾解釋他們的演算法。

馬里蘭大學的法律教授帕斯夸里說：「現在已經形成反覆出現的模式：先是某個機構出面抱怨一家大網路公司的實務，然後該公司宣稱批評者不懂他們的演算法是怎樣排序和評比內容的，於是一頭霧水的旁觀者只能透過媒體報導，聽聽這家公司對手的說詞，設法釐清真相。」數學家兼科技巨頭批評家歐妮爾建議，公司應該做好準備，萬一有人抱怨或擔心演算法偏見在職場、醫療保健、教育等領域縱容歧視，公司自己就該坦然接受演算法稽查。[7]

一般個人的數位權利也應該合法化。曾經擔任《連線》雜誌編輯的貝特勒提出一項數位權利法案，將資料的所有權歸於真正擁有者，當然就是資料的使用者和創造者，而不是盜走資料的公司。貝特勒相信這個主意至關重要，應該鄭重納入憲法修正案。正如歐洲人說的，人應該擁有

「被遺忘的權利」，所以如果使用者表達希望刪除平臺上的個人資料，科技公司就必須照辦；如今歐洲已經有兩百萬人選擇「退出」。最後，我希望看到成立一個數位消費者保護局，對演算法歧視訂定嚴格的法規，另外還要建立一套系統，確保個人能夠取用資料，並了解個人資料如何被使用，就像現在的信用評分（credit scores）一樣。

對於科技巨頭的討論需要更透明、更簡單，上面說的一切都和這個有關。每次有人提出合情合理的公共利益問題，譬如宣傳人員如何傳送訊息，或是如何追蹤和評估使用者價值，科技公司太常使用複雜性（或複雜性的假象）作為逃避問題的藉口。公司應該打開它們的演算法黑箱，幫助我們了解這些問題。這麼做不見得會在競爭中落於下風，有研究顯示，真正寶貴的是輸入演算法的資料數量，而不是演算法本身有多聰明。也可以說，高透明度能夠創造利潤，因為使用者愈信任公司的作為，就愈願意放手寶貴的資料。

如此一來，投資人也可能會比較信任科技巨頭的平臺，畢竟這些平臺已經令許多人喪失信心。當我開始為本書做研究時，有一位資深政策制定者的助理指點我，資料是地球上最有價值的商品，可是買賣資料的公司卻不需在財務報表中宣告其價值。目前在企業財報上，資料的貨幣價值被塞進「商譽」類，其實更常見的情況是乾脆完全不提。

根據種種理由，這種情況應該要改變，投資人如果無法了解科技公司交易物品的確切價值，就沒辦法正確了解公司的狀況。（想像一下，如果你在通用汽車或福特汽車的資產負債表上，看不到它們擁有什麼資產，那會是什麼景象？）可是更重要的是，當我們本身成為產品、資料被這些公司蒐集時，我們就有權利知道價值幾許，然後社會整體需要決定，使用者是否應該分到自己的一部分價值。

我們還應該考慮，部分資料財富應該由公共部門而非民營公司保管，協助確保民間部門可以平等分享這些財富，也確保公民對於資料如何貨幣化握有更多控制權。傳統看法認為，在大數據和人工智慧的美麗新世界中，未來幾十年全球可望靠這些新技術推動成長，不過只有兩種模式可循：一種是中國的監視國家，也就是政府知道並指導一切；另一種是美國的鬆散監管，它培養了一批壟斷勢力，可能扼殺新的工作機會，阻礙更大規模經濟的成長。

然而還有第三種方式：法國和其他國家正在追尋這條路徑，它的目標是走中庸之道。歐洲的公部門已經擁有大量資料，包括健康、交通、國防、安全、環境等領域，想要發展人工智慧和其他大數據應用，這些資料不可或缺。公司可能接觸國家機構擁有的這些龐大的資料，不過必須在公共監督下行事。公民可以透過民選官員表達是否同意這些資料用來做研究，或是用來開發大數據應用程式。至於公司，不分大小都有平等取用這座金礦的機會，美國與資料相關的新創公司最常抱怨的問題，就是規模最大的業者阻絕同行接觸關鍵資料的途徑，如果採用歐洲的方式，就能解決大部分問題。

數位時代的公平稅制

科技業和金融業一樣，都從無形財富（如數據和資訊）獲得極大利益，而這些無形財富可以輕而易舉遷移到現成的避稅港，理由正是因為它們無影無形，是虛擬資產而非實體資產（如工廠、機器或實體店面），所以可以設在任何地點。然而巴拿馬文件（Panama Papers）曝光，揭發世界各地有錢的公司和個人將巨資轉移到海外，[8]激起公眾熱烈辯論如何在資訊時代創造更公平的稅制，英國、法國、印度與其他國家現在都提出建議，要從根基上改變公司稅的本質，努力掃除競賽場上不公平的障礙。

榮獲諾貝爾經濟學獎的哥倫比亞大學教授史迪格里茲，目前領導國際企業稅務改革獨立委員會（The Independent Commission for the Reform of International Corporate Taxation），這是由學者和政策制定者組成的團體，目的是推動全球賦稅改革。史迪格里茲說：「目前的制度重視無形財富公司、輕視靠有形資產賺錢的公司；重視跨國企業，輕視小型本土公司。」史迪格里茲傾向對大型科技公司課徵全球單一稅，以避免為了爭取企業留在本地而放鬆監管的零和競賽，他認為課徵單一稅優於成本最低的避稅港，[9]還說：「這類公司能夠利用金融工程玩千奇百怪的花招。」

這在實務上要如何落實？從稅務改革倡議分子的許多提案中，我們發現一個關鍵理念，那就是稅收應來自銷售點，而非對利潤課稅，這樣就會減少金融工程耍花招；蘋果、谷歌這類擁有豐沛智慧財產和資料的公司，就是透過金融工程將利潤轉移到愛爾蘭、荷蘭之類的避稅港。

最早提出這項問題的是經濟合作暨發展組織，它在二〇一二年提出稅基侵蝕與利潤轉移（Base Erosion and Profit Shifting）方案，現在有一些論壇正在討論該方案，包括聯合國、世界銀行、國際貨幣基金會。這項議題如今吵得沸沸揚揚，因為大眾的意識提高了，知曉握有當今大多數財富的公司，根本不需要實際置身市場中，也不必設什麼全國總公司，照樣生意興隆。

稅務改革倡議分子提出的要點之一，是科技巨頭身為破壞勞動市場（請見第八章）的元兇，迫使各州必須革新教育制度、改善職業訓練、投資更多錢創造二十一世紀勞動力，而這些當然都需要稅收。雖然幾乎每個國家都認同目前的制度不管用，可是究竟新制度應該是什麼樣子，大家也沒有共識。

譬如英國就已經聲明，如果沒有國際共識，那英國就計畫要單方面通過最低數位稅。歐盟一些國家的財政部長公開支持對公司營收而非對利潤課稅。其他的國家（例如印度）已經開徵均等稅（Equalization Levies），如果支付對象是未在國內設立常設機構的外國企業，超過一千五百美元就要課稅。這個意思是，亞馬遜公司若是賣東西到印度，買家支付的費用會先扣一筆稅金。中國和德國比較支持美國的最低公司稅哲學，因為他們都有大公司要保護（不僅科技公司，還有汽車公司）。英國和法國想要確立資料與使用者的價值，至於美國，川普雖然實際上訂定了最低數位稅，但他也挑起數位時代價值究竟在哪裡的辯論。這一切都指出一項事實：在一個支離破碎、政治兩極化的世界裡，數位商品稅可能會成為全球貿易關係中另一個被拿來當武器的議題。

不論如何，這代表舊秩序的大轉變，而矽谷巨人當然會尖酸抱怨。二〇一七年經濟合作暨發展組織在加州柏克萊分校召開會議，矽谷稅務總監集團（Silicon Valley Tax Directors Group）的代表強森（Robert Johnson）堅持「原始使用者資料不像石油……產品和服務經過開發與製造才會產生價值，消費不會產生價值。」[10]

可是資料的的確確像石油。事實上，資料比石油更寶貴。打造一套聰明又公平的數位稅制一定不是容易的事，這一點從好幾項不同的國際計畫遭到強烈抗議，就可以得到證明。然而在這個公司比政府握有更多經濟力量的時刻，找出某個對策，重新為公民爭取部分財富，將是確保民主正常運作的必要手段。

數位新交易

因為科技造成大量工作遭取代，是民眾對於科技巨頭感到焦慮的主要來源——焦慮感之深，促使一個名不見經傳的創業家楊安澤問鼎白宮。楊安澤創辦一個非營利組織，為大學畢業生和招聘人才的新創事業媒合，他在一個反人工智慧的平臺上，推出二〇二〇年參選美國總統的計畫。楊安澤注定不會成功，可是這項議題——人工智慧、大數據、自動化對人類的成本——將是二〇二〇年美國總統選舉的一大主題。人工智慧究竟會幫助勞工或傷害勞工，答案首先取決於你所屬的時段（time frame），長期來看，科技創造的工作永遠多於消滅的工作，可是就像凱因斯說的，長期來看我們早就不在人世了。

那麼更令人矚目的，也許是第二項關鍵因素：你所屬的社經階級。未來五年左右，數位科技將會進入每一個產業，受惠者將是那些擁有高技能、高教育背景的人上人，他們懂得利用自己負擔得起的生產力優勢，因此全球勞動市場中，贏家通吃的趨勢將會更明顯。這會造成非常嚴重的後果：雖然數位化可能促進生產力和成長，但若它壓縮勞工的收入，導致所得更加不平等，那麼也將阻礙市場需求。二〇一八年麥肯錫公司針對全球高階主管進行的意見調查發現，大部分受訪者相信到二〇二三年時，他們需要重新訓練或撤換四分之一以上的人力，才能使自己的企業數位化。在同一年舉辦的一場會議中，我聽見美國大型多國企業的執行長紛紛表示，未來幾年科技將能夠取代他們公司三到四成的工作，這些高階主管很擔心如此大規模的裁員恐將造成政治衝擊。

我很想提一個激進的解決辦法：不要裁員。我並不是要求美國的公司變身慈善機構，留住不需要的員工；我建議的是公部門和民間合作，推動某種數位新政（digital New Deal）。雖然自動化將會取代很多工作，可是也有其他領域需才孔急，例如顧客服務、數據分析等等。宣示留住員工、重新培訓新專長的公司，政府應該提供減稅誘因。美國應該效法金融危機之後德國的做法，當時德國的公部門和民間企業都想方設法避免大規模裁員，即使需求遽降，也繼續雇用勞工。政府補貼公司保留員工，並且花錢幫助工廠升級、改善技術、負擔訓練成本，後來景氣轉好，這些措施全都發揮作用，幫助在中國的德國公司從美國競爭對手中搶到市場占有率。此外，德國公司也派遣暫時閒置的員工參與公共計畫，對更大範圍的經濟做出貢獻。

回到美國這邊，康乃爾大學法學教授歐莫洛娃與同事霍基特（Robert Hockett）提議創立新的國家投資局（National Investment Authority），這是結合新政時代的復興金融公司（Reconstruction Finance Corporation）、現代主權財富基金、私募股權公司的混合體，目標是發展與落實國家策略，為數位時代重新塑造實體經濟。

歐莫洛娃說：「這項提案的設計是為了替公共基礎建設籌措資金，但它的範圍更廣闊，企圖心也更旺盛。我們的理想是走現代新政的路線，提供資金推動轉型的、大規模的、對公共有利的計畫，那樣的計畫將創造大量工作機會，幫助國家重新獲得競爭優勢，同時不至於加劇貧富不均現象，以及民營企業力量過大的問題。即使我們計畫的格局超越與人工智慧有關的特定問題，它確實是特別針對經濟中這類結構失衡而設計的。我們將計畫中的機構視為『公有的貝萊德』（publicly owned BlackRock，譯按：貝萊德公司是美國規模最大的投資管理公司），它將提供資金，引導科技進步，並且雨露均霑，嘉惠所有的人，而不只是最有錢的少數人。」

美國有很多這樣的計畫，現在就能夠雇用勞工進行，譬如擴充鄉村地區的寬頻設施。規模最大的公司甚至可能撥錢和出借冗員，以協助推行這類計畫，長遠來看，這樣做會在低成長地區創造需求，最終替公司帶來更多顧客。有鑑於面對縮編裁員的勞工人數極為眾多，這個或可稱為百分之二十五解決方案，一方面可以培訓二十一世紀的勞動力，另一方面可以興建支持該方案的公共基礎建設，如此一來，公司和政府可望把潛在的就業災難轉變成機會。如果不這樣做，隨之而來的低度成長和更加兩極化的政治，景象恐怕都會很醜惡。

如何確保我們的數位健康與福祉

這問題就難了，因為我們在這本書裡所討論的科技，可以說已經是無孔不入，而且改變人的思想。科技巨頭帶來的挑戰很難克服，原因之一是我們被它們占走太多時間，所幸有人設法將注意力轉移得夠久，逐漸形成一項游擊運動，目標是對科技巨頭施壓，要求它們調整商業模式，以減少其產品對人類造成的成本。活動分子和立法人士都把目標放在手機成癮的吃角子老虎效應，呼籲採取監管行動，保護兒童不被最惡劣的掠奪行為與網路行銷侵害。他們也探討是否所有人（包括大人和小孩）都應該少花點時間在手機上。

答案簡單扼要：是。如果政府被賦予權力，必須限制會改變人思想的毒品，那麼為什麼不限制會改變人思想的科技？這些科技帶來的效果比毒品更深刻、更無所不在，構成的危險更可怕。美國食品與藥物管理局早在一九〇六年便成立，當時是為了因應辛克萊（Upton Sinclair）的小說《魔鬼的叢林》（*The Jungle*，或譯《屠場》）所掀起的人民怒火，這本小說極為尖銳地描寫未經監管的肉品包裝業造成令人作嘔的健康危害。我希望《切莫為惡》這本書也有助於創造類似的環境，促進成立一個專為大腦而設的數位食品與藥物管理局，就像一九〇六年成立那個專為身體所設的監管機構一樣。這個新機構會研究所有新科技產生的效果——不僅關心我們自己的心理健康，而且關注國家的健康，同時提供合理的監管，以確保如今在世人心目中無可取代的科技是在服務我們，而不是在背叛我們。

誠如我在第一章所言，科技巨頭真的很大，正因為如此，我們至今還未看到太多改變。過去二十年來的變化如此廣泛與深刻，在人類的意識中，它們依然處在代謝階段。矽谷是有史以來最富有的產業，有錢到就算碰到很多麻煩，還是足以靠收買來擺平。科技產品既聰明、又美觀，更兼改變世人的生活，結果是大家面對科技的負面成本時，都太常息事寧人。這就形成了矛盾：科技之所以能夠創造利益，亦即分享資訊、建立關係、提高生產力，是因為它先為惡：監視、銷售、違反真實與公共信任。由於它的好處太大了，譬如能夠在眨眼間搜尋到事實、叫到計程車，所以窮凶惡極的壞處就被忽略了。

不過現在已經到了停止自願盲目的時候了。科技巨頭有錢有勢以後，也跟著狂妄自大無比，覺得社會應該按照它們的形象重新再造：整個社會應該準備好更快速移動、更勤奮工作、破壞一切事物。然而真相是科技巨頭應該聽我們的才對。美國現在落入市場供應壟斷的危險，供應商是錢財最多、關係最好的公司，這些公司經營的規則，都太常令人感到無力更改。我們需要擺脫那股無力感，明白數位經濟與社會的規則是可以改變的，要讓科技巨頭知道我們要什麼、需要它們做什麼。更重要的是，如果繼續袖手旁觀，代價將會高到大家都無法承受。科技歷史就是一部轉型史，而轉型是永遠不會大功告成的。工業化雖然導致工廠剝削勞工，卻也擴展很多機會，促使政府改革，進而引發強烈反彈，間接促成芝加哥學派獨大，新自由經濟主義、政治自由放任主義甚囂塵上，這兩者接著造成科技巨頭過度強勢。如此這般，周而復始。

科技巨頭的大小、規模、速度都很難追蹤與控制，不過我們已經開始醒悟自己放棄了什麼，以換取那些聰明、閃耀的產品。新科技絕不會停滯不變，也不會永遠控制群眾。鐵路曾經是看似無可阻擋的力量，直到政府官員強制它服務更廣大的經濟，而不只是服務出錢興建鐵路的強盜大亨。新機器是人製造出來的，儘管現在有一些關於人工智慧的反烏托邦式偏執，不過如今作主的依然是人類。科技力量帶來能力與責任，我們需要慎重挑選想要的未來，然後藉由科技巨頭的手，為自己和子孫打造那樣的未來。

對我個人來說，未來我要減少花費在螢幕上的時間（至少短期之內如此），並且增加停工休息的時間。我已經決定，為了自己的心理健康著想，我要減少檢查電子郵件的頻率，退出大部分社群媒體，晚餐之後關掉手機、電腦等等裝置。我的孩子也要這麼做。發現兒子玩線上遊戲上癮之後，我開始動手寫這本書，從那時候開始，我們很努力改變兒子與數位媒體的關係，規定他在上課日的晚上不能玩電腦和手機，周末每天只能玩兩個小時（意思是他就能多花一點時間閱讀，和在院子裡打籃球）。兒子上網的時候，我盡量陪在他身旁，以母親的身分看他在做什麼，同時也以新聞記者的身分，觀察注意力商人又將變出什麼花樣來。

亞力士依然愛他的YouTube和線上遊戲。

可是程度遠不如我愛數位裝置的家長控制功能。

謝辭

我非常感謝《金融時報》的編輯和同仁，鼓勵我以全球財經專欄作家的身分，報導與撰寫科技巨頭的主題。

我也要感謝為本書貢獻想法、經驗和研究的數十位消息來源。以下是給我最多幫助與支持的人：林恩（Barry Lynn）、馬提納（Rafi Martina）、帕斯夸里（Frank Pasquale）、塔普林（Jonathan Taplin）、哈里斯（Tristan Harris）、麥納彌（Roger McNamee）、索柯洛夫（Kiril Sokoloff）、江森（Nick Johnson）、強森（Rob Johnson）、貝特勒（John Battelle）、歐萊禮（Tim O'Reilly）、祖博夫（Shoshana Zuboff）、寇瑟維奇（Elvir Causevic）、羅依（Luther Lowe）、萊孚夫人（Shivaun Raff）、肯安（Lina Khan）、詹納威（Bill Janeway）、佛格（B. J. Fogg）、韋爾（Glen Weyl）、金格雷斯（Luigi Zingales）、威賽爾（Michael Wessel）、席芙琳（Anya Schiffrin）、史迪格里茲（Joseph E. Stiglitz）、卡波斯（David Kappos）、曼尼卡（James Manyika）、索羅斯（George Soros）和柯克派崔克（David Kirkpatrick）。

閱讀別人的作品也讓我獲益匪淺，例如老同事李維（Steve Levy）和史東（Brad Stone）的作品，以及其他專家的著作，包括藍尼爾（Jaron Lanier）、弗爾（Frank Foer）、歐妮爾（Cathy O'Neil）、波斯納（Eric Posner）、范里安（Hal Varian）、夏皮羅（Carl Shapiro）、哈斯克爾（Jonathan Haskel）、魏斯雷克（Stian Westlake）、吳修銘（Tim Wu）、歐莫洛娃（Saule Omarova）、霍基特（Robert C. Hockett）、麥卡菲（Andrew McAfee）、布林喬夫森（Erik Brynjolfsson）、薩丹拉徹（Arun Sundararajan）、麥爾─荀伯格（Viktor Mayer-Schönberger）、庫克耶（Kenneth Cukier）、韓姆格（Thomas Ramge）、弗格森（Niall Ferguson）、歐勒塔（Ken Auletta）。我要特別感謝谷歌公司的幾位：杜布羅瓦（Corey duBrowa）盡力讓我在提刁鑽的問題時比較輕鬆一點；沃克（Kent Walker）願意撥冗談談他的想法，而且願意在我寫的訪談中公開自己的身分；巴迪亞（Karan Bhatia）與我分享他的洞見。

接著要表達私人的謝忱──我要鄭重感謝外子約翰（John Sedgwick）、女兒妲爾雅（Darya），當然還有兒子亞力士（Alex），因為他們再次忍受我的寫書計畫。還要謝謝我最棒的經紀人汀娜（Tina Bennett），她超級厲害，永遠搶先競爭者三步；還有我的編輯塔莉亞（Talia Krohn），她才華洋溢、冷靜淡定、工作勤奮，不只幫我把文章潤色得比原先好十倍，而且犧牲她個人的很多夜晚和週末，只為了在截稿前把這本書印出來。另外我也要感謝查證事實的茱莉（Julie Tate）和研究助理漢娜（Hannah Assadi），她們兩人都是這一行的優秀人才。最後我要深切感謝Currency出版公司負責人康絲特伯（Tina Constable）和整個出版團隊，他們（再次）相信我，相信這本書的重要性。你們都是業界第一流的人物，我由衷感謝你們的支持。

Washington Post, April 26, 2016.

第十四章 如何不為惡

1. Rana Foroohar, *Makers and Takers: How Wall Street Destroyed Main Street* (New York: Crown Business, 2016).
2. John Thornhill, "The Social Networks Are Publishers, Not Postmen," *Financial Times*, March 25, 2019.
3. Matt Novak, "New Zealand's Prime Minister Says Social Media Can't Be 'All Profit, No Responsibility,' " Gizmodo, March 3, 2019.
4. Open Markets Institute, "Key Judge Warns of Concentrated Power, Calls for Reviving Antitrust Tools," *Corner*, May 2, 2019.
5. Shapiro and Aneja, "Who Owns Americans' Personal Information and What Is It Worth?"
6. 同前。
7. Cathy O'Neil, "Audit the Algorithms That Are Ruling Our Lives," *Financial Times*, July 30, 2018.
8. International Consortium of Investigative Journalists, "Explore the Panama Papers," January 31, 2017.
9. Author interviews with Joseph E. Stiglitz, 2017, 2018.
10. Rana Foroohar, "The Need for a Fair Means of Digital Taxation Increases," *Financial Times*, February 27, 2018.

7. Daniel R. Coats, "Worldwide Threat Assessment of the U.S. Intelligence Community," Office of the Director of National Intelligence, 2019.
8. Rana Foroohar, "Government Contracts Become Amazon's New Target Market," *Financial Times*, May 26, 2019.
9. Louise Lucas and Emily Feng, "Inside China's Surveillance State," *Financial Times*, July 20, 2018.
10. Javier C. Hernandez, "Why China Silenced a Clickbait Queen in Its Battle for Information Control," *The New York Times*, March 16, 2019.
11. Adrian Shahbaz, "Fake News, Data Collection, and the Challenge to Democracy," Freedom House, 2018, https://freedomhouse.org/report/freedom-net/freedom-net-2018/rise-digital-authoritarianism.
12. Rana Foroohar, "China's Xi Jinping Is No Davos Man," *Financial Times*, January 20, 2019.
13. 同前。
14. Jordan Robertson and Michael Riley, "The Big Hack: How China Used a Tiny Chip to Infiltrate U.S. Companies," *Bloomberg Businessweek*, October 4, 2018.
15. 李開復在《AI新世界》(*AI Superpowers*)勾勒的部分內容，與我在《大掠奪》所寫到的類似。
16. Rana Foroohar, "Advantage China in the Race to Control AI?" Financial Times, September 21, 2018.
17. Rana Foroohar, "Fight the FAANGs, Not China," *Financial Times*, May 6, 2018.
18. Foroohar, "China's Xi Jinping Is No Davos Man."
19. Lauren Easton, "How I Got That Photo of Zuckerberg's Notes," Associated Press, April 11, 2018.
20. Louise Lucas, "Huawei Deal with AT&T to Sell Phones in US Falls Through," *Financial Times*, January 8, 2019.
21. Mike Isaac and Cecilia Kang, "Facebook Expects to Be Fined Up to $5 Billion Over Privacy Issues," *The New York Times*, April 24, 2019.
22. David Shepardson, "Facebook Confirms Data Sharing with Chinese Companies," Reuters, June 5, 2018.
23. Rana Foroohar, "Facebook's Data Sharing Shows It Is Not a US Champion," *Financial Times*, June 6, 2018.
24. Luce and Rana, "Election Manipulation Edition."
25. Robert D. Atkinson and Michael Lind, "Who Wins After U.S. Antritrust Regulators Attack? China," *Fortune*, March 29, 2018.
26. Max Ehrenfreund, "A Majority of Millennials Now Reject Capitalism, Poll Shows," *The*

Worth?"
23. 同前。
24. 同前。
25. Rana Foroohar, "Companies Are the Cops in Our Modern-Day Dystopia," *Financial Times*, May 27, 2018.
26. Sarah Brayne, "Big Data Surveillance: The Case of Policing," *American Sociological Review* 82, no. 5 (2017).
27. Aria Bendix, "Activists Say Alphabet's Planned Neighborhood in Toronto Shows All the Warning Signs of Amazon HQ2-Style Breakup," *Business Insider*, April 14, 2019.
28. Marco Chown Oved, "Google's Sidewalk Labs Plans Massive Expansion to Waterfront Vision," *Toronto Star*, February 14, 2019.
29. Anna Nicolaou, "Future Shock: Inside Google's Smart City," *Financial Times*, March 22, 2019.
30. Ryan Gallagher, "Google Dragonfly," *Intercept*, March 27, 2019.
31. Shannon Vavra, "Declassified Cable Estimates 10,000 Killed at Tiananmen Square," Axios, December 24, 2017.
32. Matt Sheehan, "How Google Took On China—and Lost," *MIT Technology Review*, December 18, 2018.
33. Mark Warner, "Warner, Colleagues Raise Concerns About Google's Reported Plan to Launch Censored Search Engine in China," press release, August 3, 2018.
34. Jack Poulson, "I Used to Work for Google. I Am a Conscientious Objector," *The New York Times*, April 23, 2019.

第十三章 新的世界大戰

1. Rana Foroohar, "The Global Race for 5G Supremacy Is Not Yet Won," *Financial Times*, April 21, 2019.
2. Rana Foroohar, " 'Patriotic Capitalism,' " *Financial Times*, October 8, 2018.
3. Rana Foroohar, "Globalised Business Is a US Security Issue," *Financial Times*, July 15, 2018.
4. Alliance for American Manufacturing, "American-Made National Security," press release.
5. U.S. Department of Defense, "Assessing and Strengthening the Manufacturing and Defense Industrial Base and Supply Chain Resiliency of the United States: Report to President Donald J. Trump by the Interagency Task Force in Fulfillment of Executive Order 13806," September 2018.
6. Michael Brown and Pavneet Singh, "China's Technology Transfer Strategy," GovExec.com, January 2018.

第十二章　改變一切的二〇一六年

1. Sean J. Miller, "Digital Ad Spending Tops Estimates," Campaign and Elections, January 4, 2017.
2. Teddy Goff給希拉蕊競選成員的策略備忘錄可在此點閱：https://wikileaks.org/podesta-emails/fileid/12403/3324.
3. Kreiss and McGregor, "Technology Firms Shape Political Communication."
4. 同前，頁四一五。
5. Evan Osnos, "Can Mark Zuckerberg Fix Facebook Before It Breaks Democracy?" *The New Yorker*, September 17, 2018.
6. Joshua Green and Sasha Issenberg, "Inside the Trump Bunker, With 12 Days to Go," Bloomberg, October 27, 2016.
7. Mueller, Robert S., III, "Report on the Investigation into Russian Interference in the 2016 Presidential Election," Homeland Security Digital Library, March 2019, https://www.hsdl.org/?abstract&did=824221.
8. Osnos, "Can Mark Zuckerberg Fix Facebook Before It Breaks Democracy?"
9. McNamee, *Zucked*, 7–8.
10. "Disinformation and 'Fake News': Final Report," United Kingdom Parliament, Digital, Culture, Media and Sport Committee, February 18, 2019.
11. Roger McNamee, "Ever Get the Feeling You're Being Watched?" *Financial Times*, February 7, 2019.
12. Rana Foroohar, "Have You Been Zucked?" *Financial Times*, February 4, 2019.
13. McNamee, "Ever Get the Feeling You're Being Watched?"
14. Amarendra Bhushan Dhiraj, "Report: Facebook's Annual Revenue from 2009 to 2018," CEO World, February 4, 2019.
15. Edward Luce and Rana Foroohar, "Election Manipulation Edition," *Financial Times*, February 19, 2018.
16. Indictment, *United States of America v. Internet Research Agency.*
17. Ryan Mac et al., "Growth at Any Cost: Top Facebook Executive Defended Data Collection in 2016 Memo—and Warned That Facebook Could Get People Killed," BuzzFeed News, March 29, 2018.
18. Osnos, "Can Mark Zuckerberg Fix Facebook Before It Breaks Democracy?"
19. Eli Pariser, "Beware Online 'Filter Bubbles,'" TED Talk, March 2011.
20. McNamee, *Zucked*, 152.
21. Sam Levin, "ACLU Finds Social Media Sites Gave Data to Company Tracking Black Protesters," *The Guardian*, October 11, 2016.
22. Shapiro and Aneja, "Who Owns Americans' Personal Information and What Is It

Inside Adwords, October 1, 2013, https://adwords.googleblog.com/2013/10/estimated-total-conversions.html.

27. Federal Trade Commission, "Google Will Pay $22.5 Million to Settle FTC Charges It Misrepresented Privacy Assurances to Users of Apple's Safari Internet Browser," press release, August 9, 2012.
28. Tiku, "How Google Influences the Conversation in Washington."
29. Yang and Easton, "Obama and Google (A Love Story)."
30. Rana Foroohar, "Why Big Tech Wants to Keep the Net Neutral," *Financial Times*, December 17, 2017.
31. Rana Foroohar, "Back to My Roots," *Financial Times*, September 17, 2018.
32. Cecilia Kang, "Net Neutrality Vote Passes House, Fulfilling Promise by Democrats," *The New York Times*, April 10, 2018.
33. Kiran Stacey, "Broadband Groups Cut Capital Expenditure Despite Net Neutrality Win," *Financial Times*, February 7, 2019.
34. "Don't Forget the 'Net Neutrality' Panic," *The Wall Street Journal*, editoral page, June 15–16, 2019.
35. Consumer Watchdog, "How Google's Backing of Backpage Protects Child Sex Trafficking," report from Consumer Watchdog, Faith and Freedom Coalition, Trafficking America Taskforce, DeliverFund, and the Rebecca Project, May 17, 2017.
36. Nicholas Kristof, "Google and Sex Traffickers Like Backpage.com," *The New York Times*, September 7, 2017.
37. Consumer Watchdog, "How Google's Backing of Backpage Protects Child Sex Trafficking."
38. Kieren McCarthy, "Google Lobbies Hard to Derail New US Privacy Laws—Using Dodgy Stats," The Register, March 26, 2018.
39. "Platform Monopolies in NAFTA—The Body Camera Monopoly—Price Discrimination in the Airline Industry," Open Market Institute, May 17, 2018.
40. Rana Foroohar, "Fear and Loathing in Silicon Valley," *Financial Times*, July 23, 2018.
41. 作者與葛林（David Greene）的訪談。
42. 作者與布魯塞爾和華盛頓外交人員的訪談。
43. Germán Gutiérrez and Thomas Philippon, "How EU Markets Became More Competitive Than U.S. Markets: A Study of Institutional Drift," NBER Working Paper 24700, June 2018, National Bureau of Economic Research.
44. John Paul Rathbone, "Google Strikes Deal to Bring Faster Web Content to Cuba," *Financial Times*, March 28, 2019.
45. Rana Foroohar, "It Is Time for a Truly Free Market," *Financial Times*, March 31, 2019.

Subcommittee on Antitrust, Competition Policy, and Consumer Rights, March 5, 2019.
9. Nitasha Tiku, "How Google Influences the Conversation in Washington," *Wired*, March 13, 2019.
10. 數字由Center for Responsive Politics提供。
11. Tiku, "How Google Influences the Conversation in Washington."
12. David McCabe and Erica Pandey, "Explore Amazon's Wide Washington Reach," Axios, March 13, 2019.
13. Beejoli Shah and Christopher Stern, "How Netflix Scaled Back U.S. Lobbying to Focus on Europe," *The Information*, May 7, 2019.
14. Nicholas Thompson and Fred Vogelstein, "15 Months of Fresh Hell Inside Facebook," *Wired*, May 2019.
15. Philipp Schindler, "The Google News Initiative: Building a Stronger Future for News," March 20, 2018, https://blog.google/outreach-initiatives/google-news-initiative/announcing-google-news-initiative/.
16. Rana Foroohar, "Travis Kalanick: With His $62.5 Billion Startup, the Uber Founder Is Changing the Nature of Work," *Time*, 2015.
17. 作者與民主黨參議員資深助理的訪談。
18. Daniel Kreiss and Shannon C. McGregor, "Technology Firms Shape Political Communication: The Work of Microsoft, Facebook, Twitter, and Google with Campaigns During the 2016 U.S. Presidential Cycle," *Journal of Political Communication* 35, no. 2 (2018).
19. Matt Warman, "Google, Caffeine, and the Future of Speech," *Telegraph*, June 10, 2010.
20. Steven Levy, I*n the Plex: How Google Thinks, Works, and Shapes Our Lives* (New York: Simon & Schuster, 2011), 333.
21. 同前，頁三三四。
22. "Mission Creep-y," Public Citizen, November 2014.
23. Federal Trade Commission, "FTC Charges Deceptive Privacy Practices in Google's Rollout of Its Buzz Social Network," press release, March 30, 2011.
24. "Updating Our Privacy Policies and Terms of Service," Google: Official Blog, January 24, 2012, https://googleblog.blogspot.com/2012/01/updating-our-privacy-policies-and-terms.html.
25. Motion for Temporary Restraining Order and Preliminary Injunction, *Electronic Privacy Information Center v. The Federal Trade Commission*, U.S. District Court for the District of Columbia, February 8, 2012, https://epic .org/privacy/ftc/google/TRO-Motion-final.pdf.
26. "Estimated Total Conversions: New Insights for the Multi-Screen World," *Google*

20. Foroohar, "Tech Companies Are the New Investment Banks."
21. Rana Foroohar, "Banks Jump on the Fintech Bandwagon," Financial Times, September 16, 2018; Mark Bergen and Jennifer Surane, "Google and Mastercard Cut a Secret Ad Deal to Track Retail Sales," Bloomberg, August 30, 2018.
22. Stacy Mitchell and Olivia LaVecchia, "Report: Amazon's Next Frontier: Your City's Purchasing," Institute for Self-Reliance, July 10, 2018.
23. Lina M. Khan, "A Separation of Platforms and Commerce," Columbia Law Review, https://columbialawreview.org/content/the-separation-of-platforms-and-commerce/.
24. Foroohar, *Makers and Takers*, 189.
25. Saule T. Omarova, "New Tech v. New Deal: Fintech as a Systemic Phenomenon," *Yale Journal on Regulation* 36, no. 2 (August 1, 2018).
26. "IMF Warns of Giant Tech Firms' Dominance," BBC News, June 8, 2019.
27. Cathy O'Neil, *Weapons of Math Destruction: How Big Data Increases Inequality and Threatens Democracy* (New York: Crown, 2016), 143–44.（編按：《大數據的傲慢與偏見：一個「圈內數學家」對演算法霸權的警告與揭發》由大寫出版，二〇一七年六月。）
28. Agustín Carstens, "Big Tech in Finance and New Challenges for Public Policy," keynote address at the FT Banking Summit, London, December 4, 2018.
29. Rana Foroohar, "Political Ads on Facebook Recall Memories of the Banking Crisis."
30. Wolf, "Taming the Masters of the Tech Universe."

第十一章　深陷泥淖

1. Frank Pasquale, *The Black Box Society: The Secret Algorithms That Control Money and Information* (Cambridge, Mass.: Harvard University Press, 2015), 196.
2. Hamburger and Gold, "Google, Once Disdainful of Lobbying, Now a Master of Washington."
3. Pinar Akman, "The Theory of Abuse in Google Search: A Positive and Normative Assessment Under EU Competition Law," *Journal of Law, Technology and Policy* 2017, no. 2 (July 19, 2016): 301–74.
4. "Google Academics Inc.," Google Transparency Project, July 22, 2017, accessed May 9, 2019, https://googletransparencyproject.org/articles/google-academics-inc.
5. Brody Mullins and Jack Nicas, "Paying Professors: Inside Google's Academic Influence Campaign," *The Wall Street Journal*, July 14, 2017.
6. "Google's Silicon Tower," Campaign for Accountability Report, July 19, 2016.
7. 二〇一七年作者與資深助理的訪談。
8. "Does America Have a Monopoly Problem?" U.S. Senate Judiciary Committee hearing,

第十章 快到不能倒

1. Robert Lenzner and Stephen S. Johnson, "Seeing Things as They Really Are," *Forbes*, March 10, 1997.
2. 關於回購自家股票的資訊，請見二〇一八年五月十日美國稅收公平組織（Americans for Tax Fairness）在記者會發布的資料：〈公司回購四千零七億美元股票！閣下州裡的企業如何花掉川普減掉的稅？〉https://americansfortaxfairness.org/wp-content/uploads/20180510-TTCT-Updates-Release.pdf.
3. 同前。
4. "Risks Rising in Corporate Debt Market," OECD Report, February 25, 2019.
5. Rana Foroohar, "Apple Sows Seeds of Next Market Swing," Financial Times, May 13, 2018.
6. Martin Wolf, "Taming the Masters of the Tech Universe," *Financial Times*, November 14, 2017.
7. Rana Foroohar, "Tech Companies Are the New Investment Banks," *Financial Times*, February 11, 2018.
8. Edelman Trust Barometer 2018, 2019.
9. Rana Foroohar, "Political Ads on Facebook Recall Memories of the Banking Crisis," *Financial Times*, October 2, 2017.
10. Gabriel J. X. Dance et al., "As Facebook Raised a Privacy Wall, It Carved an Opening for Tech Giants," *The New York Times*, December 18, 2018.
11. Rana Foroohar, *Makers and Takers: How Wall Street Destroyed Main Street* (New York: Crown Business, 2016).
12. Martin Wolf, "We Must Rethink the Purpose of the Corporation," *Financial Times*, December 11, 2018.
13. Foroohar, *Makers and Takers*.
14. Douglas Edwards, *I'm Feeling Lucky: The Confessions of Google Employee Number 59* (Boston: Houghton Mifflin Harcourt, 2011), 291.
15. Foroohar, "How Much Is Your Data Worth?"
16. Rana Foroohar, "Facebook Has Put Growth Ahead of Governance for Too Long," *Financial Times*, December 23, 2018.
17. Eric Schmidt and Jared Cohen, *The New Digital Age: Transforming Nations, Businesses, and Our Lives* (New York: Vintage Books, 2014), 261.（編按：《數位新時代》由遠流出版，二〇一三年六月〔已絕版〕。）
18. Rana Foroohar, "It Is Time for a Truly Free Market," *Financial Times*, March 31, 2019.
19. Rana Foroohar, "U.S. Capital Expenditure Boom Fails to Live Up to Promises," *Financial Times*, November 25, 2018.

15. Paul W. Dobson, "The Waterbed Effect: Where Buying and Selling Power Come Together," *Wisconsin Law Review*, January 2018.
16. Angus Loten and Adam Janofsky, "Sellers Need Amazon But at What Cost?" *The Wall Street Journal*, January 14, 2015.
17. Khan, "Amazon's Antitrust Paradox."
18. Barry C. Lynn and Lina Khan, "The Slow-Motion Collapse of American Entrepreneurship," *Washington Monthly*, July/August 2012.
19. "The Next Capitalist Revolution," *The Economist*, November 15, 2018.
20. David Carr, "How Good (or Not Evil) Is Google?" *The New York Times*, June 21, 2009.
21. Adam Candeub, "Behavioral Economics, Internet Search, and Antitrust," *ISJLP* 9, no. 407 (2014), https://digitalcommons.law.msu.edu/cgi/viewcontent.cgi?article=1506&context=facpubs.
22. David Leonhardt, "The Monopolization of America," *The New York Times*, November 25, 2018.
23. Wu, *Curse of Bigness*, 45.
24. 同前。
25. 二〇一八年作者與肯安（Khan）的對話。
26. Foroohar, "Lina Khan."
27. "Next Capitalist Revolution," *The Economist*.
28. Foroohar, "Lina Khan."
29. Rana Foroohar, "Antitrust Policy Is Ripe for a Rethink," *Financial Times*, January 24, 2018.
30. Todd Spangler, "Cord Cutting Explodes: 22 Million U.S. Adults Will Have Canceled Cable, Satellite TV by End of 2017," *Variety*, September 13, 2017.
31. 關於歐盟對谷歌的訴訟案，請見維基百科s.v. "European Union v. Google," 最後更新於May 31, 2019, https://en.wikipedia.org/wiki/European_Union_vs._Google; "Antitrust: Commission Fines Google €4.34 Billion for Illegal Practices Regarding Android Mobile Devices to Strengthen Dominance of Google's Search Engine," European Commission Press Release, July 18, 2018.
32. 二〇一八年作者與德萊希姆（Delrahim）的訪談。
33. 二〇一八年作者訪談。
34. McNamee, *Zucked*, 285–86.
35. Wu, After *Consumer Welfare, Now What? The "Protection of Competition" Standard Practice*, Competition Policy International, 2018, Columbia Public Law Research Paper, no. 14–608 (2018).

34. 二〇一五年作者與史密特（Schmidt）的訪談。
35. John Gapper, "Car Ownership May Peak but Traffic Is on the Rise," *Financial Times*, October 24, 2018.
36. Rana Foroohar, "Strong Unions Will Boost America's Economy," *Financial Times*, July 31, 2017.
37. Foroohar, "Travis Kalanick."

第九章　新壟斷企業

1. Barry C. Lynn, *End of the Line: The Rise and Coming Fall of the Global Corporation* (New York: Doubleday, 2005).
2. Kenneth P. Vogel, "Google Critic Ousted from Think Tank Funded by Tech Giant," *The New York Times*, August 30, 2017.
3. Rana Foroohar, "Lina Khan: 'This Isn't Just About Antitrust. It's About Values,'" *Financial Times*, March 29, 2019.
4. Lina M. Khan, "Amazon's Antitrust Paradox," *Yale Law Journal* 126, no. 3 (January 2017).
5. 一些最令人矚目的研究彙整，來自Jonathan Tepper與Denise Hern的著作：*The Myth of Capitalism: Monopolies and the Death of Competition* (Hoboken, N.J.: John Wiley and Sons, 2019).（編按：《競爭之死：高度壟斷的資本主義，是延誤創新、壓低工資、拉大貧富差距的元凶》由商周出版，二〇二〇年一月。）
6. Foroohar, "Lina Khan."
7. Brad Stone, *The Everything Store: Jeff Bezos and the Age of Amazon* (New York: Little, Brown, 2013).（編按：《貝佐斯傳：從電商之王到物聯網中樞，亞馬遜成功的關鍵》〔改版，原名:《什麼都能賣！》〕由天下文化出版，二〇二〇年九月。）
8. David Streitfield, "A New Book Portrays Amazon as Bully," *The New York Times*, October 22, 2013.
9. Sam Moore, "Amazon Commands Nearly Half of Consumers' First Product Search," Bloomreach, October 6, 2015.
10. Khan, "Amazon's Antitrust Paradox."
11. John Koetsier, "Research Shows Amazon Echo Owners Buy 29% More from Amazon," *Forbes*, May 30, 2018.
12. Shapiro and Aneja, "Who Owns Americans' Personal Information and What Is It Worth?"
13. Rana Foroohar, "How Much Is Your Data Worth?" *Financial Times*, April 8, 2019.
14. "Secret of Googlenomics: Data-Fueled Recipe Brews Profitability," *Wired*, May 22, 2009.

News, April 19, 2018.
14. Michael Sainato, "Accidents at Amazon: Workers Left to Suffer After Warehouse Injuries," *The Guardian*, July 30, 2018.
15. Foroohar, "Vivienne Ming."
16. Jodi Kantor, "Working Anything but 9 to 5," *The New York Times*, August 13, 2014.
17. Rosenblat, *Uberland*, 177.
18. 同前，頁一一〇。
19. "Prediction: How AI Will Affect Business, Work, and Life," *Managing the Future of Work*, Harvard Business School podcast, May 8, 2019, https://www.hbs.edu/managing-the-future-of-work/podcast/Pages/default.aspx.
20. Claudia Goldin and Lawrence F. Katz, *The Race Between Education and Technology* (Cambridge, Mass.: Belknap Press of Harvard University Press, 2008).
21. World Trade Organization, "Impact of Technology on Labour Market Outcomes," 2017.
22. Rana Foroohar, "Gap Between Gig Economy's Winners and Losers Fuels Populists," *Financial Times*, May 2, 2017.
23. International Monetary Fund, "World Economic Outlook, April 2017: Gaining Momentum?" April 2017.
24. Rana Foroohar, "Silicon Valley 'Superstars' Risk a Populist Backlash," *Financial Times*, April 23, 2017.
25. Rana Foroohar and Edward Luce, "The Tech Effect," *Financial Times*, January 15, 2018.
26. Rana Foroohar, "U.S. Capital Expenditure Boom Fails to Live Up to Promises," *Financial Times*, November 25, 2018.
27. Rana Foroohar, "Vivienne Ming"; Pablo Illanes et al., "Retraining and Reskilling Workers in the Age of Automation," McKinsey Global Institute, January 2018.
28. Rana Foroohar, "The 'Haves and Have-Mores' in Digital America," *Financial Times*, August 6, 2017.
29. Foroohar, "Gap Between Gig Economy's Winners and Losers Fuels Populists."
30. Rana Foroohar, "The Rise of the Superstar Company," *Financial Times*, January 14, 2018.
31. Gillian Tett, "Tech Lessons from Amazon's Battle in Seattle," *Financial Times*, May 17, 2018.
32. Christina Warren, "A Brief History of Uber and Google's Very Complicated Relationship," Gizmodo, February 24, 2017.
33. Brian M. Rosenthal, "Taxi Drivers Fell Prey While Top Officials Counted the Money," *The New York Times*, May 20, 2019.

37. Andrew Hill, "Inside Nokia: Rebuilt from Within," *Financial Times*, April 13, 2011.
38. Steven Levy, *In the Plex: How Google Thinks, Works, and Shapes Our Lives* (New York: Simon & Schuster, 2011), 117.
39. 同前，頁十二。
40. 同前，頁十四。
41. 同前，頁二〇二。
42. Shoshana Zuboff, "Big Other: Surveillance Capitalism and the Prospects of an Information Civilization," Journal of Information Technology, April 17, 2015.
43. 同前，頁十五。
44. Rana Foroohar, "The End of Privacy," *Financial Times*, October 29, 2018.
45. Rana Foroohar, "Privacy Is a Competitive Advantage," *Financial Times*, October 15, 2017.

第八章　一切優步化

1. Leslie Hook, "Uber: The Crisis Inside the 'Cult of Travis,'" *Financial Times*, March 9, 2017.
2. 卡拉尼克和優步司機爭吵的影片請見：https://www.youtube.com/watch?v=gTEDYCkNqns.
3. Katy Steinmetz and Matt Vella, "Uber Fail: Upheaval at the World's Most Valuable Startup Is a Wake-Up Call for Silicon Valley," *Time*, June 15, 2017.
4. Sheelah Kolhatkar, "At Uber, a New CEO Shifts Gears," *The New Yorker*, March 30, 2018.
5. Hook, "Uber."
6. Eric Newcomer, Sonali Basak, and Sridhar Natarajan, "Uber's Blame Game Focuses on Morgan Stanley After Shares Drop," *Bloomberg Businessweek*, May 20, 2019.
7. Rana Foroohar, "Travis Kalanick: With His $62.5 Billion Startup, the Uber Founder Is Changing the Nature of Work," *Time*, 2015.
8. Theron Mohamed, "Uber Is Paying Drivers up to $40,000 Each to Celebrate Its IPO," *Markets Insider*, April 26, 2019.
9. Alex Rosenblat, *Uberland: How Algorithms Are Rewriting the Rules of Work* (Oakland: University of California Press, 2018), 5.
10. 同前，頁九八、頁二〇三。
11. Rob Wile, "Here's How Much Lyft Drivers Really Make," CNN Money, July 11, 2017.
12. Josh Zumbrun, "How Estimates of the Gig Economy Went Wrong," *The Wall Street Journal*, January 7, 2019.
13. Aimee Picchi, "Inside an Amazon Warehouse: Treating Human Beings as Robots," CBS

Terminal_R.R._Ass%27n.
17. "United States v. Reading Co.," https://casetext.com/case/united-states-v-reading-co.
18. Charles Francis Adams Jr., *Railroads: Their Origins and Problems* (1878).
19. Rana Foroohar, "Big Tech Is America's New 'Railroad Problem,' " *Financial Times*, June 16, 2019.
20. 二〇一九年作者與沃克的訪談。
21. Charles Duhigg, "The Case Against Google," *The New York Times*, February 20, 2018.
22. 同前。
23. Open Letter to Commissioner Vestager from 14 European CSSs, November 22, 2018, http://www.searchneutrality.org/google/comparison-shopping-services-open-letter-to-commissioner-vestager.
24. William A. Galston and Clara Hendrickson, "A Policy at Peace with Itself: Antitrust Remedies for Our Concentrated, Uncompetitive Economy," Brookings Institution, January 5, 2018.
25. Rana Foroohar, "The Rise of the Superstar Company," *Financial Times*, January 14, 2018.
26. 作者訪談與麥肯錫全球研究院曼尼卡（James Manyika）的訪談。
27. Jason Furman, "Productivity, Inequality, and Economic Rents," *The Regulatory Review*, June 13, 2016.
28. David Autor et al., "The Fall of the Labor Share and the Rise of Superstar Firms," NBER Working Paper 23396, National Bureau of Economic Research, May 1, 2017.
29. McKinsey Global Institute, "A New Look at the Declining Labor Share of Income in the United States," May 2019.
30. Foroohar, "The Rise of the Superstar Company."
31. Dan Andrews et al., "Going Digital: What Determines Technology Diffusion Among Firms?" OECD background paper, Third Annual Conference of the Global Forum on Productivity, Ottawa, Canada, June 28–29, 2018.
32. James Manyika et al., "'Superstars': The Dynamics of Firms, Sectors, and Cities Leading the Global Economy," McKinsey Global Institute, October 2018.
33. Haskel and Westlake, *Capitalism Without Capital*.
34. Rana Foroohar, "Superstar Companies Also Feel the Threat of Disruption," *Financial Times*, October 21, 2018.
35. "Autonomous Cars: Self-Driving the New Auto Industry Paradigm," Morgan Stanley Blue Paper, November 6, 2013.
36. Nicholas L. Johnson and Alex Moazed, Modern Monopolies: *What It Takes to Dominate the 21st Century Economy* (New York: St. Martin's Press, 2016).

The Wall Street Journal, January 7, 2018.

35. Apple, "iOS 12 Introduces New Features to Reduce Interruptions and Manage Screen Time," June 4, 2018, https://www.apple.com/newsroom/2018/06/ios-12-introduces-new-features-to-reduce-interruptions-and-manage-screen-time/.
36. Rana Foroohar, "Big Tech's Unhealthy Obsession with Hyper-Targeted Ads," *Financial Times*, October 28, 2018.
37. 二〇一八年作者與洽斯洛特的訪談。

第七章 網路效應

1. Adam Satariano and Mike Isaac, "Facebook Used People's Data to Favor Certain Partners and Punish Rivals, Documents Show," *The New York Times*, December 5, 2018.
2. 同前。
3. Jonathan Haskel and Stian Westlake, *Capitalism Without Capital: The Rise of the Intangible Economy* (Princeton, N.J.: Princeton University Press, 2018).（編按：《沒有資本的資本主義：無形經濟的崛起》由天下文化出版，二〇一九年六月。）
4. Conor Dougherty, "Inside Yelp's Six-Year Grudge Against Google," *The New York Times*, January 7, 2017.
5. 二〇一七至二〇一九年間，作者與羅依（Lowe）進行的訪談。
6. 二〇一七至二〇一八年，作者與羅依的訪談；Charles Arthur, "Why Google's Struggles with the EC—and FTC—Matter," *Overspill*, April 7, 2015.
7. Brody Mullins, Rolfe Winkler, and Brent Kendall, "Inside the Antitrust Probe of Google," *The Wall Street Journal*, March 19, 2015.
8. Leaked FTC document, page 20. 文件可至此處查閱：http://graphics.wsj.com/google-ftc-report/img/ftc-ocr-watermark.pdf.
9. 同前，fn. 12.
10. Leaked FTC document, 26.
11. 同前。
12. Rana Foroohar, "Google Versus Orrin Hatch," *Financial Times*, September 3, 2018. 范里安（Varian）引自 *The Wall Street Journal*，同前。
13. Nitasha Tiku, "How Google Influences the Conversation in Washington," *Wired*, March 13, 2019.
14. 二〇一九年一月作者與沃克的訪談。
15. Madeline Jacobson, "How Far Down the Search Engine Results Page Will Most People Go?" Leverage Marketing, 2015.
16. 關於反托拉斯訴訟的一般資訊，見 Wikipedia, s.v. "United States v. Terminal R.R. Ass'n," 最後更新於 May 7, 2019, https://en.wikipedia.org/wiki/United_States_v._

16. Tiffany Hsu, "Video Game Addiction Tries to Move from Basement to Doctor's Office," *The New York Times*, June 17, 2018.
17. Betsy Morris, "How Fortnite Triggered an Unwinnable War Between Parents and Their Boys," *The Wall Street Journal*, December 21, 2018.
18. "The Impact of Media Use and Screen Time on Children, Adolescents, and Families," American College of Pediatricians, November 2016.
19. Jean M. Twenge, "Have Smartphones Destroyed a Generation?" *The Atlantic*, September 2017; Richard Freed, "The Tech Industry's War on Kids," Medium, March 12, 2018.
20. Darren Davidson, "Facebook Targets 'Insecure' to Sell Ads," *The Australian*, May 1, 2017.
21. "Over a Dozen Children's and Consumer Advocacy Organizations Request Federal Trade Commission to Investigate Facebook for Deceptive Practices," Common Sense Media, February 21, 2019.
22. Kristen Duke et al., "Having Your Smartphone Nearby Takes a Toll on Your Thinking," *Harvard Business Review*, March 20, 2018.
23. 兒童健康資料可至Data Resource Center for Child and Adolescent Health網站查詢：http://childhealthdata.org/learn-about-the-nsch/NSCH/data.
24. Casey Schwartz, "Finding It Hard to Focus? Maybe It's Not Your Fault," *The New York Times*, August 14, 2018.
25. Nellie Bowles, "A Dark Consensus About Screens and Kids Begins to Emerge in Silicon Valley," *The New York Times*, October 26, 2018.
26. 二〇一七年作者與哈利斯的訪談。
27. Rana Foroohar, "The Coming Corporate Crackdown," *Time*, June 3, 2013.
28. Wikipedia, s.v. "Marshall McLuhan,"最後更新於May 9, 2019, https://en.wikipedia.org/wiki/Marshall_McLuhan.
29. Bianca Bosker, "The Binge Breaker," *The Atlantic*, November 2016.
30. 二〇一七及二〇一八年作者與哈利斯的訪談。
31. Kevin Webb, "The FTC Will Investigate Whether a Multibillion-Dollar Business Model Is Getting Kids Hooked on Gambling Through Video Games," *Business Insider*, November 28, 2018.
32. Tim Bradshaw and Hannah Kuchler, "Smartphone Addiction: Big Tech's Balancing Act on Responsibility over Revenue," *Financial Times*, July 23, 2018.
33. Valentino-DeVries et al., "Your Apps Know Where You Were Last Night, and They're Not Keeping It Secret."
34. David Benoit, "iPhones and Children Are a Toxic Pair, Say Two Big Apple Investors,"

39. 二〇一七年作者與哈特（Peter Harter）的訪談。
40. James Thomson, "Tech Giants Buy Start-ups to Kill Competition, Kenneth Rogoff Tells Summit," *Financial Review*, March 7, 2018.
41. Olivia Solon, "As Tech Companies Get Richer, Is It 'Game-Over' for Startups?" *The Guardian*, October 20, 2017.
42. Marc Doucette, "Visualizing Major Tech Acquisitions," Visual Capitalist, July 24, 2018.
43. "American Tech Giants Are Making Life Tough for Startups," *The Economist*, June 2, 2018.
44. Ken Auletta, *Googled: The End of the World as We Know It* (New York: Penguin Books, 2009), 110.（編按：《GOOGLE大未來：工程師與企業家的戰爭，將把世界帶向何方？》由八旗文化出版，二〇一一年八月〔已絕版〕。）

第六章　口袋裡的吃角子老虎

1. Wesley Yin-Poole, "FIFA Player Uses GDPR to Find Out Everything EA Has on Him, Realises He's Spent over $10,000 in Two Years on Ultimate Team," Eurogamer, July 25, 2018.
2. 關於佛格（Fogg）的生平資訊，可見於：https://www.bjfogg.com/.
3. Rana Foroohar, "Silicon Valley Has Too Much Power," *Financial Times*, May 14, 2017.
4. 二〇一八年八月十四日作者與佛格的訪談。
5. "Slot Machine: The Crack Cocaine of Gambling Addiction," KS Problem Gaming, http://www.ksproblemgambling.org/html/slot_machine.html.
6. 作者與哈利斯（Harris）的訪談。
7. 二〇一八年作者與佛格的訪談。
8. 同前。
9. Hannah Kuchler, "How Facebook Grew Too Big to Handle," *Financial Times*, March 28, 2019.
10. 二〇一七及二〇一八年作者與佛格的訪談。
11. Wikipedia, s.v. "B. J. Fogg," 最後更新於February 5, 2019, https://en.wikipedia.org/wiki/B._J._Fogg.
12. Bianca Bosker, "The Binge Breaker," *The Atlantic*, November 2016.
13. 同前。
14. Tristan Harris, "How Technology Is Hijacking Your Mind —from a Magician and Google Design Ethicist," Medium, May 18, 2016. 其他關於哈利斯的資訊可至他的Time Well Spent網頁：http://www.tristanharris.com/tag/time-well-spent.
15. Michael Winnick, "Putting a Finger on Our Phone Obsession," dscout blog, June 16, 2016.

們處在更有利的位置上。」

15. B. Zorina Khan, "Trolls and Other Patent Inventions: Economic History and the Patent Controversy in the Twenty-First Century," https://papers.ssrn.com/sol3/papers.cfm?abstract_id=2344853.
16. Jaron Lanier, *You Are Not a Gadget: A Manifesto* (New York: Random House, 2011), 125.
17. Foroohar, "Big Tech vs. Big Pharma."
18. 塔普林（Jonathan Taplin）的 *Move Fast and Break Things* 對此議題有更深的描繪。
19. Levy, *In the Plex*, chapter 7, section 3, covers the book-scanning project.
20. 同前，頁二七三。
21. 同前，頁三五〇。
22. 同前，頁三五九。
23. 同前，頁三六二至三六三。
24. Taplin, *Move Fast and Break Things*, 260.
25. 二〇一七年與谷歌高層就該背景進行的訪談。
26. 作者二〇一七年與塔普林進行的訪談。
27. 作者二〇一七年與塔普林進行的訪談；另見 *Move Fast and Break Things*.
28. Levy, *In the Plex*, 251.
29. Taplin, *Move Fast and Break Things*, 127–28.
30. Wikipedia, s.v. "Directive on Copyright in the Digital Single Market," last modified May 19, 2019, https://en.wikipedia.org/wiki/Directive_on_Copyright_in_the_Digital_Single_Market.
31. Mehreen Khan and Tobias Buck, "European Parliament Backs Overhaul of EU Copyright Rules," *Financial Times*, March 26, 2019.
32. "'Purchased Protest' Bombshell: Germany's FAZ News Uncovers the Seamy Underbelly of Google's Article 13 Lobbying," Music Technology Policy, March 16, 2019.
33. Khan and Buck, "European Parliament Backs Overhaul of EU Copyright Rules."
34. Editorial Board, "EU Copyright Reforms Are Harsh but Necessary," *Financial Times*, March 26, 2019.
35. Pew Research Center, Newspaper Fact Sheet, June 13, 2018.
36. Rana Foroohar, "A Better US Patent System Will Spur Innovation," *Financial Times*, September 3, 2017.
37. Lance Whitney, "Apple, Google, Others Settle Antipoaching Lawsuit for $415 Million," CNET News, September 3, 2015.
38. Dan Levine, "Apple, Google Agree to Settle Lawsuit Alleging Hiring, Salary Conspiracy," *The Washington Post*, April 24, 2014.

20. Rana Foroohar, "Money, Money, Money: Silicon Valley Speculation Recalls Dotcom Mania," *Financial Times*, July 17, 2017.
21. Pan Kwan Yuk and Shannon Bond, "Netflix Returns to Market with $2bn Junk Bond Offering," *Financial Times*, October 22, 2018.
22. Rob Copeland and Eliot Brown, "Palantir Has a $20 Billion Valuation and a Bigger Problem: It Keeps Losing Money," *The Wall Street Journal*, November 12, 2018.
23. Foroohar, "Money, Money, Money."
24. Rana Foroohar, "Another Tech Bubble Could Be About to Burst," *Financial Times*, January 27, 2019.

第五章　幽暗升起

1. Walter Isaacson, *Steve Jobs* (New York: Simon & Schuster, 2011).（編按：《賈伯斯傳》（增訂版）由天下文化出版，二〇一七年九月。）
2. Dan Levine, "Apple, Google Settle Smartphone Patent Litigation," Reuters, May 16, 2014.
3. Shanthi Rexaline, "10 Years of Android: How the Operating System Reached 86% Market Share," MSN News, September 25, 2018.
4. Betsy Morris and Deepa Seetharaman, "The New Copycats: How Facebook Squashes Competition from Startups," *The Wall Street Journal*, August 9, 2017.
5. Josh Constine, "Facebook Pays Teens to Install VPN That Spies on Them," TechCrunch, January 29, 2019.
6. 李維（Levy）、歐勒塔（Auletta）和艾隆克森（Isaacson）皆對蘋果—安卓之戰描繪出細節輪廓。
7. Steven Levy, *In the Plex: How Google Thinks, Works, and Shapes Our Lives* (New York: Simon & Schuster, 2011), 237–38.
8. 同前，頁八〇至八一。
9. 作者訪談。
10. Shoshana Zuboff, *The Age of Surveillance Capitalism: The Fight for a Human Future at the New Frontier of Power* (New York: Public Affairs, 2019), 101.
11. 同前，頁六三。
12. 二〇一九年一月我訪問谷歌的法務長沃克（Kent Walker，他於二〇〇六年進入谷歌公司董事會），他說谷歌一直到二〇〇八年才開始思考反壟斷之類的問題。
13. Rana Foroohar, "Big Tech vs. Big Pharma: The Battle Over US Patent Protection," *Financial Times*, October 16, 2017.
14. 二〇一九年一月我訪問谷歌的法務長沃克時，他一再重申專利的說詞，還說他覺得改變美國專利制度「讓我們擁有更強大、更堅實、更有韌性的專利制度，使我

Google》由時報出版，二〇〇六年三月〔已絕版〕。）
29. Fisher, "'Google Was Not a Normal Place.'"
30. Battelle, *The Search*, 125.

第四章　歡騰如一九九九年

1. Joshua Cooper Ramo, "Jeffrey Preston Bezos, 1999 Person of the Year," *Time*, December 27, 1999.
2. Wikipedia, graphic of dot-com bubble, accessed May 9, 2019, https://en.wikipedia.org/wiki/Dot-com_bubble#/media/File:Nasdaq_Composite_dot-com_bubble.svg.
3. Simon Dumenco, "Touby Prize," *New York*, July 20, 2007.
4. Rana Foroohar, "Europe's Got Net Fever," *Newsweek International*, September 5, 1999.
5. 同前。
6. "Dotcom Darlings: Where Are They Now?" *The Telegraph*, accessed May 9, 2019, https://www.telegraph.co.uk/finance/8354329/Dotcom-darlings-where-are-they-now.html/.
7. John Casey, "Accidental Millionaires Sell First Tuesday," *The Guardian*, July 21, 2000.
8. Simon Goodley, "Betfair Buy Spells the Final Flutter," *The Daily Telegraph*, December 22, 2001.
9. Richard Fletcher, "Antfactory Is Wound Up by Shareholders," *The Daily Telegraph*, September 30, 2001.
10. Hal R. Varian, "Economic Scene: Comparing Nasdaq and Tulips Unfair to Flowers," *The New York Times*, February 8, 2001.
11. Olson, *Rise and Decline of Nations*.
12. Rana Foroohar, *Makers and Takers: How Wall Street Destroyed Main Street* (New York: Crown Business, 2016), 130.（編按：《大掠奪：華爾街的擴張和美國企業的沒落》由時報出版，二〇一七年七月。）
13. 同前。
14. 同前。
15. Wikipedia, s.v. "Dot-com bubble," last modified May 22, 2019, https://en.wikipedia.org/wiki/Dot-com_bubble.
16. Melanie Warner, "The Beauty of Hype: A Cautionary Tale," *Fortune*, March 1, 1999.
17. Rana Foroohar, "Flight of the Dot-Coms," *Newsweek International*, July 15, 2001.
18. Rana Foroohar and Stefan Theil, "The Dot-Com Witch Hunt," *Newsweek International*, September 3, 2001.
19. Nicole Friedman and Zolan Kanno-Youngs, "Hedge Fund Investor Charles Murphy Dies in Apparent Suicide," *The Wall Street Journal*, March 28, 2017.

8. Tim Wu, *The Attention Merchants: The Epic Scramble to Get Inside Our Heads* (New York: Knopf, 2016).（編按：《注意力商人：他們如何操弄人心？揭密媒體、廣告、群眾的角力戰》由天下雜誌出版，二〇一八年四月。）
9. Craig Silverman, "Apps Installed on Millions of Android Phones Tracked User Behavior to Execute a Multimillion-Dollar Ad Fraud Scheme," BuzzFeed News, October 23, 2018.
10. Rana Foroohar, "Big Tech's Unhealthy Obsession with Hyper-Targeted Ads," *Financial Times*, October 28, 2018; Mark Warner to FTC on Google Digital Ad Fraud, accessed May 9, 2019, https://www.scribd.com/document/391603927/Senator-Warner-Letter-to-FTC-on-Google-Digital-Ad-Fraud.
11. Steven Levy, *In the Plex: How Google Thinks, Works, and Shapes Our Lives* (New York: Simon & Schuster, 2011), 31.
12. John F. Wasik, "Why Elon Musk Named His Electric Car Tesla," *The Seattle Times*, December 31, 2017.
13. Sergey Brin and Lawrence Page, "The Anatomy of a Large-Scale Hypertextual Web Search Engine," Computer Science Department, Stanford University, 1998.
14. Adam Fisher, " 'Google Was Not a Normal Place': Brin, Page and Mayer on the Accidental Birth of the Company That Changed Everything," *Vanity Fair*, July 10, 2018.
15. 同前。
16. Levy, *In the Plex*, 26.
17. Fisher, "'Google Was Not a Normal Place.'"
18. Ken Auletta, "Searching for Trouble," *The New Yorker*, October 12, 2009.
19. Levy, *In the Plex*, 133.
20. Adam Fisher, *Valley of Genius: The Uncensored History of Silicon Valley (as Told by the Hackers, Founders, and Freaks Who Made It Boom)* (New York: Twelve, 2018).
21. William H. Janeway, *Doing Capitalism in the Innovation Economy* (Cambridge: Cambridge University Press, 2018), 313.
22. Levy, *In the Plex*, 45.
23. Big Easy PowerPoint presentation.
24. Fisher, "'Google Was Not a Normal Place.'"
25. Levy, *In the Plex*, 87.
26. 同前，頁八八。
27. John Battelle, *The Search: How Google and Its Rivals Rewrote the Rules of Business and Transformed Our Culture* (New York: Portfolio, 2005), 113–14.
28. David Vise, *The Google Story: Inside the Hottest Business, Media, and Technology Success of Our Time* (New York, Bantam Dell, 2005), 84–85.（編按：《翻動世界的

7. Sheera Frenkel et al., "Delay, Deny, and Deflect: How Facebook's Leaders Fought Through Crisis," *The New York Times*, November 14, 2018.
8. Tasneem Nashrulla, "A Top George Soros Aide Called for an Independent Investigation of Facebook's Lobbying and PR," BuzzFeed News, November 15, 2018.
9. Jeff Bercovici, "Peter Thiel Wants You to Get Angry About Death," Inc., July 7, 2015; Tad Friend, "Silicon Valley's Quest to Live Forever," *The New Yorker*, March 27, 2017.
10. Marco della Cava et al., "Uber's Kalanick Faces Crisis over 'Baller' Culture," *USA Today,* February 24, 2017.
11. Jeff Bezos, "No Thank You, Mr. Pecker," Medium, February 7, 2019.
12. Daisuke Wakabayashi and Katie Benner, "How Google Protected Andy Rubin, the 'Father of Android,' " *The New York Times*, October 25, 2018.
13. Aarian Marshall, "Elon Musk Reveals His Awkward Dislike of Mass Transit," *Wired*, December 14, 2017.
14. Levy, *In the Plex*, 121.
15. Levy, *In the Plex*, 13.
16. Ken Auletta, "The Search Party," *The New Yorker*, January 6, 2008.
17. Rana Foroohar, "Echoes of Wall Street in Silicon Valley's Grip on Money and Power," *Financial Times*, July 3, 2017.
18. Rana Foroohar, "Big Tech Can No Longer Be Allowed to Police Itself," *Financial Times*, August 27, 2017.

第三章 廣告與其不滿

1. Scott Shane, "These Are the Ads Russia Bought on Facebook in 2016," *The New York Times*, November 1, 2017; Cecilia Kang et al., "Russia-Financed Ad Linked Clinton and Satan," *The New York Times*, November 1, 2017.
2. Indictment, *United States of America v. Internet Research Agency*, U.S. District Court for the District of Columbia, accessed May 9, 2019, https://www.justice.gov/file/1035477/download.
3. 作者與洽斯洛特（Guillaume Chaslot）的報告。
4. Max Fisher and Amanda Taub, "On YouTube's Digital Playground, a Gate Left Wide Open for Pedophiles," *The New York Times*, June 4, 2019, page A8.
5. Rob Copeland, "YouTube Weighs Major Changes to Kids' Content Amid FTC Probe," *The Wall Street Journal*, June 19, 2019.
6. Tim Wu, "Aspen Ideas Festival: 'Is the First Amendment Obsolete?' " June 2018.
7. Zeynep Tufekci, "Russian Meddling Is a Symptom, Not the Disease," *The New York Times*, October 3, 2018.

across-the-on-demand-economy/.
62. Shoshana Zuboff, "Big Other: Surveillance Capitalism and the Prospects of an Information Civilization," *Journal of Information Technology*, April 17, 2015.
63. Wikipedia, s.v. "The Great Transformation," last modified March 29, 2019, https://en.wikipedia.org/wiki/The_Great_Transformation_(book).
64. Zuboff, "Big Other," 80.
65. Michael Winnick, "Putting a Finger on Our Phone Obsession," June 16, 2016, https://blog.dscout.com/mobile-touches.
66. Nir Eyal with Ryan Hoover, *Hooked: How to Build Habit-Forming Products* (New York: Portfolio/Penguin, 2014), 1.（編按：《鉤癮效應：創造習慣新商機》由天下文化出版，二〇一五年十二月〔已絕版〕。）
67. Rana Foroohar, "All I Want for Christmas Is a Digital Detox," *Financial Times*, December 22, 2017.
68. Rana Foroohar, "Vivienne Ming: 'The Professional Class Is About to Be Blindsided by AI," *Financial Times*, July 27, 2018.
69. Sam Levin, "Facebook Told Advertisers It Can Identify Teens Feeling 'Insecure' and 'Worthless,' " *The Guardian*, May 1, 2017.
70. Foroohar, "All I Want for Christmas Is a Digital Detox."
71. Emily Bary, "Apple Never Meant for You to Spend So Much Time on Your Phone, Tim Cook Says," MarketWatch, June 27, 2019.
72. Olivia Solon, "Ex-Facebook President Sean Parker: Site Made to Exploit Human 'Vulnerability,' " *The Guardian*, November 9, 2017.

第二章　國王谷

1. Rana Foroohar and Edward Luce, "Privacy as a Competitive Advantage," *Financial Times*, October 16, 2017.
2. Search Engine Market Share, Statcounter, accessed May 9, 2019, http://gs.statcounter.com/search-engine-market-share/all/worldwide/2009.
3. Rana Foroohar, "Facebook Has Put Growth Ahead of Governance for Too Long," *Financial Times*, December 23, 2018.
4. John Battelle, *The Search: How Google and Its Rivals Rewrote the Rules of Business and Transformed Our Culture* (New York: Portfolio, 2005), 54.（編按：《搜尋未來》由商周出版，二〇〇六年四月。）
5. Roger McNamee, *Zucked: Waking Up to the Facebook Catastrophe* (New York: Penguin, 2019), 144.
6. 同前。

43. "Amazon's Cloud Will Connect Volkswagen's Vast Factory Network," *69News*, WFMZ, March 27, 2019.
44. Angela Chen, "Amazon's Alexa Now Handles Patient Health Information," The Verge, April 4, 2019.
45. Bloomberg Billionaires Index, accessed May 9, 2019, https://www.bloomberg.com/billionaires.
46. Lance Whitney, "Apple, Google, Others Settle Antipoaching Lawsuit for $415 Million," https://www.cnet.com/news/apple-google-others-settle-anti-poaching-lawsuit-for-415-million/.
47. Leigh Buchanan, "American Entrepreneurship Is Actually Vanishing. Here's Why," *Inc*., May 2015.
48. The Hamilton Project, "Start-up Rates Are Declining Across All Sectors," accessed May 9, 2019, http://www.hamiltonproject.org/charts/start_up_rates_are_declining_across_all_sectors.
49. Ian Hathaway and Robert E. Litan, "Declining Business Dynamism in the United States: A Look at States and Metros," Brookings Institution, May 5, 2014.
50. Derek Thompson, "America's Monopoly Problem," *The Atlantic*, October 2016.
51. Kara Swisher, "Is This the End of the Age of Apple?" *The New York Times*, January 3, 2019.
52. Lina M. Khan, "Amazon's Antitrust Paradox," *Yale Law Journal* 126, no. 3 (January 2017).
53. Robert Shapiro and Siddhartha Aneja, "Who Owns Americans' Personal Information and What Is It Worth?" Future Majority, March 8, 2019.
54. Foroohar, "Big Tech Must Pay for Access to America's 'Digital Oil.' "
55. Colby Smith, "Peak Buybacks?" *Financial Times*, November 7, 2018.
56. Nico Grant and Ian King, "Big Tech's Big Tax Ruse: Industry Splurges on Buybacks Not Jobs," Bloomberg, April 14, 2019.
57. 根據政府關係公司Mehlman, Castagnetti二〇一九年彙整的資料。
58. Cade Metz, "Why WhatsApp Only Needs 50 Engineers for Its 900M Users," *Wired*, September 15, 2015.
59. Alistair Gray, "US Retailers Shut Up Shop as Amazon's March Continues," *Financial Times*, March 8, 2019.
60. James Manyika et al., "Jobs Lost, Jobs Gained: What the Future of Work Will Mean for Jobs, Skills, and Wages," McKinsey and Company, November 2017.
61. "Mapping Inequalities Across the On-Demand Economy," Data and Society, accessed May 9, 2019, https://datasociety.net/initiatives/future-of-labor/mapping-inequalities-

26. Epstein, "How Google Could Rig the 2016 Election."
27. Sean Gallagher, "Amazon Pitched Its Facial Recognition to ICE, Released Emails Show," Ars Technia, October 24, 2018; Andrea Peterson and Jake Laperruque, "Amazon Pushes ICE to Buy Its Face Recognition Surveillance Tech," Daily Beast, October 23, 2018.
28. Rana Foroohar, "Release Big Tech's Grip on Power," *Financial Times*, June 18, 2017.
29. 同前。
30. Steven Levy, *In the Plex: How Google Thinks, Works, and Shapes Our Lives* (New York: Simon & Schuster, 2011), 363.（編按：《Google總部大揭密：Google如何思考？如何運作？ 如何形塑你我的生活？》由財信出版，二〇一一年十一月〔已絕版〕。）
31. ALA News, "Libraries Applaud Dismissal of Google Book Search Case," American Library Association, November 14, 2013.
32. Brody Mullins and Jack Nicas, "Paying Professors: Inside Google's Academic Influence Campaign," *The Wall Street Journal*, July 14, 2017, https://www.wsj.com/articles/paying-professors-inside-googles-academic-influence-campaign-1499785286.
33. Ryan Nakashima, "Google Tracks Your Movements, Like It or Not," Associated Press, August 13, 2018; Sean Illing, "Cambridge Analytica, the Shady Data Firm That Might Be a Key Trump-Russia Link, Explained," Vox, April 4, 2018.
34. Matthew Rosenberg, Nicholas Confessore, and Carole Caldwalladr, "How Trump Consultants Exploited the Facebook Data of Millions," *The New York Times*, March 17, 2018.
35. Camila Domonoske, "Google Announces It Will Stop Allowing Ads for Payday Lenders," NPR, May 11, 2016.
36. Rana Foroohar, "Dangers of Digital Democracy," *Financial Times*, January 28, 2018.
37. Rana Foroohar, "Big Tech Must Pay for Access to America's 'Digital Oil,' " *Financial Times*, April 7, 2019.
38. Jennifer Valentino-DeVries et al., "Your Apps Know Where You Were Last Night, and They're Not Keeping It Secret," *The New York Times*, December 10, 2018.
39. Ben Casselman and Conor Dougherty, "As Investors Flip Housing Markets, Home Buyers Are Reeling," *The New York Times*, June 21, 2019.
40. Terje, "AI Could Add $6 Trillion to the Global Economy," Feelingstream, May 29, 2018.
41. Tim Wu, "In the Grip of the New Monopolists," *The Wall Street Journal*, November 13, 2010.
42. David Z. Morris, "Netflix Is Expected to Spend Up to $13 Billion on Original Programming This Year," *Fortune*, July 8, 2018.

8. Edelman Trust Barometer, 2018, https://www.edelman.com/trust-barometer.
9. Peter Dizikes, "Study: On Twitter, False News Travels Faster than True Stories," MIT News, March 8, 2018.
10. Federica Cocco, "Most US Manufacturing Jobs Lost to Technology, Not Trade," *Financial Times*, December 2, 2016.
11. "Populist Insurrections: Causes, Consequences, and Policy Reactions," G30 Occasional Lecture, YouTube, April 26, 2017.
12. McKinsey Global Institute, "'Superstars': The Dynamics of Firms, Sectors, and Cities Leading the Global Economy," October 2018.
13. Alex Shephard, "Facebook Has a Genocide Problem," *The New Republic*, March 15, 2018.
14. Edelman Trust Barometer, 同前。
15. Rana Foroohar, "The Dangers of Digital Democracy," *Financial Times*, January 28, 2018.
16. George Soros, "Remarks Delivered at the World Economic Forum," January 24, 2019, https://www.georgesoros.com/2019/01/24/remarks-delivered-at-the-world-economic-forum-2/.
17. Rana Foroohar, "Facebook's Data Sharing Shows It Is Not a US Champion," *Financial Times*, June 6, 2018.
18. Kate Conger and Daisuke Wakabayashi, "Google Employees Protest Secret Work on Censored Search Engine for China," *The New York Times*, August 16, 2018.
19. Foroohar, "Facebook's Data Sharing Shows It Is Not a US Champion."
20. Ahmed Al Omran, "Netflix Pulls Episode of Comedy Show in Saudi Arabia," *Financial Times*, January 1, 2019.
21. Issie Lapowsky, "How the LAPD Uses Data to Predict Crime," *Wired*, May 22, 2018, https://www.wired.com/story/los-angeles-police-department-predictive-policing/.
22. Mark Harris, "If You Drive in Los Angeles, the Cops Can Track Your Every Move," *Wired*, November 13, 2018.
23. Richard Waters, Shannon Bond, and Hannah Murphy, "Global Regulators' Net Tightens Around Big Tech," *Financial Times*, June 6, 2019, page 14.
24. Frenkel et al., "Delay, Deny, and Deflect."
25. Jia Lynn Yang and Nina Easton, "Obama and Google (A Love Story)," Fortune, October 26, 2009; Robert Epstein, "How Google Could Rig the 2016 Election," *Politico Magazine*, August 19, 2015; Google Analytics Solutions, "Obama for America Uses Google Analytics to Democratize Rapid, Data-Driven Decision Making," accessed May 9, 2019, https://analytics.googleblog.com/.

of Washington," *The Washington Post*, April 12, 2014.

17. Rana Foroohar, "Silicon Valley Has Too Much Power," *Financial Times*, May 14, 2017; Foroohar, "Echoes of Wall Street in Silicon Valley's Grip."
18. Shoshana Zuboff, *The Age of Surveillance Capitalism: The Fight for a Human Future at the New Frontier of Power* (New York: Public Affairs, 2019), introductory page.（編按：《監控資本主義時代》〔上卷：基礎與演進；下卷：機器控制力量〕由時報出版，二〇二〇年七月。）
19. Shoshana Zuboff, "Big Other: Surveillance Capitalism and the Prospects of an Information Civilization," *Journal of Information Technology*, April 17, 2015.
20. Niall Ferguson, *The Square and the Tower: Networks and Power, from the Freemasons to Facebook* (New York: Penguin, 2018).（編按：《廣場與塔樓：從印刷術誕生到網路社群力爆發，顛覆權力階級，改變人類歷史的network》由聯經出版，二〇一九年九月。）

第一章 個案概述

1. Daisuke Wakabayashi, "Eric Schmidt to Leave Alphabet Board, Ending an Era That Defined Google," *The New York Times*, April 30, 2019.
2. Viktor Mayer-Schönberger and Thomas Ramge, *Reinventing Capitalism in the Age of Big Data* (New York: Basic Books, 2018); Viktor Mayer-Schönberger and Kenneth Cukier, *Big Data: A Revolution That Will Transform How We Live, Work, and Think* (Boston: Houghton Mifflin Harcourt, 2013).（編按：《大數據資本主義》由天下文化出版，二〇一八年二月；《大數據：「數位革命」之後，「資料革命」登場：巨量資料掀起生活、工作和思考方式的全面革新》〔新版〕由天下文化出版，二〇一八年三月。）
3. 雖然我當時沒有寫這件事，但有很多報導詳細描述那場會面，包括Hannah Clark所寫的 "The Google Guys In Davos" (Forbes, January 26, 2007)，以及《金融時報》的Andrew Edgecliffe-Johnson所寫的報導，此君是我現在的同事。("The Exaggerated Reports of the Death of the Newspaper," *Financial Times*, March 30, 2007).
4. Sheila Dang, "Google, Facebook Have Tight Grip on Growing US Online Ad Market," *Reuters*, June 5, 2019.
5. Keach Hagey, Lukas I. Alpert, and Yaryna Serkez, "In News Industry, a Stark Divide Between Haves and Have-Nots," *The Wall Street Journal*, May 4, 2019.
6. Judge Richard Leon, memorandum opinion in *United States of America v. AT&T Inc.*, U.S. District Court for the District of Columbia, June 12, 2018.
7. Sheera Frenkel et al., "Delay, Deny, and Deflect: How Facebook's Leaders Fought Through Crisis," *The New York Times*, November 14, 2018.

註釋

作者序

1. McKinsey Global Institute calculations, Rana Foroohar, "Superstar Companies Also Feel the Threat of Disruption," *Financial Times*, October 21, 2018.
2. Jeff Desjardins, "How Google Retains More than 90% of Market Share," *Business Insider*, April 23, 2018.
3. "Facebook by the Numbers: Stats, Demographics, and Fun Facts," Omnicore, January 6, 2019.
4. Celie O'Neil-Hart,"The Latest Video Trends: Where Your Audience Is Watching," Think with Google, April 2016.
5. Sarah Sluis, "Digital Ad Market Soars to $88 Billion, Facebook and Google Contribute 90% of Growth," AdExchanger, May 10, 2018; James Vincent, "99.6 Percent of New Smartphones Run Android or iOS," *Verge*, February 16, 2017.
6. Mark Jamison, "When Did Making Customers Happy Become a Reason for Regulation or Breakup?" AEIdeas, June 8, 2018.
7. "The Regulatory Case Against Platform Monopolies," 13D Research, December 4, 2017.
8. Henry Taylor, "If Social Networks Were Countries, Which Would They Be?" WeForum, April 28, 2016.
9. Michael J. Mauboussin et al., "The Incredible Shrinking Universe of Stocks," Credit Suisse, March 22, 2017.
10. Ian Hathaway and Robert E. Litan, "Declining Business Dynamism in the United States: A Look at States and Metros," Brookings Institution, May 5, 2014.
11. Zoltan Pozsar, "Gobal Money Notes #11," Credit Suisse, January 29, 2018.
12. Mancur Olson, *The Rise and Decline of Nations* (New Haven, Connecticut: Yale University Press, 1982).
13. Rana Foroohar, "Why You Can Thank the Government for Your iPhone," *Time*, October 27, 2015.
14. 作者二〇一七年與貝特勒（John Battelle）的訪談。
15. Rana Foroohar, "Echoes of Wall Street in Silicon Valley's Grip on Money and Power," *Financial Times*, July 3, 2017.
16. Tom Hamburger and Matea Gold, "Google, Once Disdainful of Lobbying, Now a Master

NEXT叢書 0282

切莫為惡：科技巨頭如何背叛創建初衷和人民

Don't Be Evil: How Big Tech Betrayed Its Founding Principles - and All of Us

作　者—拉娜・福洛荷（Rana Foroohar）
譯　者—李宛蓉
主　編—湯宗勳
特約編輯—沈如瑩
美術設計—陳恩安
企　劃—王聖惠
內頁排版—極翔企業有限公司

董事長—趙政岷
出版者—時報文化出版企業股份有限公司
一〇八〇一九台北市和平西路三段二四〇號一至七樓
發行專線—（〇二）二三〇六—六八四二
讀者服務專線—〇八〇〇—二三一—七〇五
（〇二）二三〇四—七一〇三
讀者服務傳真—（〇二）二三〇四—六八五八
郵撥—一九三四四七二四時報文化出版公司
信箱—一〇八九九臺北華江橋郵政第九十九信箱

時報悅讀網—https://www.readingtimes.com.tw
電子郵箱—new@readingtimes.com.tw
法律顧問—理律法律事務所　陳長文律師、李念祖律師
印　刷—勁達印刷有限公司
初版一刷—二〇二〇年十一月二十日
定　價—新台幣五〇〇元

時報文化出版公司成立於一九七五年，
並於一九九九年股票上櫃公開發行，於二〇〇八年脫離中時集團非屬旺中，
以「尊重智慧與創意的文化事業」為信念。

切莫為惡：科技巨頭如何背叛創建初衷和人民/拉娜・福洛荷（Rana Foroohar）著；李宛蓉 譯.-- 一版.-- 臺北市：時報文化，2020.11; 384面；21×14.8公分. -- (NEXT; 282)
譯自：*Don't Be Evil: How Big Tech Betrayed Its Founding Principles - and All of Us*
ISBN 978-957-13-8444-3（平裝）

1.科技業 2.網路產業 3.經濟發展 4.美國

484　　109017375

ISBN 978-957-13-8444-3
Printed in Taiwan